2022年度宁夏回族自治区财政项目(NXCZ20220206)
宁夏回族自治区青年拔尖人才培养工程计划项目(2020079) 资助

宁夏东部深层地热资源综合评价

NINGXIA DONGBU SHENCENG DIRE ZIYUAN ZONGHE PINGJIA

虎新军　白亚东　陈晓晶　仵　阳　任光远　等著

图书在版编目(CIP)数据

宁夏东部深层地热资源综合评价/虎新军等著.—武汉:中国地质大学出版社,2024.1
ISBN 978-7-5625-5752-4

Ⅰ.①宁… Ⅱ.①虎… Ⅲ.①地热能-资源评价-宁夏 Ⅳ.①TK521

中国国家版本馆 CIP 数据核字(2024)第 014882 号

宁夏东部深层地热资源综合评价	虎新军 白亚东 陈晓晶 仵 阳 任光远 等著
责任编辑:王 敏	选题策划:王 敏　　　　　　　　　　　　责任校对:何澍语
出版发行:中国地质大学出版社(武汉市洪山区鲁磨路388号)	邮政编码:430074
电　　话:(027)67883511　　　传　真:(027)67883580	E-mail:cbb@cug.edu.cn
经　　销:全国新华书店	http://cugp.cug.edu.cn
开本:787毫米×1092毫米 1/16	字数:403千字　　印张:15.75
版次:2024年1月第1版	印次:2024年1月第1次印刷
印刷:武汉精一佳印刷有限公司	
ISBN 978-7-5625-5752-4	定价:158.00元

如有印装质量问题请与印刷厂联系调换

宁夏重磁资料开发利用技术创新中心
宁夏深部探测方法研究示范创新团队
宁夏水文地质环境地质勘察创新团队 支撑
宁夏地质矿产资源勘查开发创新团队

《宁夏东部深层地热资源综合评价》

编撰委员会

主　　编：虎新军[1]　　白亚东[1]　　陈晓晶[1]　　仵　阳[1]
　　　　　　任光远[2]　　陈涛涛[1]

副 主 编：赵福元[1]　　安　娜[3]　　杨　斌[1]　　安百州[1]
　　　　　　韩强强[2]　　单志伟[1]　　张安博[1]

编　　委：冯海涛[1]　　杨建锋[1]　　卜进兵[1]　　郭少鹏[1]
　　　　　　童彦钊[2]　　曹园园[1]　　石天池[1]　　马学伟[2]
　　　　　　张　媛[1]　　倪　萍[1]　　王　超[1]　　周晓斌[1]
　　　　　　田进珍[1]　　于朝阳[1]　　徐金宁[1]

1. 宁夏回族自治区地球物理地球化学调查院（原宁夏回族自治区深地探测中心）
2. 宁夏回族自治区水文工程环境地质调查院（原宁夏回族自治区水文环境地质研究所）
3. 宁夏回族自治区地质局

前　言

随着工业化、城市化进程的步伐加快，大气环境质量面临比较严峻的形势，高质量打赢"蓝天保卫战"的工作任重道远。为持续改善环境质量，不仅要积极推行清洁生产，采取措施确保常规能源污染排放达标，更重要的是要加大力度探索新能源的探勘、开发与利用，从源头上解决污染的排放问题。地热资源作为一种洁净的能源，有突出的优越特性，能够直接代替煤炭资源为冬季采暖所用，除此之外，地热还是一种宝贵的医疗热矿水和饮用矿泉水资源。

宁夏东部特殊的构造位置与演化特征，造就了该地区具备高地温梯度的有利因素。地热资源形成的优良地质基础，尤其是2017年位于宁夏东部北段天山海世界地热井的成功实施，翻开了宁夏地热资源勘查的新篇章，其"埋藏浅、温度高、水量大、水质好、易利用"的资源特征，为宁夏地热资源勘查指明了方向。此外，已有钻孔测温资料表明：陶乐、月牙湖、黑梁等地区为明显的地温异常区，在宁夏东部中段的马家滩、磁窑堡、石沟驿等区域也有良好的高地温异常显示，需要指出的是在吴忠市太阳山镇、固原市甘城乡及泾源县楼房沟乡见有热泉常年涌出。上述地热异常现象均说明宁夏东部地区整体为宁夏地热资源勘查的有利区。

为系统查明鄂尔多斯西缘地热地质条件，摸清地热资源富集规律，评价地热资源潜力，为宁夏回族自治区在生态文明建设、清洁能源的开发利用上提供决策依据，宁夏回族自治区地球物理地球化学调查院与宁夏回族自治区水文工程环境地质调查院共同完成《宁夏东部深层地热资源综合评价》一书。笔者在书中提出了宁夏东部地热资源成因理论，揭示了成矿机制与成矿规律，建立了盆地边缘"隆起断裂型"地热田成矿模式，提出了具有全局性和针对性的地热资源综合开发利用对策与建议。

全书共分为7章：第一章介绍了区域地理、地质及地球物理概况；第二章对宁夏东部1∶5万、1∶20万重力资料进行了系统化和精细化处理，深入分析了宁夏东部的构造体系特征；第三章通过对采集水样的化学组成及同位素测试，摸清了热储层地热流体的水化学类型、补给来源、地下水年龄与相关元素来源，重点分析了宁夏东部不同地区水文地质特征；第四章从地温异常特征、大地热流特征及地温分布影响因素角度出发，全面分析了宁夏东部地温场特征；第五章在地热资源成藏条件精细研究的基础上，提出了宁夏东部不同区域地热资源成藏模式；第六章在地热资源富集规律研究的基础上，总结了地热资源预测原则，预测了宁夏东部深层地热资源成矿远景；第七章从宁夏东部地热资源开发利用现状及需求出发，提出了宁夏东部深层地热资源合理开发利用对策与建议。

在本书编写过程中,教授级高级工程师白亚东与高级工程师虎新军作为总负责人确定了主要内容及技术思路。高级工程师陈晓晶负责统筹成文。具体地,前言由陈晓晶编写,第一章、第二章由虎新军和仵阳编写,第三章由任光远、虎新军、韩强强编写,第四章、第五章、第六章由陈晓晶编写,第七章由仵阳编写,全书由陈晓晶负责统稿与修改。所有附图由虎新军、陈晓晶负责编制,单志伟负责清绘成图。

本书能够顺利出版,不仅是宁夏回族自治区财政项目(NXCZ 20220206)与宁夏回族自治区青年拔尖人才培养工程计划项目(2020079)共同资助的结果,同时也是宁夏重磁资料开发利用技术创新中心、宁夏深部探测方法研究示范创新团队、宁夏水文地质环境地质勘察创新团队与宁夏地质矿产资源勘查开发创新团队强有力的技术支撑的典型示范。此外,本书所涵盖的大量研究成果,离不开项目组其他技术人员的辛勤付出,离不开宁夏回族自治区地质局、宁夏回族自治区地球物理地球化学调查院和宁夏回族自治区水文工程环境地质调查院各位领导的指导与关怀,在此深表谢意。

由于研究区地域辽阔、地热地质条件复杂、地热数据资源有限,书中关于宁夏东部深层地热资源的认识有一定的局限性,热忱希望读者提出批评和指正。

著 者

2023 年 11 月

目　录

第一章　地理、地质及地球物理概况 (1)
　　第一节　地理概况 (1)
　　第二节　地质概况 (3)
　　第三节　水文概况 (10)
　　第四节　区域地球物理概况 (13)

第二章　鄂尔多斯西缘构造体系特征分析 (19)
　　第一节　重磁电场异常特征 (19)
　　第二节　研究区构造体系特征 (40)
　　第三节　评价区地质构造特征 (64)

第三章　鄂尔多斯西缘水文地质特征分析 (105)
　　第一节　陶乐-横山堡褶断带水文特征 (105)
　　第二节　韦州-马家滩褶断带水文特征 (115)
　　第三节　车道-彭阳褶断带水文特征 (136)

第四章　鄂尔多斯西缘地温场特征分析 (154)
　　第一节　地温异常特征 (154)
　　第二节　地温梯度特征 (171)
　　第三节　大地热流特征 (174)
　　第四节　地温分布影响因素 (178)

第五章　鄂尔多斯西缘地热资源富集规律研究 (183)
　　第一节　地热资源类型 (183)
　　第二节　地热资源成藏地质条件 (185)

第三节　地热资源成藏模式 …………………………………………………（203）

第六章　宁夏东部地热资源远景区预测 ……………………………………（207）

　　第一节　地热远景区预测原则 …………………………………………………（207）

　　第二节　地热远景区圈定 ………………………………………………………（208）

第七章　鄂尔多斯西缘地热资源整体区划建议 ……………………………（213）

　　第一节　地热资源开发利用概况 ………………………………………………（213）

　　第二节　地热资源开发利用区划 ………………………………………………（215）

　　第三节　地热资源合理开发利用对策 …………………………………………（218）

主要参考文献 …………………………………………………………………（222）

附　表 …………………………………………………………………………（227）

第一章 地理、地质及地球物理概况

第一节 地理概况

宁夏东部西起青铜峡-固原断裂与黄河断裂,东至车道-阿色浪断裂,南延彭阳县南部的宁甘省界,北达陶乐县北部的宁蒙省界,行政隶属石嘴山市、银川市、吴忠市与固原市管辖(图1-1)。

宁夏东部交通设施较为发达,包(头)—兰(州)、宝(鸡)—中(卫)铁路贯穿研究区南北,银(川)—西(安)高铁、太(原)—中(卫)—银(川)铁路干线及其支线贯穿研究区东西延伸至陕西境内。公路主要有高速公路G20(青岛—银川)、G70(福州—银川)、G2012(定边—武威)、G85(银川—昆明),国道G109(北京—拉萨)、G211(西安—银川)、G307(河北黄骅港—银川)、G309(山东荣成—固原—兰州)、G344(江苏东台—灵武),多处省道遍及研究区,乡镇和村落间的简易公路、大路与主要公路相连,构成了宁夏东部地区的交通网。另外,银川河东机场和固原六盘山机场两个民用机场位于研究区附近。

宁夏东部地跨黄土高原,海拔1000m以上,地势南高北低,地貌兼有山地、高原、平原和沙(丘)地。山地主要分布于中部及南部,最高海拔2624m。主要河流有黄河及其支流苦水河、清水河等,黄河是本区最大的河流,呈北北东向沿银川盆地东缘蜿蜒北流,至石嘴山市头道坎北的麻黄沟出境。北流的清水河源于固原境内六盘山东侧,它与苦水河等水系多下切黄土及其下伏的红色地层。河水溶解大量硫酸亚盐类,不宜人畜引用和灌溉,具水量小、水质差、含沙量大、时间变率大等水文特征。

研究区中温带半干旱大陆性季风气候特征显著,冬季正当西北高寒气流南下之要冲,夏季处于东南湿润气流北行的末梢。其基本特征是:辐射强、日照长、温差大;南凉北暖、南湿北干;冬寒长、夏热短、春暖快、秋凉早;年日照时数为2000～3000h,是宁夏太阳光能源最丰富的地区。北部年平均气温10.0℃,中部及南部地区年平均气温5～6℃,最高气温36.0℃以上,最低−21.2℃,北部全年无霜期4～5个多月,中部及南部全年无霜期3～4个多月。南部六盘山以东地区年降水量约700mm,北部地区只有200mm。区内夏季降水量约占全年的60%,有利于作物生长,但有时有冰雹危害,尤以南部山区为甚。

宁夏东部社会经济概况简单,北部、中部、南部地区各具有不同的特征。北部的银川平原东部地区,主要以新型养殖、种植业及采矿业为主,规模性的肉牛养殖和温室蔬菜种植构成了陶乐、月牙湖地区重要的经济产业。红崖子、红石湾、横山堡等地的煤矿采掘业也是当

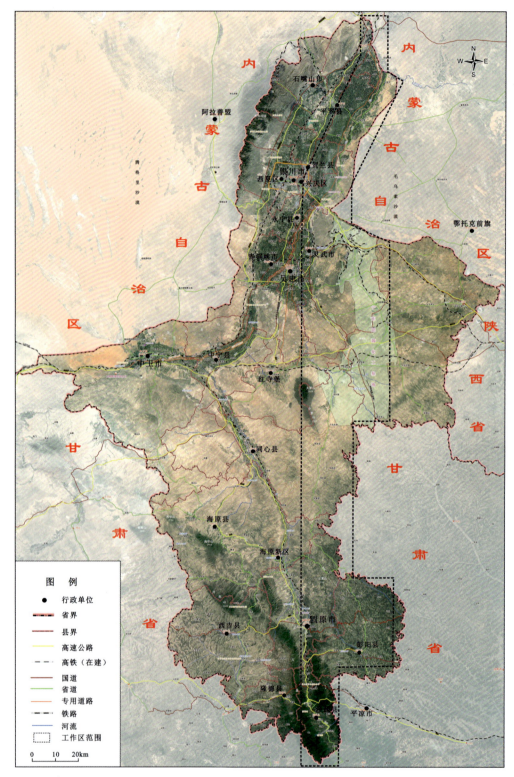

图1-1 宁夏东部地区位置图

地主要的经济来源之一。中部的吴忠市区东部马家滩、磁窑堡地区是宁夏东部重要的煤炭分布区域,也是宁夏重要的化工产业所在地,其内聚集了煤化工、油化工、煤电等一大批规模性企业,构成了宁夏的重要经济支柱。南部的彭阳、泾源地区则主要依靠山区农业种植,传统的小麦、玉米、土豆、荞麦、胡麻等经济作物,为当地农民带来了基本的家庭收入,新型温室大棚产业的兴起,给农民致富指明了新方向。

第二节 地质概况

一、地层

依据新编《宁夏回族自治区区域地质志》,宁夏东部所在的区域地层属柴达木-华北地层大区、华北地层区、鄂尔多斯西缘地层分区、桌子山-青龙山地层小区。区内出露古元古代、长城纪、蓟县纪、震旦纪、寒武纪、奥陶纪、石炭纪、二叠纪、三叠纪、侏罗纪、白垩纪、古近纪、新近纪和第四纪地层(图1-2)。

(一)元古宇

元古宇主要发育3套地层,为古元古界、中元古界长城系—蓟县系、新元古界震旦系。

1. 古元古界

古元古界贺兰山岩群是该区出露最古老的地层,为具角闪岩相—麻粒岩相的高级区域变质岩系,是华北克拉通北缘孔兹岩带的组成部分,也是该地区的结晶基底。

2. 中元古界长城系—蓟县系

该地层主要出露于南部炭山—云雾山一带,中元古界长城系至蓟县系为滨浅海相碎屑岩-台地相碳酸盐岩沉积。其中,长城系黄旗口组不整合超覆于古元古界之上,为一套由灰紫色、紫红色、灰白色石英岩、石英岩状砂岩及杂色泥质岩石组成的滨浅海相碎屑岩沉积。蓟县系王全口组与上覆震旦系呈不整合接触,为一套以台地相碳酸盐岩为主的沉积,岩性以含硅质条带或结核的白云岩为主,下部夹少许石英砂岩、粉砂岩、钙质板岩等。

3. 新元古界震旦系

新元古界震旦系为冰水沉积,缺失中元古代晚期的待建系和新元古界青白口系、南华系沉积。

(二)古生界

古生代沉积地层有寒武系、奥陶系、石炭系、二叠系。

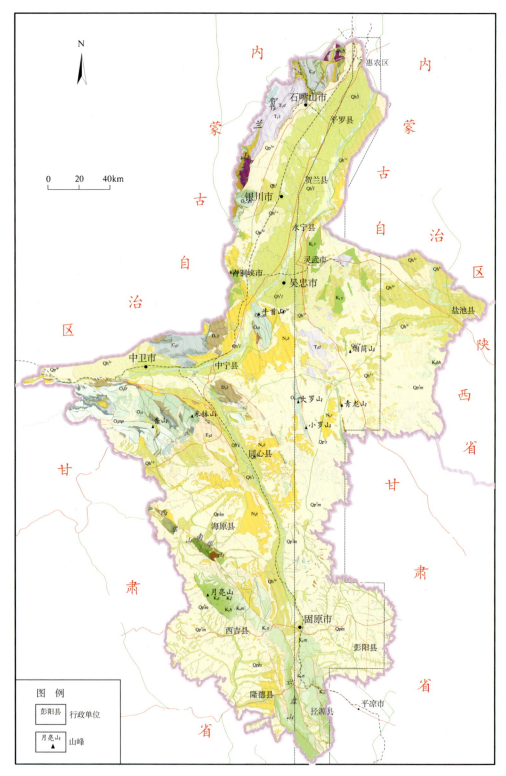

图1-2 宁夏东部地区地质图

1. 寒武系

该地层零星出露于研究区中段青龙山地区,总体属陆表海沉积地层,由滨浅海相—浅海陆棚相碎屑岩、泥质岩和碳酸盐岩组成,产丰富的以三叶虫为主的浮游生物。

2. 奥陶系

研究区北部黑山地区,中部大罗山、小罗山、青龙山地区及南段彭阳地区均有小面积出露。下—中奥陶统为台地相碳酸盐岩沉积,产头足类、腕足类、腹足类、牙形石等动物化石,沉积特征与华北腹地相似,但沉积厚度明显偏大。中—上奥陶统沉积类型复杂,由笔石页岩相、浊流相砂板岩和壳相碳酸盐岩等组成。前二者产笔石,后者产珊瑚等化石。

3. 石炭系—二叠系

晚石炭世至早二叠世早期华北海与祁连海连通,华北地层区与祁连地层区沉积特征一致,均为海陆交互相含煤碎屑岩建造。早二叠世晚期发生海退,沉积环境演变为陆相,在温湿气候条件下接受了河流相含煤碎屑岩沉积。至中二叠世气候变为干旱炎热,接受了河湖相杂色碎屑岩沉积,晚期见有火山碎屑岩沉积。

1)石炭系

石炭系仅发育羊虎沟组(C_2y),岩性以灰色、灰白色细—中粒石英砂岩,灰色、灰黑色页岩及砂质页岩为主,夹少量灰岩、生物碎屑灰岩透镜体,一般仅含薄煤层、煤线,局部地区有可采煤层,产腕足类、珊瑚、双壳类、腹足类和植物等化石,沉积厚度一般为150~300m。

2)石炭系—二叠系太原组(C_2P_1t)

太原组与下伏地层羊虎沟组和上覆地层山西组均呈整合接触,是宁夏主要产煤和耐火黏土地层之一。岩性以灰色—灰黑色页岩、砂质页岩、灰白色石英砂岩为主,夹灰岩、煤层及耐火黏土,常含菱铁矿结核,灰岩含蜓类、腕足类、珊瑚、海百合茎和牙形石等动物化石,页岩含丰富的植物。

3)二叠系山西组(P_1s)

山西组与下伏太原组和上覆下石盒子组均呈整合接触,为一套河流相—湖沼相含煤碎屑岩沉积,是本区主要含煤地层之一,主要由灰白色石英砂岩、岩屑石英砂岩,灰黑色页岩、砂质页岩组成,夹煤层及耐火黏土,含丰富的植物化石。横向岩性无明显变化,沉积厚度差异不大。

4)二叠系下石盒子组(P_2x)

下石盒子组与下伏山西组和上覆上石盒子组均呈整合接触,为一套温湿气候条件下的河流相—湖泊相碎屑岩沉积,主要由黄绿色和灰白色石英砂岩、岩屑石英砂岩,黄绿色砂质页岩、粉砂质页岩等组成,含植物化石。下石盒子组宏观色调以黄绿色为特征,是与上石盒子组的主要区别和划分标志。

5)二叠系上石盒子组($P_{2-3}s$)

上石盒子组与下伏下石盒子组和上覆孙家沟组均呈整合接触,为一套温湿气候向干旱炎热气候过渡条件下的河湖相碎屑岩沉积,主要由黄绿色、灰白色石英砂岩、岩屑石英砂岩、凝灰质砂岩,紫红色、黄绿色粉砂质泥岩和泥岩组成,含植物化石。上石盒子组以黄绿色与紫红色相间的总体色调为特征,是划分本组的重要标志。

6)二叠系孙家沟组(P_3sj)

孙家沟组与下伏上石盒子组和上覆刘家沟组均呈整合接触,为一套干旱炎热气候条件下的河湖相碎屑岩、火山碎屑岩沉积,主要由红色和砖红色泥岩、粉砂质泥岩、长石砂岩、凝灰岩组成,泥岩中常含钙质结核及泥灰岩透镜体,总体色调以紫红色为主,兼夹灰绿色。

(三)中生界

该区沉积的中生代地层为三叠系、侏罗系和白垩系。

1. 三叠系

早—中三叠世继承了晚二叠世干旱炎热的陆相沉积环境,接受了河湖相杂色碎屑岩沉积。晚三叠世转变为温湿气候条件,接受了河湖相碎屑岩沉积,上部含煤,产延长植物群。

2. 侏罗系

侏罗系沉积特征与盆地腹地相似,下部为温湿气候条件下的河流相含煤碎屑岩沉积,中—上部为干旱炎热气候条件下的河湖相杂色碎屑岩沉积。

3. 白垩系

该区六盘山群和保安群均有发育,为一套干旱炎热气候条件下的山麓堆积相,主要由粗碎屑岩(砾岩、砂砾岩)组成,分选、磨圆差,不显层理。

(四)新生代

1. 古近系—新近系

晚期燕山运动导致研究区古新世沉积缺失,始新世至中新世,气候或暖湿或干热,古近纪沉积了河流相—湖泊相红色碎屑岩及膏岩,新近系沉积了一套河湖相红色碎屑岩,主要由橘红色和紫红色泥岩、粉砂质泥岩、砂岩组成。

2. 第四系

研究区内第四纪以来主要是风成黄土堆积,分布范围广,主要发育全新统的灵武组(Qh_1^l)、洪积层(Qh_1^p)、下部风积层(Qh_1^e)、上部冲积层(Qh_2^f)、湖沼积层(Qh_2^h)、上部风积层(Qh_2^e)、上更新统马兰组风成黄土(Qp_3m)及洪积层(Qp_3^p)等。

二、构造

(一)大地构造单元划分

研究区大地构造位置属柴达木-华北板块一级构造单元、华北陆块二级构造单元、鄂尔多斯地块三级构造单元、鄂尔多斯西缘中元古代—早古生代裂陷带四级构造单元、陶乐-彭阳冲断带五级构造单元(图1-3,表1-1)。

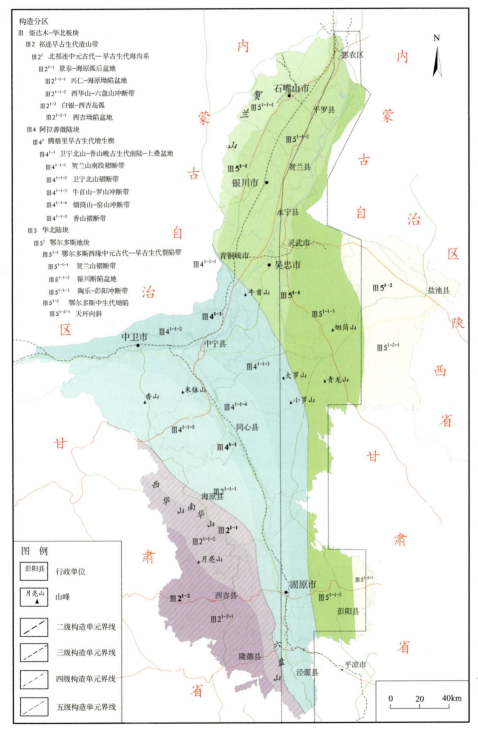

图1-3 宁夏东部构造单元划分图

表 1-1　宁夏东部构造单元划分表

一级构造单元	二级构造单元	三级构造单元	四级构造单元	五级构造单元
柴达木-华北板块（Ⅲ）	华北陆块（Ⅲ5）	鄂尔多斯地块（Ⅲ5^1）	鄂尔多斯西缘中元古代—早古生代裂陷带（Ⅲ5^{1-1}）	陶乐-彭阳冲断带（Ⅲ5^{1-1-3}）

此冲断带夹持于车道-阿色浪断裂以西、黄河断裂与牛首山-罗山断裂以东地区，东接天环复向斜带，西邻银川断陷盆地、卫宁北山褶断带和香山褶断带。自北向南可分为 4 段：桌子山褶断带、陶乐-横山堡陆缘褶断带、韦州-马家滩褶断带、车道-彭阳褶断带。

1. 桌子山褶断带（Ⅲ$5^{1-1-3(1)}$）

该褶断带展布于正义关断裂东延以北的桌子山地区，从东向西分别由千里山-桌子山东麓冲断带、千里山-桌子山背斜带和卡布其向斜带组成。由于其主体位于内蒙古，宁夏仅涉及极少部分，这里不再赘述。

2. 陶乐-横山堡陆缘褶断带（Ⅲ$5^{1-1-3(2)}$）

该褶断带北界为正义关断裂东延，南界为灵武南到磁窑堡一带，西邻银川断陷盆地。由于周缘巨厚的新生代沉积覆盖，前新生代地层露头出露非常有限，仅在横山堡、灵武和磁窑堡之间有较大面积的三叠系—白垩系出露。褶断带分为 3 段：北段陶乐-铁克苏庙主体构造为西倾东冲断层，前缘下盘出现反冲构造，形成三角带断裂，大多被古近系甚至白垩系覆盖，北段北延可与苛素乌断层相接；中段陶乐地区西倾东冲断裂被反冲的东倾西冲断裂强烈改造，部分断裂延伸到古近系；南段横山堡地区以东倾西冲断裂为主，在横山堡西北，下—中奥陶统天景山组灰岩向西逆冲到白垩系之上，横山堡和陶乐之间存在调整逆冲位移的右行走滑断层。上述北、中、南段 3 个地区不同的构造样式表明鄂尔多斯西缘北段的逆冲体系呈弧形向南东发育，北段最早停止活动，南段强度最大，活动时间最长。各地区向东推进的时间和强度的差异被近东西向断裂调整。

3. 韦州-马家滩褶断带（Ⅲ$5^{1-1-3(3)}$）

该褶断带北界为灵武南—磁窑堡一带，南界大致在甜水堡一带，为典型的前陆盖层滑脱型褶皱冲断层系，由一系列西倾的分支断层构成叠瓦扇，叠瓦扇由分支断层和底板断层构成。自西而东冲断作用减弱，垂向断距变小，出露地层变新。此褶断带以青龙山东麓-党家岈断裂为界，西侧为韦州-青龙山褶断带，东侧为惠安堡-马家滩褶断带。

韦州-青龙山褶断带由韦州复向斜（逆冲席）与青龙山复背斜（逆冲席）组成。韦州复向斜是一个向南仰起、向北倾伏的簸箕状向斜盆地。地表广布新生界，基岩出露较零星；青龙山复背斜是一个不完整的南北向复背斜构造，西邻韦州复向斜，东与惠安堡-马家滩褶断带以青龙山东麓-党家岈断裂为界。倾末端在北部太阳山附近，核部由蓟县系硅质条带白云岩组成，往西依次出露震旦系、寒武系和奥陶系。

惠安堡-马家滩褶断带由惠安堡-石沟驿复向斜和烟墩上-马家滩褶断带组成。惠安堡-

石沟驿复向斜轴向自北向南由北北西向转为近南北向。核部地层为晚三叠世—侏罗纪地层,两翼为二叠纪—中三叠世地层,其上被古近系—新近系不整合覆盖。烟墩上-马家滩褶断带北起磁窑堡,南经马家滩至萌城,东以马家滩-甜水堡断裂(属车道-阿色浪断裂中段)为界,与盐池坳陷带(天环复向斜带)相邻,西至青龙山,为一狭长的褶断带。由于新生界覆盖,基岩出露很少。带内的中生代地层厚达数千米,原属中生代坳陷盆地,其下伏地层为二叠系、石炭系和奥陶系。

综上所述,青龙山-马家滩褶断带中的断裂构造以西倾为主,个别地段表现为东倾,断层错动地层及褶皱倒向等指示断裂印支期—燕山期运动方向以自西向东推覆为主,少量自东向西反冲,但断裂规模不大,应属西倾东冲主断裂系统发育过程中产生的背冲断层。喜马拉雅期除继承性逆冲外,多兼有右行走滑特征。

4. 车道-彭阳褶断带(Ⅲ$5^{1-1-3(4)}$)

该褶断带北起甜水堡,南到平凉,多被黄土覆盖,在沟谷中偶见中元古界—下古生界出露。主冲断层走向近南北,断面向西陡倾,造成冲断块向东掩冲。该褶断带地震与钻井资料较少,地面可见冲断推覆现象,在车道坡见奥陶系掩冲于白垩系之上,在谢家湾见震旦系逆冲于奥陶系之上。

(二)主要边界断裂

1. 牛首山-罗山断裂

该断裂亦称青铜峡-固原断裂,南起泾源县新民乡,向北经固原(东)、炭山、罗山(东)、牛首山(东)至大坝镇(青铜峡市管辖)转向北西,横切贺兰山南段后,遂隐伏于腾格里沙漠区之下。北段走向为北西向,南段为近南北走向,在宁夏境内延伸长度350km。断裂带重力场特征显示为北西向的重力梯级带,航、卫片线性影像特征明显,两侧地貌反差大,南西侧多为基岩山地,北东侧为洪积扇裙。该断裂可分为3段:北段为土井子-牛首山断裂,中段为罗山东麓断裂,南段为崆峒山东麓断裂。

2. 车道-阿色浪断裂

该断裂北起内蒙古桌子山东麓阿色浪北,向南经宁夏马家滩东、萌城进入甘肃省南秋子东车道坡、冯庄直抵平凉市以东。断裂多被新生界覆盖,但物探重力、电法及地震探测均证实其存在,总长约500km。它是陶乐-彭阳褶冲带东部边界。沿此断裂重力梯度密集,推测断面东倾,属高角度正断层,落差8000m左右。断裂两侧古近系—新近系的岩相、厚度也有较大差异,东侧以河湖相沉积为主,而西侧以山麓相堆积为主。

3. 黄河断裂

黄河断裂是银川断陷盆地与东部的陶乐-彭阳褶冲带的分界构造,北起乌海一带,到石嘴山市东开始成为盆地东界断裂,南经陶乐西、月牙湖西、通贵到临河堡一线,长160km。断裂的物探及线性遥感影像特征明显,总体呈北北东向延伸,断面西倾。该断裂错断基底岩系和新生代地层,并控制黄河河床的展布。

三、岩浆岩

宁夏东部岩浆岩主要分布于南部的炭山—云雾山地区及炭山东侧的长壕—马渠一带,以辉绿岩为主,侵入于长城系黄旗口组、蓟县系王全口组中,侏罗系不整合覆于其上,推测其侵入时代为早古生代晚期,呈脉状产出,宽5～200m不等,由于第四系覆盖,长度不详。

岩石具辉绿结构、变余辉绿结构,由于经受不同程度的蚀变,部分岩石具绿泥石化、绿帘石化、钠黝帘石化、绢云母化、硅化、次闪石化。主要矿物成分为斜长石(55%～65%)和普通辉石(30%～40%)。斜长石呈半自形板柱状、板柱状残晶或格架状,纵横杂乱排列,属拉长石;普通辉石呈半自形—他形晶充填于斜长石格架间。

辉绿岩中的副矿物有锆石、磷灰石、黄铁矿、尖晶石、绿帘石、金红石、铅族矿物等。

第三节 水文概况

根据地貌、地质构造、水文地质条件,宁夏全境可划分为7个地下水资源区,即贺兰山地下水资源区、银川平原地下水资源区、陶灵盐台地地下水资源区、宁中山地及山间平原地下水资源区、腾格里沙漠地下水资源区、宁南黄土丘陵及河谷平原地下水资源区、六盘山地下水资源区。本项目主要研究区位于陶灵盐台地地下水资源区和宁南黄土丘陵及河谷平原地下水资源区。现对这2个地下水资源区水文地质条件进行概述。

一、陶灵盐台地地下水资源区

该区位于宁夏东部,系鄂尔多斯高原西南隅,地表波状起伏,并伴有带状风沙堆积,主要有松散岩类孔隙水和碎屑岩类孔隙裂隙水。上部第四系堆积物广泛分布,多为透水不含水的岩层,在古西天河水系形成的坳谷洼地区,是聚集和储存地下水的主要场所。含水层主要为第四系洪积砂砾石层、黏砂土层,潜水主要补给来源为大气降水,富水性受含水层厚度、汇水面积的控制,多为弱富水地段,矿化度为1～3g/L。下伏为下白垩统,在该区广泛分布,为一套陆相碎屑沉积物,大致沿盐池南北分水岭构成宽缓的大向斜,即布伦庙-镇原大向斜,沿大向斜轴线及其两侧形成了较丰富的孔隙裂隙水和承压水。含水层主要岩性为砂岩、砾岩、泥质砂岩(图1-4)。

在500m深度内大部分钻孔的单井涌水量为100～500m³/d,矿化度为1～3g/L,仅在盐池北部骆驼井一带矿化度小于1g/L。该区突出的环境水文地质问题是高氟水广泛分布,形成地方性氟病区。

第一章 地理、地质及地球物理概况

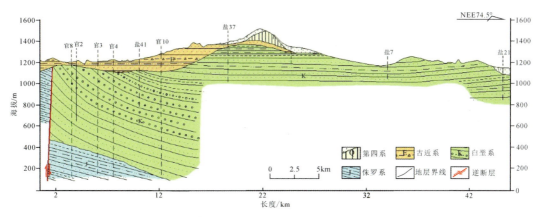

图 1-4 陶灵盐台地地下水水文地质剖面示意图

二、宁南黄土丘陵及河谷平原地下水资源区

(一)"南北古脊梁"岩溶水

该岩溶水纵卧于宁南黄土丘陵东部,位于大罗山、青龙山以南。上部多被黄土覆盖,除青龙山、云雾山出露较大外,其他地区均零星出露。"南北古脊梁"是宁南缺水地区且是找水最有前景的地段。主要含水层为寒武系、奥陶系碳酸盐岩。受多种岩溶发育因素影响,碳酸盐岩地层溶化程度较低,按溶化程度应属岩溶裂隙水,灰岩中岩溶不发育但有裂隙存在,比较细微的裂隙是灰岩中主要的含水空间且容积相当大。在灰岩中发育的断裂带为导水通道,也是灰岩中地下水存在的根本原因。碳酸盐岩含水岩组的特点是水位埋深变化大,富水性极不均一,地下径流、循环缓慢,其储存、运移受构造控制,主要以深循环为主,水质南好北坏,变化较大。根据岩层的分布面积、厚度、岩性组合特征、勘探程度等划分为青白口系含硅质条带和结核的白云岩岩溶裂隙含水岩组、寒武系灰岩-白云岩岩溶裂隙含水岩组、奥陶系灰岩-白云岩岩溶裂隙含水岩组(图 1-5)。

(二)草庙-孟塬白垩系地下水

该地下水分布于王洼、彭阳一线以东至彭阳县城东部边界一带,沉积了巨厚的志丹群地层,向东以小于 10°的倾角倾斜,除北部银洞子一带侏罗系、三叠系隆起地层较薄外,其他地带均大于 600m。含水层为下白垩统砂岩及中细砂岩,两者之间没有隔水层,划为同一个含水岩组,含水层厚度大于 100m(图 1-6),其上覆泥岩。在安家川、茹河、红河河谷地带,该地层遭受侵蚀出露地表。该含水层地下水水位埋藏深,安家川水位低于现代河床 40~50m,茹河、红河河谷中地下水水位低于现代河床 70~130m,在黄土丘陵与黄土塬区,地下水水位埋深 200~300m。其富水性在彭阳县东部边界地带及茹河河谷以南,单井涌水量 100~1000m³/d,茹河下游地段大于 1000m³/d,其他地段单井涌水量均小于 100m³/d。

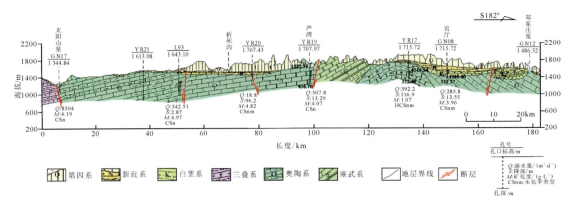

图 1-5 奥陶系地下水水文地质剖面示意图

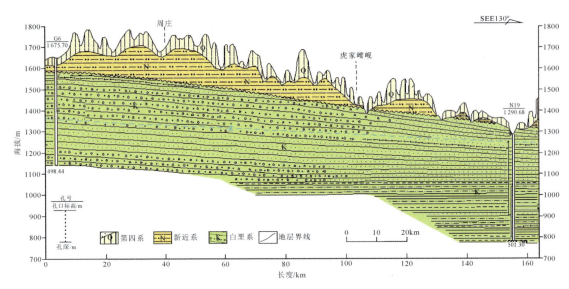

图 1-6 白垩系地下水水文地质剖面示意图

富水性规律：有河谷分布的地段富水，东部比西部富水，在垂向上，浅部含水层比深部含水层富水。地下水主要接受地表水入渗补给，在安家川流域、茹河河谷、红河河谷，由于河流下切，上覆泥质地层被切穿，罗汉洞组砂岩在河谷中地下水水位比地表水水位低 40～140m，地表水大量渗漏补给地下水。地下水的流向是由西向东径流，到彭阳县东部径流入甘肃镇原县境。由于含水层厚度大，岩石胶结差，孔隙发育，故地下水径流强，排泄畅通。白垩系中地下水水质好，矿化度 0.88～0.972g/L，氯含量 88.63～93.24mg/L，氟含量 0.88～1.00mg/L，为 HSnm 型水。

第四节 区域地球物理概况

一、地层(岩石)物性特征

针对研究区及周缘的地层物性特征,主要进行岩石(地层)密度和地层电性分析。

(一)密度特征

岩石密度特征分析能够为重力异常的反演提供较为准确的基础参数,是重要的基础性数据分析工作。

覆盖研究区的密度采集、测定工作,主要是1990—1992年的"宁夏1∶20万区域重力研究"项目中完成的宁夏全区岩石密度统计分析,此次岩石密度工作成果能够支撑本次区域重力资料的研究工作的开展。工作中共采集各类岩石密度标本17 198块,其密度测定的统计结果见表1-2。

表1-2 全区地层密度统计表

地层区划			地层密度/(g·cm^{-3})	
界	系(或群)	统(或组)	变化范围	平均密度
新生界(Cz)	第四系(Q)		1.30~1.65	1.47
	新近系(N)	中新统干河沟组(N_1g)	2.32~2.44	2.37
		中新统彰恩堡组(N_1z)	2.36~2.47	2.38
	古近系(E)	渐新统清水营组(E_3q)	2.26~2.57	2.48
		始新统寺口子组(E_2s)	2.37~2.54	2.44
中生界(Mz)	下白垩系(K_1)		2.44~2.64	2.52
	侏罗系(J)	上侏罗统安定组(J_3a)	2.40~2.68	2.52
		中—下侏罗统(J_{1-2})	2.32~2.66	2.55
	三叠系(T)	上三叠统(T_3)	2.47~2.67	2.57
		中三叠统(T_2)	2.62~2.69	2.65
上古生界(Pz_2)	二叠系(P)	上二叠统(P_2)	2.57~2.66	2.60
		下二叠统(P_1)	2.54~2.74	2.61
	石炭系(C)	上石炭统(C_3)	2.48~2.61	2.57
		中石炭统(C_2)	2.60~2.70	2.64
		下石炭统(C_1)	2.56~2.64	2.61

续表 1-2

地层区划			地层密度/(g·cm^{-3})	
界	系(或群)	统(或组)	变化范围	平均密度
下古生界(Pz$_1$)	奥陶系(O)—寒武系(∈)		2.60~2.74	2.68
新元古界(Pt$_3$)	震旦系(Z)	正目关组(Zz)	2.64~2.83	2.69
中元古界(Pt$_2$)	蓟县系(Jx)	王全口组(Jxw)	2.70~2.77	2.74
	长城系(Ch)	黄旗口组(Chh)	2.59~2.72	2.65
		西华山组(Chx)	2.58~2.94	2.80
		园河组(Chy)		
		南华山组(Chn)		
古元古界(Pt$_1$)	贺兰山群(Pt$_1$Hl)		2.60~2.76	2.70
晚古生代花岗岩(Pz$_3$γ)岩石平均密度 2.60g/cm³(标本采自甘肃会宁华家岭) 奥陶纪花岗闪长岩(Oγδ)岩石平均密度 2.63g/cm³(标本采自海原县南西华山) 古元古代黑云斜长花岗岩(Pt$_1$γοβ)岩石平均密度 2.70g/cm³(标本采自贺兰山黄旗口地区)				

宁夏全区岩石(地层)密度具备以下3个特征。

(1)同一地质时代中,相同岩性的岩石密度值随着岩石粒度的变化密度值发生相应的变化,如中—下侏罗统中的砂岩密度值随粒度的增大而增大。不同岩性的岩石密度值,一般灰岩高于砾岩,砾岩高于砂砾岩,砂砾岩高于砂岩。宁夏沉积岩主要由上述几种岩性的岩石组成,因而地层密度值主要取决于它们之间的共存比例,而这种共存比例与沉积环境有密切关系。

(2)不同地质时代的相同岩性的岩石密度值,一般较老地层中的岩石密度值高于较新地层中的岩石密度值。砂岩的这种垂向分异性较好,灰岩则不太明显。如果将各地质时代地层的平均密度值与其他地质年龄作对应分析可知,随着地层年龄的增加,岩石密度相应增高并趋于常数。

(3)海相沉积地层的岩石密度值相对陆相沉积地层而言,具有密度值高且变化范围小的特点。海相沉积环境相对稳定,多含碳酸盐岩,易结晶,且有较好的静压力条件。此外,本区海相沉积地层在后期构造运动作用下,岩石具有不同程度的变质。鉴于上述因素,可以得出海相地层密度值高于陆相沉积地层密度值,因而形成本区连续且明显的密度界面的结论。

本次地热资源研究评价工作中涉及的主要岩层为下古生界的寒武系—奥陶系、上古生界的石炭系—二叠系、中生界的三叠系、侏罗系与白垩系,以及新生界。上述地层之间均存在明显的密度差,具有开展区域性重力工作的物性前提条件。

(二)电性特征

研究区内未开展过相关岩矿石电性测量工作,但是从区域壳幔电性结构分层资料类比大体可以看出以下两点。

(1)北部地区鄂尔多斯地块电性层横向变化平缓,成层和整体性好,表明此地块较为完整,相对稳定,在很长的地质历史时期内较少受到形变影响。上地幔第一高导层埋深较大,顶面埋深在110~130km范围,表明来自上地幔的垂直作用力较小(表1-3)。

表1-3 宁夏北部壳幔电性结构分层表

层序	鄂尔多斯地块		
	电阻率/(Ω·m)	厚度/km	底面深/km
1	50	1~2	1~2
2	30	5~8	6~10
3	1000	20~25	30~32
4	10~12	7~8	36~39
5	10^3~10^4	87~92	123~131

(2)南部彭阳—庆阳地区,地壳上地幔电性层状结构可大致分为5个电性层。一般而言,地壳表层低阻层普遍发育,电阻率从几欧姆米到几十欧姆米,厚度不等,约1km到几千米,与中、新生代沉积层一致。穿过这一低阻层紧接着进入下伏高阻电性层,电阻率从几百欧姆米到上千欧姆米,厚度变化大,对应晚古生代或更老地层。除此以外,中下地壳还存在1~2个厚度几千米的低阻薄层,反映了剧烈的构造运动和深部物质运动(表1-4)。

表1-4 宁夏南部地区壳幔电性结构分层

层序	彭阳—庆阳地区		
	电阻率/(Ω·m)	厚度/km	底面深度/km
1	30~39	8~11	8~11
2	256~492	33~45	28~43
3	14~16	5~12	32~55
4	130~433	19~33	77~89
5	15~26	3~4	82~92

二、重力场特征

研究区剩余重力异常自北向南整体表现为一系列重力梯级带,表明区内构造比较发育,基底局部隆升区广泛分布。

北部陶乐-横山堡褶断带呈北北东向分布,反映了黄河断裂的展布特征,其西侧剩余重力低异常区为银川盆地的反映,东侧平缓区则为天环向斜的地层特征;中部韦州-马家滩褶断带以白土岗—大罗山—小罗山展布的重力梯度带为界,是牛首山-罗山断裂的体现,以东则为正、负相间的异常条带,且幅值不大,是宁东地区地层的沉积现象;南段车道-彭阳褶断带则为南北向展布的重力梯级带,西侧马高庄—云雾山—炭山以南北向展布的正异常条带为主,是牛首山-罗山断裂南段的展布特征,东侧则为近南北向正、负异常条带间隔展布,罗洼—彭阳—平凉一线展布的高重力梯度带则为青龙山-平凉断裂的分布特征,盘龙-草庙-王洼分布的负异常条带则是褶断带内的向斜构造,南湫—小南沟—车道一线分布的重力异常高值带则是车道-阿色浪断裂向南逐步倾没的特征(图1-7)。

通过对研究区已有的3处地热显示点重力异常特征初步分析,发现地热显示点均位于剩余重力高异常的边缘部位或者位于区域性的重力异常梯度带上。具体来说,北部的天山海世界地热井位于近南北向展布的片状剩余重力高异常的东部边缘,中部的甘城乡温泉分布于青铜峡-固原断裂甘城段南北向重力梯度带上,南部的楼房沟温泉位于泾源东侧的北西向剩余重力高异常的边缘。因此可知,地热异常区与剩余重力高值异常具有很高的关联性,这也是本次地热研究评价项目中开展1∶5万区域重力测量工作的依据之一。

三、航磁场特征

研究区及周缘北部以平稳而略有起伏的负磁场为主要展布特征(图1-8)。仅在内蒙古自治区鄂托克前旗境内的巴音陶亥南部分布一处面积较大、形态规则的局部高磁异常,其西侧梯度陡,东侧梯度缓,反映出受鄂尔多斯西缘内部东西向挤压应力作用,在该区域形成局部磁性地质体的隆起;中部异常中心位于马家滩镇南,极值175nT,以60nT等值线圈定异常区面积$786km^2$,呈不规则三角形,地表被第四系覆盖,切线法计算磁性体平均埋深3.8km,推断为与岩浆岩有关的异常;南段则以北北东向正磁场为背景,面积较大,在100~800nT之间,向东北与区外靖边—绥德等地连接,构成高级变质基性火山岩分布区,是高磁性的太古宙镁铁质和超镁铁质火山岩与火山变质岩组成的早期地壳块体。

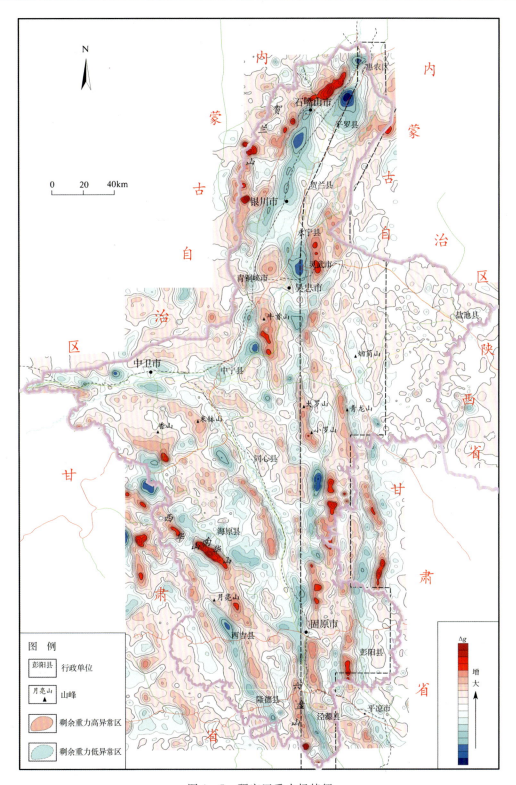

图 1-7 研究区重力场特征

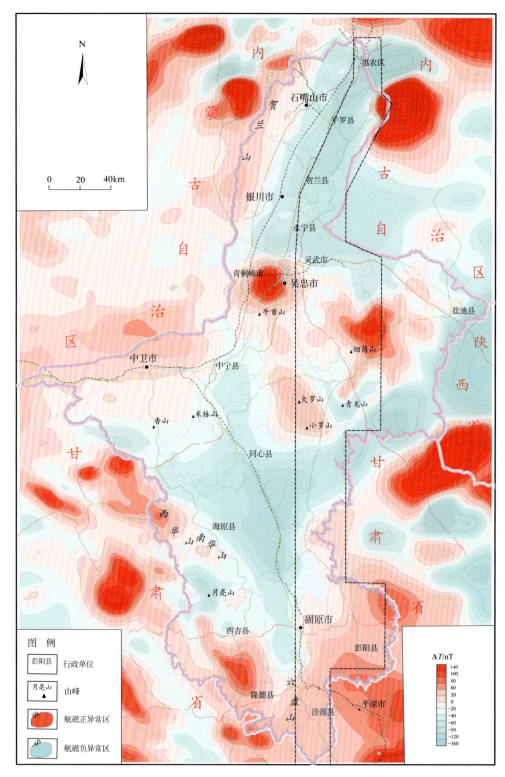

图 1-8 研究区航磁场特征

第二章　鄂尔多斯西缘构造体系特征分析

第一节　重磁电场异常特征

重力异常场基于地层的密度差异性而产生不同的分布特征,反映了深部地质构造的变化及地层分布;磁异常场的变化则体现了地壳中深部包括磁性基底的磁性特殊地质体的赋存性状。因此,在深部地质构造研究中,常常利用重力-磁法对应分析法,全面厘清特殊地区的地质构造体系特征。为了进一步认识引起重磁异常差异的地质因素,需要利用其他深部资料进行勘查、确定,梳理近年来地球物理技术的发展,认为二维大地电磁测深剖面与深反射地震剖面资料能够对重磁异常进行合理的印证与解释。

一、研究区1∶20万重、磁异常特征

(一)1∶20万重力异常特征

重力小波细节场能够由浅至深反映出研究区深部地质构造的变化。基于小波多尺度分解技术处理研究区1∶20万区域重力资料,得到1～4阶重力小波细节场(图2-1)。

可以看出,通过小波多尺度分解处理后的重力小波细节场是不同地质构造层构造展布特征的地球物理响应,是研究区域构造特征的基础依据。

1阶重力小波细节场特征比较模糊,区域性展布的重力低异常背景上规律性点缀着局部重力高异常。高异常隐约呈条带状分布,且在不同区段,展布方向不同,明显地,北部陶乐—横山堡地区,呈北北东向,中部韦州、马家滩地区,呈北北西向,南部彭阳、炭山地区,走向近南北。多极值为高异常条带的另一显著特征,且各极值区幅值不高,小于1.2mGal,同一高异常条带内的极值区分布宏观上具有线性排列的规律,连接极值区的边界即为高异常条带的边界。整体上,鄂尔多斯西缘陶乐-彭阳冲断带的浅表层重力异常特征明显,局部分布稍显杂乱,宏观隆起带特征明显,区别于西侧的腾格里早古生代增生楔、银川断陷盆地及东侧的天环向斜。

2阶重力小波细节场特征逐渐明朗,北部、中部、南部差异化的重力高异常条带展布形态印证了鄂尔多斯西缘陶乐-彭阳褶断带的地质构造单元分区性。北部陶乐—横山堡地区,陶乐、月牙湖、临河、宁东和磁窑堡5条北东向展布的重力高值异常条带为该区域最典型的构造体系的反映,体现出北东走向的断裂系统将陶乐-横山堡褶断带进一步复杂化;白土岗

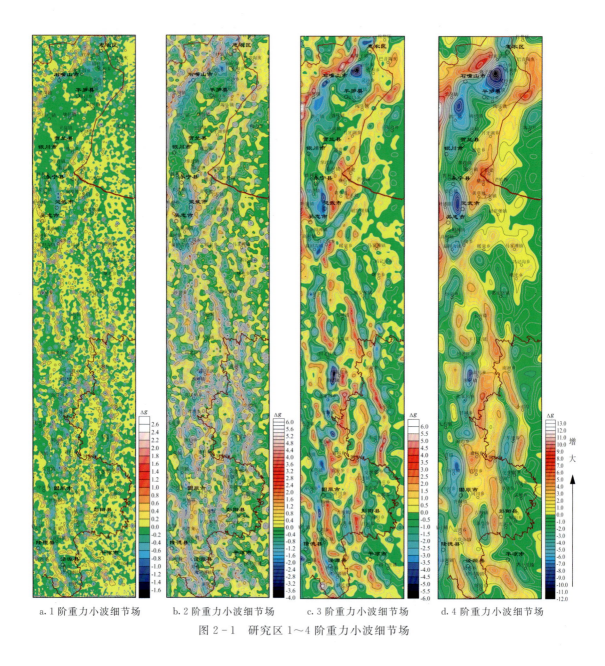

a. 1阶重力小波细节场　　b. 2阶重力小波细节场　　c. 3阶重力小波细节场　　d. 4阶重力小波细节场

图 2-1　研究区 1～4 阶重力小波细节场

以南的韦州—马家滩地区,重力高异常条(带)与重力低异常区(带)相间分布,局部重力高异常展布形态多样,长条状、椭圆状、片状等为主要类型,整体上细分为 4 个北北西向展布的重力高异常带,分别为沙泉-田老庄异常带、韦州-南湫异常带(该异常带的南半段南湫—小南沟—车道分布于甘肃省庆阳市境内,不作详细论述)、暖泉-惠安堡异常带与马家滩-曙光异常带。其中韦州-南湫异常带的异常幅值最高,大于 2.4 mGal,延伸距离最长,反映出该区域存在较大的构造发育;进入南部的彭阳地区,重力高异常区展布特征更加复杂,带状异常基本消失,以东西向具有一定宽度的高重力异常区(带)为主要形态,区(带)内极值区分布形态不一致，相互间合并、分离、斜交。

3阶重力小波细节场特征已然清晰，1~2阶重力小波细节场中的局部异常区进行了归并、融合后的重力异常场，能够清楚地反映出鄂尔多斯西缘陶乐-彭阳褶断带内部的构造格架，是本次区域构造划分的重要依据。具体地，北部陶乐-横山堡褶断带内部，陶乐异常区、月牙湖异常区呈北东向展布，斜交归并，反映出其西边界黄河断裂在平面上呈雁行式的展布特征，同时体现了银川断陷盆地在喜马拉雅期受青藏高原隆升挤压的远程效应后，形成走滑断裂的特征。灵武东异常区、横山堡异常区近南北向展布，与灵武东山白垩系出露范围基本一致，体现了奥陶系基底隆褶形态。中部韦州-马家滩褶断带内，2阶重力小波细节场中沙泉-田老庄重力高异常带呈不规则片带状展布特征，明显区别于韦州-南湫异常带、暖泉-惠安堡异常带与马家滩-曙光异常带的长条状展布特征，推测控制褶断带西侧边界的牛首山-罗山-崆峒山断裂在此区域沿青龙山西麓分布，韦州向斜从构造体系中应归属于腾格里早古生代增生楔的牛首山-罗山冲断亚。南部车道-彭阳褶断带内，2阶重力小波细节场东西向具有一定宽度的高重力异常区（带）逐渐聚拢、收缩为3条南北向展布的重力高值异常带，其中西侧的马高庄-炭山-开城-大湾-新民异常带整体幅值最高，可达4.0mGal，反映出该异常带的边界即为构造单元分界，是牛首山-罗山-崆峒山断裂的位置所在，异常带分为5段局部异常，由南向北呈逐段右行排列，分析最新一期发育的次级规模断裂将牛首山-罗山-崆峒山断裂逐级右行错断，平移距离逐渐增大；罗洼-王洼-彭阳-平凉异常带与马高庄-炭山-开城-大湾-新民异常带近似平行展布，二者之间的低异常区形态不统一，幅值不一致，在甘城东部呈明显分离展布状态，在官厅、河川一带相接为一片状异常，在古城、新近地区又相互独立分布，在平凉地区再次呈合二为一的形态，推测两条重力高异常带反映的隆起带在深部逐渐合为一体，为宁夏南北古脊梁的反映；南湫-小南沟-车道异常带位于甘肃省庆阳市境内，条带状异常分布特征清晰，至宁夏回族自治区彭阳县小岔乡境内，异常带特征发生明显变化，幅值陡降，形态转变，呈现局部高异常区"漂浮"于大面积片状低异常区的特征，分析在小岔北部发育一条北西向断裂将南湫-小南沟-车道异常带终止，造成该异常带反映的局部隆起带受断层作用，在彭阳地区消失。

4阶重力小波细节场特征简洁明了，在3阶重力小波细节场中各相对独立的重力高异常条带互相合并，其间分布的多个重力低异常区消失，陶乐-彭阳冲断带内的局部隆起带和相对沉降区轮廓清晰。北部陶乐-横山堡褶断带内部陶乐异常区、月牙湖异常区、灵武东异常区、横山堡异常区合为一体，高幅值区位于北侧的陶乐东北及南侧的黑梁、横山堡地区，最高幅值约为9.0mGal，西侧边界为黄河断裂，呈裙边状分布；中部韦州-马家滩褶断带内韦州-南湫异常带东西向分布范围进一步扩展，暖泉-惠安堡异常带特征消失，淹没于由暖泉、马家滩、惠安堡围限的倒三角状负异常区内，马家滩-曙光异常带合并了马家滩、曙光两处局部重力高异常，呈宽带状展布，推断韦州-马家滩褶断带深部构造格局为两隆夹一坳。南部车道-彭阳褶断带内，马高庄-炭山-开城-大湾-新民异常带与罗洼-王洼-彭阳-平凉异常带合为一条宽度较大的重力高异常带，构成了褶断带的主体，也是南北古脊梁的分布范围，南湫-小南沟-车道异常带基本未有明显变化，彭阳县小岔乡境内，呈现"漂浮状"的局部高异常区基本消失，反映出该区域沉陷区的构造特征，推断是北西向断裂作用所致。

(二) 1∶20万航磁异常特征

航磁异常是反映地壳深部磁性地质体赋存特征的重要地球物理表征,以区域性分布的变质岩磁性基底及局部的岩浆岩侵入为主要因素。利用频率域的向上延拓方法处理区域1∶20万航磁异常数据,能够从宏观特征上研究鄂尔多斯西缘深部磁性基底特征(图2-2)。

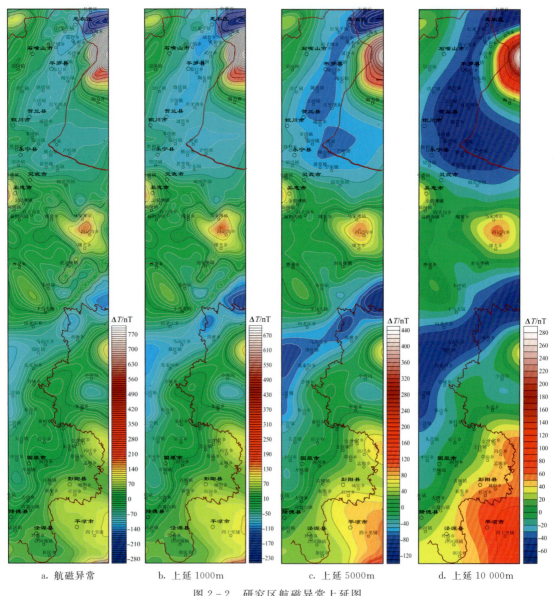

a. 航磁异常　　b. 上延1000m　　c. 上延5000m　　d. 上延10 000m

图2-2　研究区航磁异常上延图

鄂尔多斯西缘1∶20万区域航磁场显示,研究区分布4处明显的航磁异常,分别为陶乐航磁异常、马家滩航磁异常、韦州航磁异常和彭阳航磁异常。

陶乐航磁异常展布于平罗东部,呈等轴的似椭圆状,被陶力井、陶乐、灵沙、礼和及巴音陶亥所围限,异常主体展布于内蒙古自治区前旗境内,宁夏回族自治区平罗县境内仅有异常西北部分延入,异常极值幅值为750nT,为研究区航磁异常最高幅值,头闸东部的异常中部呈明显收缩。通过1000m、5000m、10 000m上延处理,陶乐航磁异常分布范围、异常形态、异常位置未发生明显变化,仅异常幅值逐级下降至260nT,分析该处深部可能受上地幔岩浆上侵,造成贺兰山岩群变质岩系基底局部上隆,引起了陶乐航磁异常。

马家滩航磁异常展布于研究区中部的马家滩、冯记沟、曙光地区,呈不规则片状分布,极值区轴呈北西走向,与吴忠西侧的瞿靖航磁异常(展布形态不完整,异常极值区分布范围位于研究区以外)遥相对应,异常极值幅值为260nT。1000m、5000m、10 000m上延处理结果显示,马家滩航磁异常分布细节逐渐弱化,异常幅值对应性降低,但依然明显高于航磁异常背景值,形态收缩演化为近似圆形,反映出该航磁异常与区域性断裂构造对应性弱,引起该航磁异常的地质体可能为深部基性岩体,伴随着燕山期大规模造山运动,为深部基性岩体沿局部上覆地层压力较小区域上侵所引起。

韦州航磁异常分布于沙泉、韦州、下马关地区,呈标准的椭圆状分布,长轴走向北北西,与该区域的马家滩航磁异常、瞿靖航磁异常相比,韦州航磁异常幅值明显较低,极值约50nT。经过上延处理,该异常幅值逐渐降低弱化,至10 000m上延高度,异常基本消失,形态融入区域航磁背景。推断韦州航磁异常与区域性分布的牛首山东麓断裂相关,可能为阿拉善微陆块深部的弱磁性变质岩系在青藏高原隆升形成的北东向逆冲推覆作用下,卷入推覆体前缘的牛首山一带,在牛首山东麓断裂的作用下,局部隆升至浅部,引起低幅值且分布与构造一致的韦州航磁异常。

彭阳航磁异常主要展布于彭阳东部地区,分两处局部极值区,北部小岔、冯庄、孟塬地区的异常极值区呈北西走向,异常范围可至车道、王洼一线区域,极值位于彭阳境外的平凉市北部,南部城阳、新集、红河地区,异常极值区分布宽泛,平缓分布的异常幅值由彭阳向平凉方向逐渐增大,至100nT。分析上延处理结果,彭阳航磁异常的两处局部极值区随着上延高度的增加逐渐合二为一,整体呈北西向展布的裙边状分布,且异常极值未见明显降低,反映该异常可能由深部区域性变质岩结晶基底整体抬升所引起。

二、评价区1∶5万重力异常特征

评价区是指银川盆地东缘地区,处于研究区北部,对应的构造单元为陶乐-横山堡褶断带。西侧以黄河断裂为界与银川断陷盆地相邻,东部以车道-阿色浪断裂为界与天环向斜相接。为精细划分该区域的构造体系,依托宁夏回族自治区重点研发项目"吴忠—灵武地区活动断裂及地热资源研究",实施了临河—白土岗段的1∶5万区域重力研究,本次工作衔接上述重力实施边界,完成了陶乐—临河段的1∶5万区域重力研究。至此,对陶乐-横山堡褶断带(宁夏回族自治区境内)实施了高精度重力测量全面覆盖,为分析构造体系,开展地热研究评价工作奠定了坚实基础。

运用小波多尺度分解技术处理评价区1∶5万区域重力资料,得到2~4阶重力小波细节场(1阶小波细节场主要反映浅表低密度覆盖层不均匀分布情况,不作讨论),体现不同地质构造层的构造展布特征(图2-3)。

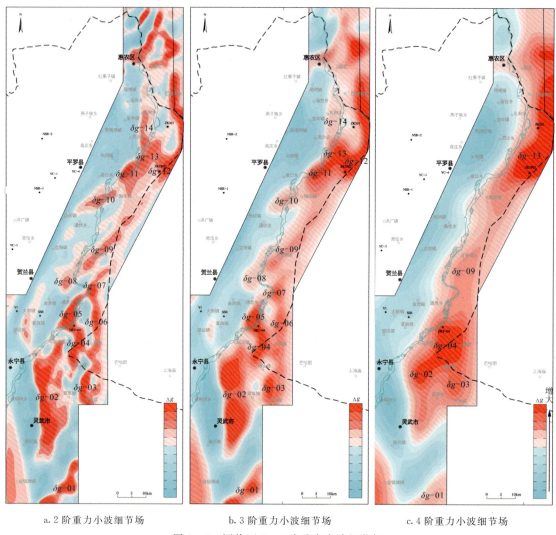

a. 2阶重力小波细节场　　　　b. 3阶重力小波细节场　　　　c. 4阶重力小波细节场

图 2-3　评价区 2～4 阶重力小波细节场

(一) 2 阶重力小波细节特征

银川盆地东缘隆起区 2 阶重力小波细节场特征简单明了，区域性重力高异常区内展布数个条带状的重力高异常带，规律性展布于黄河东岸，基本反映出了该区域整体构造格架，即黄河断裂系控制了构造的整体发育，且不同区段构造展布特征不同。

根据 2 阶重力小波细节场的分布特征，将银川盆地东缘隆起区重力异常响应进一步细分为 14 个局部重力高异常，编号 δg-01～δg-14，反映了陶乐-横山堡褶断带内部的 14 处局部隆起。δg-01 异常位于灵武南部，呈北东走向的葫芦状，内部存在 3 个重力极值，幅值由西南向东北逐渐降低，异常西北边界平直、光滑，为断裂的地球物理特征，对应白土岗断裂；δg-02 异常位于灵武东部，大面积的高重力异常区遍及由灵武、黄草坡、临河围限的灵武东山区域,异常西侧边界线性特征清楚,体现了黄河断裂(灵武段)的展布位置,陡增的梯度变化反映了断裂两侧巨大的地层差异,断裂东、西两侧地表出露的白垩系宜君组砾岩沉积与第四系湖相砂泥沉积很好印证了地球物理的差异,异常东侧边界整体具有统一边界,局部呈裙边状分布,推测由灵武东山山前洪积地层不规则的分布及断裂构造共同引起;$\delta g-03$ 异常位于宁东北部,由近南北向的主异常和北东向的次级异常组成,平面呈树权状,异常西侧梯度陡、东侧缓,延伸至横山堡一线结束,反映出该异常代表的局部隆起范围不大,西侧边界断裂为横山堡隆褶带内部次级断裂;$\delta g-04$ 异常位于横山堡以北、黑梁以西、黄河以东,呈南北向片状展布,异常内分布两处极大值,以右行错阶的方式排列,显示出明显的北西走向的断裂赋存特征;$\delta g-05$ 异常东临黄河,西至通贵,呈北东走向的南宽北窄带状展布特征,反映出深部基底隆升的形态,异常南部边界呈局部线性展布,东南向延伸至 $\delta g-03$ 异常北部,推断此区域发育一条北西向走滑断裂,天山海世界地热钻孔 DRT-04 位于异常区的东南角,处于机值区边部,体现该异常区为典型的地热远景区;$\delta g-06$ 异常沿黑梁东侧一线南北向展布,长条状异常分布与其他北西向异常区截然不同,为该区域北东向构造体系发育的证据,异常在向北延伸的过程中逐渐收缩;$\delta g-07$ 异常展布特征明显,与 $\delta g-06$ 异常承接性展布,与 $\delta g-05$ 异常呈右行错阶排列,是南侧两处异常北东方向的发育与收敛,整体呈三角状楔入陶乐-横山堡褶断带,极值区位于异常南部,向北东延伸,幅值下降,异常形态保持完整;$\delta g-08$ 异常位于通贵北部,典型的椭圆状展布显示出其局部凸起的深部构造特征,整体位于黄河以西,呈北北东向展布,异常幅值整体不高,推测该局部凸起位于主黄河断裂下降盘,受黄河断裂系前缘断裂控制,上覆新生代地层相对较厚;$\delta g-09$ 异常呈北北东向长条状分布于月牙湖地区,是陶乐-横山堡冲断带内代表性很强的一类条带状异常,异常西南侧以黄河为界与 $\delta g-08$ 异常斜交,沿异常东南侧边界延伸,能够反映出明显的线性构造的痕迹,推断黄河断裂(月牙湖段)展布于此,西北侧边界的断裂印记也比较清楚,分析黄河断裂从 $\delta g-09$ 异常两侧穿过,南侧边界延出宁夏回族自治区境后进入内蒙古自治区前旗,北侧边界呈弧形转为北西走向,延伸至陶乐一带;$\delta g-10$ 异常展布于渠口、陶乐、通伏一带,长轴北东向的椭圆状异常面积比较大,极值紧邻黄河西岸,南北收缩后,与陶乐北部的重力高异常区分离,孤立分布于重力低异常背景中,分析为黄河断裂西侧下降盘中的基底凸起区;$\delta g-11$ 异常南与 $\delta g-10$ 异常对应分布,北接 $\delta g-13$ 异常,是分布于陶乐北部的一处椭圆状异常,异常幅值明显高于其相邻两侧异常,反映出深部基底凸起幅度为该区域最高点;$\delta g-12$ 异常呈北北东向带状展布,主体分布于内蒙古自治区境内,异常西翼延伸进宁夏回族自治区,钻孔 ZK1902 位于异常西南侧边缘,由浅至深揭示了异常深部的地层纵向叠置情况;$\delta g-13$ 异常区紧邻 $\delta g-11$ 异常展布,黄河河道从二者之间穿过,北北东走向基本与 $\delta g-11$ 异常一致,平面呈右行排列,推测两处异常深部为同一基底隆起带的两个局部隆起;$\delta g-14$ 异常紧邻灵沙、礼和一线分布,为一处低幅值的长条状异常,南北走向,与 $\delta g-13$ 异常呈大角度斜交关系,黄河河道从二者交接区域穿过,反映出次级断裂与黄河河道展布的模切关系。

(二)3 阶重力小波细节特征

3 阶重力小波细节场继承了 2 阶重力小波细节场整体展布特征,仅在各个异常内部的极值区域出现了明显的合并,使得异常展布规律性更强,且对断裂构造的反映更加明显,推断2~3阶重力小波细节场均反映了同一构造层的构造发育特征。

3阶重力小波细节场中,银川盆地东缘隆起区重力异常响应14个局部重力高异常均未消失,仅分布范围与异常极值有较明显的变化,体现在两个方面:一是异常分布范围扩大,代表性的异常为δg-06、δg-09;二是异常幅值明显降低,典型的异常有δg-08、δg-14。

具体地,δg-01异常中北部的极值区基本消失,成为条带状背景异常的组成部分,南部的两处极值大致形态未发生变化,体现了该处局部隆起的构造高点分布于南部;δg-02异常西侧边界未发生明显变化,南北向的线性特征更加清晰,反映出黄河断裂(灵武段)在中浅部产状比较陡立,东侧边界由"裙边状"演变为"波浪状",推测随着深度的增加,灵武东山断裂逐渐收敛为同一断层,异常内的极值宽泛分布,分为南、北两处,具有明显的"哑铃状"形态特征,反映了灵武东局部隆起构造高点分化为两处;δg-03异常范围明显东移,形态演变为南北向椭圆状,极值收缩合并至一处,与北侧的异常的相互独立性更加凸显;δg-04异常在未改变展布形态的基础上,与其北部的δg-05异常合二为一,整体呈"S"形平面特征,二者之间的过渡低幅值带消失,δg-05异常的极值区为整个异常条带的重力值最高区域,反映了δg-04异常、δg-05异常在深部基底性质统一,仅因受区域构造应力作用,形成了明显的扭动形态;δg-06异常形态稳定,分布范围明显扩大,与浅部具有高度一致性,推测该局部隆起带深浅部构造形态未发生明显变化;δg-07异常分布范围明显变化,东北端的异常分布区收缩至省界以内,三角状异常分布形态是δg-05异常与δg-06异常向北的共同承接与融合,与δg-05异常呈明显的右行错阶排列,与δg-06异常处同一南北向重力高异常带;δg-08异常变化较明显,异常内极值消失,呈典型的断阶构造特征;δg-09异常基本未发生明显变化,仅是极值有所下降,反映了受两条边界断裂的控制,月牙湖地区的北东向局部隆起深部形态稳定,具有明显的深浅部构造一致性;δg-10异常的变化主要体现在其西南端明显回缩,由带状展布形态演化为椭圆状,推测处于黄河断裂(陶乐段)下降盘的局部断阶面积随着深度增加而缩小;δg-11异常与δg-13异常合为一处,极值位于δg-13异常北端,是典型的同类异常的归并,体现了同类构造的深部归并特征,浅部分割断裂规模小,仅发育于一定深度的构造层内部;δg-12异常虽然主体仍然分布于宁夏回族自治区外,但极值带西移现象明显;δg-14异常最明显的变化是异常幅值的明显降低,由独立的异常演变为局部隆起带重力高背景,极值消失,推测异常反映的局部凸起在中深层已经与构造主体融合。

(三)4阶重力小波细节特征

4阶重力小波细节场相比较3阶重力小波细节场整体展布特征,发生了明显的变化,体现在银川盆地东缘隆起区内部异常区细节消失,边缘带反映边界断裂的异常细节也没有显现。推测随着深度进一步增加,深部构造层构造发育特征明显区别于中浅部构造层,不仅中浅层断裂不发育,而且局部构造也多处合并为一,隆升幅度不大的局部构造基本不凸显。

整体上,银川盆地东缘隆起带重力异常区具有南北高、中部低的展布特征,包含了δg-02~δg-14共13处局部异常(δg-01异常特征未发生明显变化,且独立分布于主体异常区以外,因此不作详细论述),基于上述特征,将异常区进一步分为3个亚区:横山堡异常区、月牙湖异常区、陶乐异常区。横山堡异常区包含了δg-02、δg-03、δg-04三处异常，且呈现大面积片状分布的整体异常特征，δg-05、δg-06异常基本消失，转化为δg-04异常的西北、东部边缘梯度带，DRT-04钻孔处于δg-04异常北缘地带，δg-07异常则消失殆尽，演化为区域背景异常，归属月牙湖异常区；月牙湖异常区分布特征简单，δg-08、δg-10两处异常消失，淹没于银川盆地大面积的低重异常背景场中，δg-09异常在吸纳δg-07异常后，构成了月牙湖异常区的主体，整体呈现北北东走向的宽带状异常区，没有明显的极值，反映该月牙湖隆起地区经历了统一的隆升事件，相比较，月牙湖异常区反映的深部构造区带是陶乐-横山堡隆褶带的构造鞍部；陶乐异常区中δg-14异常消失，δg-11、δg-13两处异常范围明显东移，与δg-12异常归并到一处，形成了面积较大的片状异常区，推断该区域深部基底整体抬升，ZK301、ZK1902钻遇地层情况对该地区地层分布进行了验证。

综上分析发现，银川盆地东缘隆起区2~3阶重力小波细节场异常特征比较一致，与4阶重力小波细节场异常特征具有明显区别，反映出中浅部构造层构造发育情况基本一致，仅发育规模及局部特征存在差异，深部构造层发育的构造格局更为简单，区域性深大断裂及局部构造与中浅部具有较好的统一性，中浅层内发育的局部构造在深部构造层中基本不发育。上述重力场显示出的构造展布特征，是后文中构造精细研究的基础。

三、评价区电性剖面特征

以1∶5万区域重力工作为基础，在评价区重点区段部署了可控源大地电磁测量剖面（简称CSAMT剖面）与大地电磁测量剖面（简称MT剖面），以期对深部地质构造进行系统性解析。其中：评价区南部横山堡地区的7条CSAMT剖面（L1~L7，L4~L7原始剖面西端均延伸至银川盆地南部的灵武凹陷，为了研究的针对性，本次仅截取剖面东段进行分析）为2018年实施的"吴忠—灵武地区活动断裂及地热资源研究"项目的实物工作之一；本项目补充完成了评价区中北部月牙湖、陶乐地区的5条MT剖面，结合以往在此区段完成的2条MT剖面，能够支撑对评价区构造体系的精细分析。

（一）评价区南部电性特征

评价区南部构造隶属横山堡隆褶带，行政区属包含临河、横山堡、黄草坡及宁东北部，灵武东山占据主要范围。7条CSAMT剖面西端均延伸过黄河断裂重力梯度带，进入银川盆地重力低异常区，其中L1、L2剖面部署于临河北部，L3剖面部署于临河附近，L4剖面部署于永宁县东部，L5、L6、L7剖面部署于灵武市、崇兴镇东部，均横跨灵武东山重力高异常区。剖面部署基本覆盖了评价区南部，其结果较好地反映了3km深度以浅断裂的分布性状，为精准确定平面上各条断裂的展布位置提供了有力的电性资料（图2-4）。

1. L1剖面

L1剖面电性特征简单。以300号点为界，东侧剖面呈现典型的二元电性结构，即高程0m以上，为低阻、中低阻层，反映出该区以古近系清水营组（E_3q）为主的新生代地层厚度相对较大，约900m，其下伏的石炭系—二叠系砂岩、泥岩地层厚度相对较薄，约200m；高程在0m

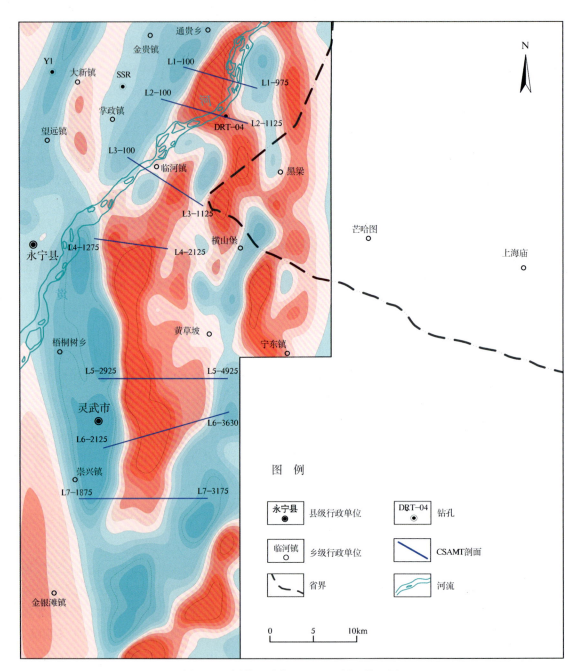

图 2-4 评价区南部 CSAMT 剖面位置图

以下为中高阻、高阻层,且纵向分布范围宽缓,是浅海相沉积的奥陶系含泥灰岩,地层沉积厚度大,底部的高阻层推测为贺兰山岩群变质岩系所引起。300 号点以西,剖面由浅至深均呈现出低阻、中低阻的电性特征,反映了局部凹陷大厚度的新生界泥岩沉积地层。300 号点两侧高阻向低阻的过渡区(带),则是规模较大的西倾正断层的清晰例证,从其所处位置、断面属性推断为黄河主断裂,且浅部为连续性好、近水平分布的中低阻层,说明该断裂没有切穿浅部的第四系河流相沉积地层,在地表呈隐伏状。此外,在 500 号点、700 号点附近,电性断面由浅至深有较为明显的错位、下掉迹象,为小规模断裂的反映,它与黄河主断裂性状基本一致,推测为黄河主断裂的附属次级断裂(图 2-5)。

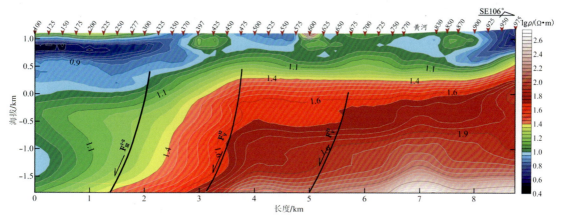

图 2-5 L1 剖面电性特征

2. L2 剖面

L2 剖面整体上反映了清晰的深部构造发育关系。纵向上,可以将剖面由浅至深分为 4 个电阻率层,依次为低阻层($1 \sim 10 \Omega \cdot m$)、中低阻层($10 \sim 25 \Omega \cdot m$)、中高阻层($25 \sim 100 \Omega \cdot m$)与高阻层(大于 $100 \Omega \cdot m$)。经钻孔 DRT-03 揭示,低阻层对应古近系清水营组($E_3 q$)红色亚砂土、亚黏土沉积层,泥质成分含量高,局部砂岩夹层中富含高矿化度水(矿化度大于 6.0g/L),且沉积环境为湖盆收缩期的氧化环境,岩层中浓缩大量的盐类离子成分(Cl^-、SO_4^{2-}、HCO_3^- 等),导致清水营组($E_3 q$)表现出明显的低阻特征;中低阻层与石炭系—二叠系的羊虎沟组($C_2 y$)、太原组($C_2 P_1 t$)、山西组($P_1 s$)、石盒子组($P_2 sh$)与孙家沟组($P_3 sj$)对应,为一套泥岩、泥质粉砂岩、砂岩互层夹煤 $5 \sim 7$ 层,为河湖相沉积地层,其间局部砂岩赋存的水质较高,矿化度一般为 3.0g/L,电阻率相对较低;中高阻层则是奥陶系米钵山组($O_{2-3} m$)的反映,为一套陆表海相沉积的灰岩,含有一定的泥质成分,呈脉状充填于灰岩裂隙中,灰岩裂隙分段发育,富含水,水质较好(矿化度为 1.0g/L);高阻层无钻孔直接钻遇,根据区域地质特征,推测它为贺兰山岩群的变质岩系,变质程度高。

横向上,从东(1125 号点)至西(100 号点)剖面呈现明显的逐级下掉"阶梯状"展布结构特征,在中低阻层(石炭系—二叠系)体现得最为明显,共可划分为 5 个断阶,$100 \sim 295$ 号点为第 1 断阶,以低阻、中低阻层为主,反映了银川断陷盆地东部斜坡区局部沉积凹陷的地层特征,据剖面西侧掌政镇 Y6 地热井揭示,该凹陷 2400m 深仍为新近系,推测此断阶东侧边界为黄河主断裂;黄河主断裂以东剖面电性特征相似,差异仅体现于中浅部的中低阻、低阻层的分布范围,第 2 断阶($295 \sim 500$ 号点)、第 3 断阶($500 \sim 800$ 号点)、第 4 断阶($800 \sim 950$ 号点)

纵向地层分布基本一致，呈西厚东薄的展布特征，之间均以小规模西倾正断层为分界，与黄河主断裂性质基本相同，推断为黄河主断裂的附属次级断裂（图2-6）。

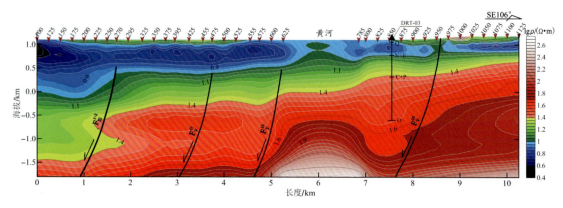

图2-6 L2剖面电性特征

3. L3剖面

L3剖面整体继承了L1剖面电性结构，均呈西低东高、逐级下掉的特征，但差异性也较为明显。

具体地，以650号点为分界，其西侧主要呈低阻、中低阻层，且电性纵向分布成层性不强，尤其在高程0m以下的深部，电性表现出明显的过渡带特征，反映出浅部地层为分布较连续、横向展布较稳定、沉积厚度相对较大的古近系清水营组（E_3q），浅表覆盖厚度较小（<50m）的第四系沙土层；深部地层可能为石炭系—二叠系砂岩、含砾砂岩等，经后期构造改造，地层水沿断裂沟通融合，造成了电性分布的变化。深部奥陶系灰岩地层也受到构造应力的挤压、揉搓作用，层内裂隙进一步发育、连通后，充填上部地层水及泥质成分，引起电阻值的大幅度降低；650号点以东，基本以高阻层为主，仅有550~950号点与1075~1125号点之间范围浅部分布极小厚度的低阻层，反映道坡沟以东区域，深部的奥陶系灰岩隆起较高，其上沉积的石炭系—二叠系砂岩层随之隆起，且沉积厚度较小，顶部白垩系砾岩为主要的覆盖层，950~1075号点之间区段已出露地表，两侧则覆盖厚度较小的古近系清水营组红色泥岩层与地表第四系风积砂层、冲洪积砂砾石层。

剖面电性特征反映了地层纵向叠置状态，地层的横向变化则是构造作用的直接结果。通过L3剖面，由西至东共刻画了5条断裂构造。在230号点处，断裂为低阻带与中低阻带的过渡带，对比L1剖面，推断应为黄河主断裂；于650号点处，为东、西两侧高，低阻区明显的分界，以此刻画出的断裂产状上陡下缓，基本与地质刻画的灵武断裂对应；此外在350号点、825号点、950号点3处均有断裂发育的电性特征，推断是黄河主断裂的同系列小规模断裂的体现（图2-7）。

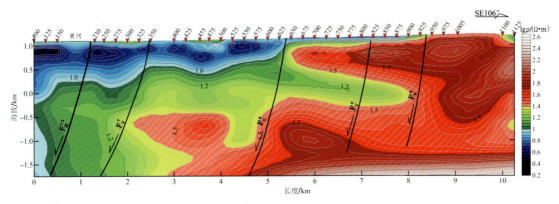

图2-7 L3剖面电性特征

4. L4剖面

根据电性特征分析,L4剖面清晰反映了灵武东山断裂相互交切关系及黄河东、西两侧的构造演变过程。

剖面延续了L3剖面的电性特征,呈西低东高、逐级下掉的特征,低阻区(带)为沉积厚度相对较大的古近系清水营组(E_3q),浅表覆盖厚度较小的第四系沙土层,中低阻区(带)反映了石炭系—二叠系砂岩、含砾砂岩层经后期构造改造赋水后的电性分布变化,下部高阻区则可能为深部奥陶系灰岩地层受到构造应力的挤压、揉搓作用,层内裂隙进一步发育、连通后呈现的阻值特征。此段整体4个电性台阶分别对应不同的构造条带,以不同规模的断裂为分界,断裂体现为电性层位的断错,呈基本平行、上陡下缓之势向深部切割延伸。

L4剖面电性特征刻画出的构造形迹也比较清晰,1325号点处的西倾正断层迹象最为明显,是西侧中低阻区与东侧高阻区的分界,说明该断裂发育规模大、两盘地层沉积特征截然不同,引起电性特征风格迥异的面貌,推断该断裂为黄河主断裂;黄河主断裂以东区段,在1550号点、1725号点、2050号点处亦有明显的断裂发育迹象,由东向西呈逐级下掉的趋势依次展布,并有逐步向黄河主断裂靠拢、归并的态势(图2-8)。

5. L5剖面

L5剖面横跨陶乐-横山堡冲断带,呈现的剖面电性特征也具有明显的分段性,反映出深部构造亦较为复杂。

剖面以3275号点为明显的电性分界,其西侧为分布范围宽缓、阻值纵向成层、电性结构单一的低阻异常区,反映银川断陷盆地南部灵武地区局部凹陷的发育情况,可以看出,局部凹陷内地层以新生界泥岩沉积为主,厚度比较大(>3000m),纵向上分为明显的3个电阻层,依次为浅部中低阻层(0~200m)、中部低阻层(200~1500m)、深部中低阻层(1500~3000m),依据区域地层电阻率值特征分析,由浅至深依次沉积第四系河流相冲积(湖积)地层、新近系河流相砂泥岩地层和古近系湖相粉砂质泥岩地层。3275号点以东为典型的隆起

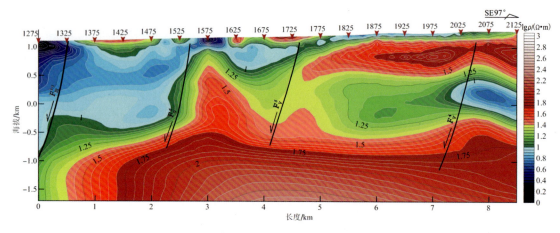

图 2-8 L4 剖面电性特征

区二元层状电性结构,除局部存在一些薄层(<50m)中高阻层外,浅部整体呈现(0~1300m)中阻层特征,深部(1300~3000m)则为明显的高阻层,反映出该区段地层纵向展布具有明显的不连续性,近地表局部的中高阻层为风积层及以白垩系宜君组(K_1y)为母岩的风化堆积层,分布范围局限,堆积厚度不大,浅部中阻层则可能为白垩系宜君组(K_1y)与石炭系—二叠系砂岩地层共同的电性体现,深部高阻层则是古生界奥陶系含泥灰岩的反映。深部高阻层的顶界面见"逐级下掉"(由东西向)的电性台阶,最后一级台阶位于 3725 号点,说明了该区断裂构造较为发育,且均呈西倾正断层的特征,电性台阶的落差高低反映了断裂规模的大小,规模最大的断裂位于 3225 号点处,根据区域构造发育展布特征,推断它为黄河主断裂,其余西倾断裂为黄河断裂带的次级断裂。需要指出的是,除了西倾正断层发育外,在剖面的最东端(4225 号点),浅层分布约 500m 的低阻层,是典型的新生界泥岩地层的电性特征,深部为中阻、高阻区,与其余区段一致,但明显低于其西侧,反映了黄河断裂带东部边界断裂的存在,它为一条东倾正断层,断距小于 500m(图 2-9)。

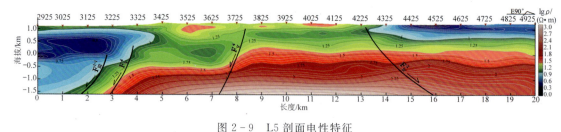

图 2-9 L5 剖面电性特征

6. L6 剖面

与 L5 剖面类似,在陶乐-横山堡冲断带的深部构造特征分析中,L6 剖面呈现出极具代表性的电性特征,反映出该区域深部构造的空间分布性状。

剖面呈中部高、两侧低的形态,中部的高阻异常区为灵武东山地区白垩系宜君组(K_1y)的体现,厚度约200m,为一套干旱气候条件下的山麓相堆积,主要由砾岩组成,厚度横向变化快;高阻层之下的中阻层则为石炭系—二叠系的电性反映,该地层段岩性以石英砂岩为主,富含煤系地层,砂岩赋水性强,呈低矿化度,是区域性的低阻电性层段;底部为高阻区,推断该高阻区亦是奥陶系泥质灰岩层的反映,灰岩泥质含量较高,孔隙裂隙发育,是深部地热赋存的主要地层。两侧的低阻区特征有所差异,西侧主要为低阻、中低阻区,说明新近系沉积厚度较大,受断层破碎带的影响,地表水向深部补给,破坏了原有地层水化学性质,地层电性特征稍显紊乱,但它仍是新生界沉积地层,相比于西侧的中央坳陷区,深部的奥陶系基底埋深更浅,东侧浅层为第四系风积砂层下伏古近系清水营组砂泥岩,电性表现为低阻特征,深部电阻值急剧升高,反映沉积地层特征变化较快,分析应是中生界的三叠系、侏罗系展布,深部的高阻区则是奥陶系沉积。该段剖面电性刻画的深部构造相对清楚,褶断带整体受两条规模较大的反向断层所夹持,其中西侧2275号点处的断裂规模较大,呈隐伏状,未切穿浅部的低阻层,推断为黄河主断裂。3225号点处断层产状陡立,控制了褶断带东侧边界。此外,2575号点附近发育一条西倾断层,形迹清晰,与黄河主断裂展布特征类似(图2-10)。

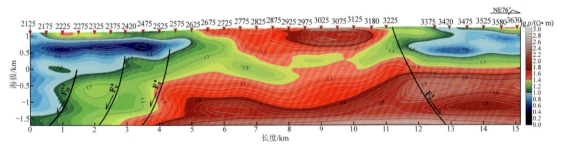

图2-10 L6剖面电性特征

7. L7剖面

L7剖面电性结构相对较为简单,整体反映了银川断裂盆地与横山堡冲断带南端收敛状的深部构造特征,根据剖面电性特征,进一步将剖面细分为3段:1875~2275号点、2275~2575号点、2575~3175号点。

1875~2275号点,为银川断陷盆地电性特征区,500m以浅区域,中低电阻背景值区域内局部分布两处高阻区,推断为河流相边滩泥质粉砂岩、泥岩沉积,地表为第四系风成沙堆积沙丘,其内赋水性差,500~1500m深部区域,低电阻区地层均匀分布于整个区域,是典型的新近系干河沟组(N_1g)、古近系清水营组(E_3q)电性特征。1500m以深区域,低电阻特征逐渐向中低电阻特征过渡,此过渡升高的趋势宽缓且明显,表明盆地深部地层由新生界变化为其他基底地层,根据区域地质推断,深部可能残留薄层的古生界奥陶系灰岩层系。2275~2575号点,为横山堡冲断带西段的灵武东山局部隆起的电性反映,浅部中低阻区厚度约

500m,为地表薄层的第四系风积砂与浅部白垩系宜君组(K_1y)砾岩层的响应。500～2000m区域,宽缓的高阻区异常明显,与东、西两侧形成鲜明的对比,突显出局部凸起构造的电性特征。2575～3175号点,除了浅表由薄层第四系沉积层引起的局部高阻区外,横山堡冲断带西段深部呈现出典型的二元结构,200～1800m深部,大面积的中低阻区域反映了大厚度的中生界砂岩地层的沉积发育。1800m以深,更高电阻地层与灵武东山凸起深部连为一体,且具有西深东浅的特征,电性界面未见明显的凸起与下凹,反映了深部基底的分布形态。

综观整条剖面,深部构造的特征也反映得较为清楚,主要表现为电性层位的变形,错断和扭曲反映了不同规模的断裂构造,界面的下坳或上隆则是局部凹陷及局部凸起的体现。2400号点、2575号点附近,深部电性特征表明存在两条倾向相反的正断层,共同控制了灵武东山凸起的形成发育。此外,2275号点处深部为低阻电性区与高阻电性区域的明显分界,推测为黄河主断裂,浅部呈隐伏状即是隆起区与凹陷区的分界(图2-11)。

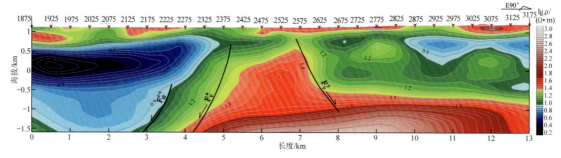

图2-11　L7剖面电性特征

(二)评价区中北部电性特征

评价区中北部构造隶属于陶乐隆褶带,行政区划包括月牙湖、陶乐与礼和。共实施7条MT剖面,用以精细解析该区域深部地质构造发育形态及空间展布特征。其中:本项目共实施了5条MT剖面共120km,1线部署于尾闸镇北部2.8km,2线部署于陶乐镇北部8.6km,3线部署于月牙湖乡东北4.9km,4线部署于月牙湖乡西南3.3km,5线部署于通贵乡东北7.1km;收集了"银川都市圈黄河断裂构造特征及其与地热关系研究"项目完成的MT剖面1条,位于灵沙乡西南5.9km处,原始剖面横跨银川断陷盆地与陶乐隆褶带2个不同类型的构造单元,本次仅截取了剖面东段部分,约22km;收集了"大地电磁法在银川盆地北部深部电性结构探测中的研究"项目实施的MT剖面1条,部署于礼和乡西南2.2km处,剖面总长31km,本次截取剖面东段,约14km。为便于分析、利用,将上述7条MT剖面统一编号,由北向南依次编为WL-1、WL-2、WL-3、WL-4、WL-5、WL-6、WL-7,由于WL-7剖面实施时间推迟,本书成文时剖面最终解释成果没有形成,故不作论述(图2-12)。

1. WL-1剖面

该剖面位于尾闸镇近北向(N3.5°)2.79km处,横跨黄河河道,走向近东(E93°),长

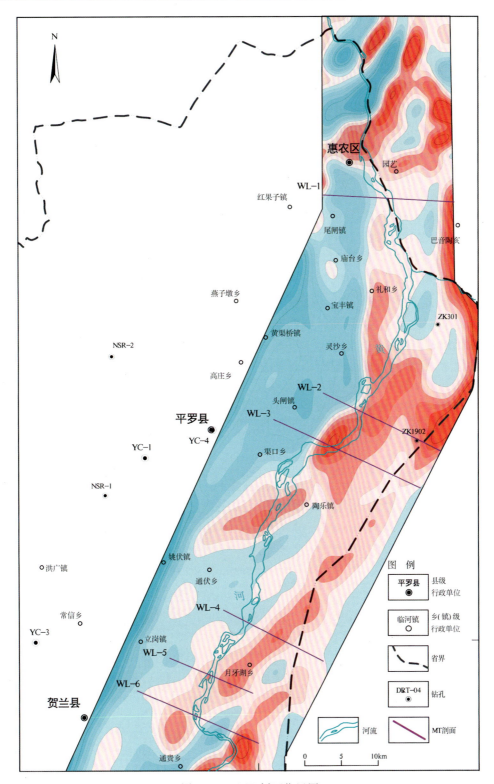

图 2-12 MT 剖面位置图

18km。剖面西侧延伸至银川断陷盆地,达贺兰山山前,东侧过黄河后延出宁夏回族自治区,进入内蒙古自治区乌海市海南区巴音陶亥乡。剖面电性结构清楚。典型的二元结构剖面特征显示了该区域比较简单的地层叠置概况。

浅表低阻层西薄东厚、有序渐变,厚度由西端300m逐渐增厚至东端700m。以122号点(黄河东岸)为分界,西侧低阻层电阻率小于4Ω·m,且低阻层厚度展布平缓,未见有明显的起伏变化,是典型的银川平原第四系灵武组的细砂、粉砂及砂质黏土层的电性响应;东侧低阻层阻值快速升高,电阻率值为6~16Ω·m,低阻层厚度由西向东快速增大,根据区域地层分布情况推测,该区段低阻地层应该为古近系清水营组砂泥岩互层,浅表的局部薄层低阻层是第四系风积沙层。因此,122号点为浅表低阻地层的岩性分界。

中深部,剖面以高阻电性异常为主要特征,在区域高阻异常背景上,依次规律地展布着3处局部极高阻值的异常区,分别为100~108号点、110~118号点、120~132号点。100~108号点区段,异常阻值明显高于东侧,由异常边缘100Ω·m快速升高至异常中心1000Ω·m,异常区整体西倾,纵向延伸至10km以深,推测为贺兰山隆起变质岩系所引起;110~118号点区段,异常分布范围较小,纵向延伸至6km处逐渐收敛,异常边缘电阻率值为130Ω·m,中心区域电阻率幅值为680Ω·m,异常深部区域电阻率出现逐渐降低趋势,至10km处约55Ω·m,此种电性变化符合陶乐隆褶带深部构造发育特征;120~132号点区段,展布着本剖面范围最大的高阻异常,异常呈不规则椭圆状,近似直立分布,异常边缘电阻率值约130Ω·m,宽泛的中心极值区电阻率值可达1100Ω·m,整体上具有与西侧相邻异常类似的特征,即深部逐渐收敛,且逐渐演化为区域低阻层,综合分析该高阻异常主要是区域性发育的石炭系—二叠系砂岩、页岩及寒武系—奥陶系厚层块状白云质灰岩的电性响应(图2-13)。

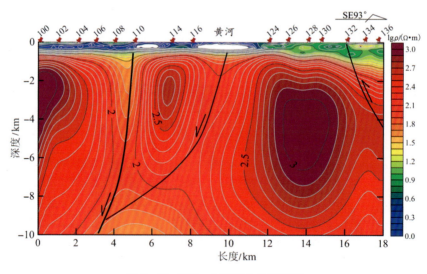

图2-13 WL-1剖面电性特征图

此外,在110号点、120号点处的3个高阻异常之间间隔着2条明显的电性变化带,呈现高阻异常之间的低阻条带特征,推断为断裂发育的电性响应,其中110号点低电阻条带,倾向西,浅部陡立、深部变缓,横向分布范围小,纵向延伸深度大,为黄河主断裂(礼和段),120号点低电阻条带,为特征相似的两处高阻异常直接的分界,倾向西,倾角由浅至深逐渐变小,至8km深度电性特征消失,推测它为黄河断裂后缘次级断裂,向深部归并于主断裂。

2. WL-2剖面

该剖面位于陶乐镇东北侧(NNE23.5°)8.6km处,横跨黄河河道,走向南东(SE114°),长18km。剖面西侧延伸进入银川断陷盆地,东侧过黄河,横切陶乐北部的δg-11重力高值异常,延出宁夏回族自治区,进入内蒙古自治区乌海市。剖面电性结构特征明显,不仅显示了陶乐隆褶带深部构造特征,而且刻画了银川断陷盆地向陶乐隆褶带过渡带构造体系(图2-14)。

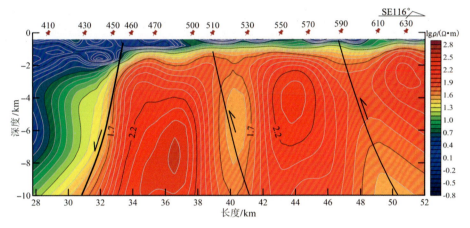

图2-14 WL-2剖面电性特征图

WL-2剖面近东西向布设,长30km。考虑到有效截止频率,本次反演深度为10km(下同)。从图中可以看出:浅部分布有横向上变化较为均匀的低阻带,电阻率变化为3~10Ω·m。低阻带变化特征为西部厚,且最西端向深部延伸较大,往东部变薄,最厚处超过3km,主要为中、新生界。垂向上整体表现为上低下高结构。在编号450号点的位置下方,表现为明显的东西向变化电性边界带,推断为一深大断裂(编号、名称,下同),产状较陡。450号点以东显示为中—高阻电性结构,电阻率变化为50~600Ω·m,横向上整体较为连续,在510号点和530号点之间,以及590号点下方深部有电性变化不连续带,推断为断裂位置,这几条断裂均位于高阻体中。在590号点以东深部高阻地块下方约8km以下有一中—低阻带,电阻率变化为30~50Ω·m。

3. WL-3剖面

WL-3剖面近东西向布设,长约22km。从图中可以看出:最浅部分布有中阻带,电阻率变化为10~30Ω·m,西端较厚,最厚约300m,以黄河为界,往东变薄;浅中部分布有横向上变化均匀且连续的低阻带,电阻率变化为3~10Ω·m。低阻带变化特征为西部厚,往东部变薄,最厚处超过4km,主要为中、新生界。在110号点的位置下方,推断为一深大断裂,产状较陡。110号点以东深部横向上显示为高阻电性特征,最东端可达1000Ω·m左右;高阻体内在122号点、126号点、136号点下方深部存在横向电性不连续带,推断为断裂位置。122号点以东深部有一中—低阻区域,西端较深,往东低阻带变浅,约6km。电阻率变化为30~50Ω·m(图2-15)。

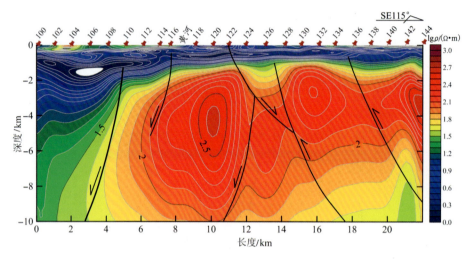

图2-15 WL-3剖面电性特征图

4. WL-4剖面

WL-4剖面近东西向布设,长度约19km。从图中可以看出:最浅部在黄河段附近分布有中阻带,电阻率变化为30~50Ω·m,最大宽度约4km,深度接近2km。黄河以东浅中部分布有横向上变化较为均匀的低阻带,电阻率变化为3~10Ω·m。且低阻带主要集中在100~110号点、118~126号点之间,为中、新生界。110~118号点下方出现大面积的电性不连续带,表现为中低阻电性特征,电阻率变化为10~30Ω·m,推断可能与地层受构造影响破碎充水有关。100号点以东深部横向上显示为高阻电性特征,显示为明显的东西向变化电性边界带,推断其下方有一深大断裂,产状较陡。120号点下方深部为东西向变化电性边界带,推断其下方有一深大断裂,产状较陡,该断裂以东横向上显示为高阻电性特征,电阻率超过1000Ω·m,该高阻体顶端距离地面约1.5km(图2-16)。

5. WL-5剖面

WL-5剖面近东西向布设,长度约12km。从图中可以看出:最浅部分布有中阻带,电阻率变化为10~30Ω·m,最厚约500m,基本分布在黄河以西,最薄处在黄河西端;浅中部分布有横向上变化均匀且连续的低阻带,电阻率变化为3~10Ω·m;低阻带变化特征为西部厚,往东部变薄,最厚处超过4km,主要为中、新生界。106号点以东深部横向上显示为高阻电

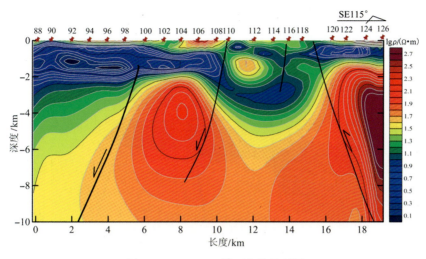

图 2-16 WL-4 剖面电性特征图

性特征,显示为明显的东西向变化电性边界带,推断其下方有一深大断裂,产状较陡;在 114 号点、120 号点的下方深部有电阻率不连续变化带,推断为断裂的位置(图 2-17)。

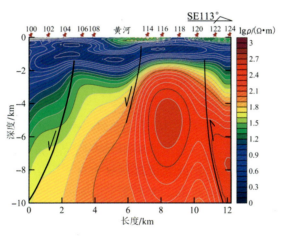

图 2-17 WL-5 剖面电性特征图

6. WL-6 剖面

WL-6 剖面近东西向布设,长度约 19km。从图中可以看出:最浅部在黄河段附近分布有中高阻带,电阻率变化为 30~100Ω·m,最大宽度约 4km,深度接近 2km。黄河以东分布有不连续变化中阻带,电阻率变化为 10~30Ω·m,最厚处约 300m。浅中部分布有横向上变化较为均匀的低阻带,电阻率变化为 3~10Ω·m,且低阻带变化特征为西部厚,往东部变薄,最厚处超过 4km,主要为中、新生界。112 号点以东深部横向上显示为高阻电性特征,为东西向变化电性边界带，推断其下方有一深大断裂，产状较陡；在 120 号点、128 号点的下方深部有电阻率不连续变化带，推断为断裂的位置。最东端电阻率超过 1000Ω·m，该高阻体顶端距离地面约 2km(图 2-18)。

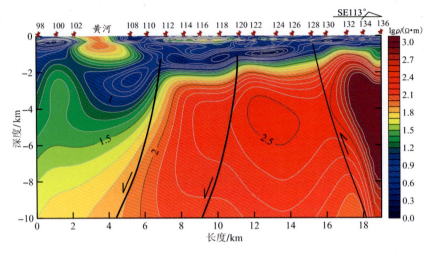

图 2-18 WL-6 剖面电性特征图

第二节　研究区构造体系特征

鄂尔多斯西缘大地构造位置属柴达木-华北板块一级构造单元、华北陆块二级构造单元、鄂尔多斯地块三级构造单元、鄂尔多斯西缘中元古代—早古生代裂陷带四级构造单元、陶乐-彭阳冲断带五级构造单元，由北向南依次划分为桌子山褶断带、陶乐-横山堡褶断带、韦州-马家滩褶断带和车道-彭阳褶断带。由于桌子山褶断带主要位于内蒙古自治区境内，本次不作详细论述。

一、区域现今应力场分析

(一)第四纪晚期构造应力场的地质依据

研究区断裂带以近南北走向为主。鄂尔多斯西缘桌子山西麓与大小罗山等活动断裂带，多为右旋走滑性质，由此可以大致推断，研究区受以近北东-南西向为主的强大挤压力作用，为第四纪晚期构造应力场。

(二)震源机制解结果反映的现代构造应力场

震源机制解作为研究现代构造应力场的一种重要方法，也反映了地壳现今应力状态和断层构造的运动特征,由于早期台网和资料不足,尤其是强震的震源机制解结果寥寥无几。一般来说,强度越大的地震,越能反映区域应力状态;而震级越小,受局部条件影响越大。因此,一次中小地震的震源机制的结果不足以反映整个区域构造应力场的基本特征,但一定范围内许多这样的结果,可以在统计意义上说明区域构造应力场的特征。宁夏地区前人较为丰富的中强或中小地震的震源机制解资料均在一定程度上反映了现代构造应力场的大体格局。

赵知军和刘秀景(1990)利用1970—1990年的震源机制解资料求得的宁夏及邻区应力场分布表明,宁夏南部地区主压应力总体方向为北东东-南西西向。从宁夏地区及邻区活动性和主压应力场的方位来看,两者并不是完全一致的。中小地震震源机制解结果表明,青藏高原东北缘的宁夏南部区域主压应力 P 轴方位平均为77°,而其平均仰角为18.7°,接近水平,说明宁夏地区整体还是主要处在压应力轴为北东-南西向及北东东-南西西向的应力场。

曾宪伟等(2015)基于2003—2009年宁夏的地震波形资料计算其震源机制解结果,用聚类分析法分析了分区构造应力场,其中宁夏南部主压应力 P 轴总体优势表现为近东西向,P 轴仰角主要在 $20°\sim40°$ 之间,构造应力场主压应力以水平作用为主,地震产生的震源区构造变形使北东东向发生压缩,北北西向发生相对扩张。

郭祥云等(2017)计算了2008—2014年鄂尔多斯周缘中小地震的震源机制并用区域阻尼应力法反演了平均构造应力场,其中宁夏地区内自北向南以及自西向东来看,其 P 轴方向大体上呈现北北东向、北东向至北东东向的过渡变化,而 T 轴则为北西西向、北西向至北北西向的变化,体现出较明显的分区特征,侧面反映这些地区震源机制类型较为复杂,由于宁夏地区处于青藏高原东北缘弧形构造区到银川盆地之间的转换带区域,既受到来自青藏高原的北东向挤压,又有来自阿拉善和鄂尔多斯地块复杂的挤压及拉张力的影响(图2-19)。

(三)宁夏及邻区第四纪构造应力场和现代构造应力场对比

根据宁夏地区及邻区第四纪和现代构造应力场综合分析结果,第四纪构造应力场方向以北东东为主,约为北东 $60°\sim70°$ 方向。震源机制解反映的构造应力场主压应力方向也较接近北东东方向,地震地表破裂带反映的构造应力场主压应力方向应为北东 $70°\sim80°$,地形变测量反映的构造应力场方向约为北东 $45°\sim60°$。

整体来看,宁夏地区的构造主应力方向以北东 $40°\sim70°$ 方向较占优势。其中,宁夏北部主压应力轴主要方向约为北东 $40°\sim65°$ 之间,而宁夏南部主压应力轴方向大体为北东 $55°\sim80°$ 之间。可以看出,第四纪构造应力场方向与现代构造应力场主压应力方向大体一致,即主要是北东向或北东东向,且自南向北大体呈现北东东向到北东向的变化。

宁夏南部呈现为北北东向地震破裂的张性右旋和北西西向地震破裂压性左旋的错动方式,显示主压应力还是以北东-南西向及北东东-南西西向为主,与震源机制得到的构造应力场也大体一致,表明宁夏地区及毗邻地区的构造应力场具有一定的分区性和继承性。

宁夏地区毗邻鄂尔多斯地块西缘区域,从北到南,主压应力轴方位由北北东向逐渐转变为近东西向,宁夏南部主要由北东东-南西西向的水平挤压应力的构造应力场控制,主张应力轴近于直立。

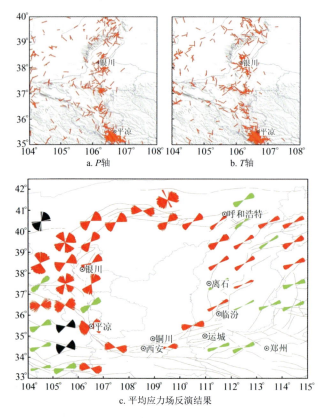

红色代表正断,绿色代表走滑,黑色代表逆冲类型,方向代表最大的平均主压应力。

图 2-19 鄂尔多斯西缘 P、T 轴方位分布及鄂尔多斯周缘平均构造应力场(据郭祥云等,2017)

二、深部构造特征

  青藏高原东北缘和鄂尔多斯地块的接触带以特殊的弧形构造与构造转换区为特点,成为研究的热点地区,该区是我国西南部的青藏高原和东北部的丘陵地带分界线,是我国的重要地震活动带。该区发育一些较大的北西向和近南北向断裂带,如玛沁断裂带、西秦岭北缘断裂带、海原断裂带、香山-天景山断裂带、罗山-云雾山断裂带等,是全球新生代以来构造变形最强烈、地块间相互作用表现典型的地区之一,对该区的变形和深部结构的研究是当今的热点课题。

  20 世纪 60 年代初以来,前人为了探明该地区的地壳结构,作了 10 多条人工地震探测(折射/宽角反射)剖面和大地电磁测深剖面,积累了较为丰富的资料,然而已有的地震测深剖面多为北西向或南北向布设,且大地电磁测深的测点间距较大,难以获得对该区主要构造带更全面的认识。詹艳(2008)在研究区内新测和收集到 13 条大地电磁剖面共 1156 个测点的高质量观测数据。剖面分别穿过了柴达木地块、祁连地块和鄂尔多斯地块之间的海原边界带,祁连地块和阿拉善地块之间的古浪边界带,阿拉善地块和鄂尔多斯地块之间的银川边界带。从电导率结构出发,重点探讨青藏高原东北缘和鄂尔多斯两个块体边界区域的地壳上地幔结构及其横向变化,确定青藏高原东北缘和鄂尔多斯地块之间的深部边界,为活动地块的划分及进一步研究这两个块体之间的相互作用和变形等提供依据(图 2-20)。

综观 13 条剖面覆盖的区域范围,本次选取 A 剖面、N 剖面反映鄂尔多斯西缘的深部构造特征。

(一)南部地区深部构造

1. 地壳结构

A 剖面的深部电性结构揭示出玛沁断裂带(F_1)、马衔山断裂带(F_3)、青铜峡-固原断裂带(F_7)是明显的电性差异带,这 3 条断裂带自西南到东北把剖面分为巴颜喀拉地块、秦祁地块、海原边界带、鄂尔多斯地块 4 个地块。巴颜喀拉地块上地壳为高电阻,中下地壳出现西南深、东北浅的壳内电阻层。秦祁地块表现为较完整的地壳结构,呈整体的高电阻率块体,在上地幔顶部电阻率减小。海原边界带内电性结构复杂,高、低阻相间,反映出边界带构造的复杂程度。鄂尔多斯地块内部结构较完整,呈现明显的 3 层结构样式,具有较好的整体性(图 2-21)。

调查区①所在的鄂尔多斯西缘位于区块 3 电性特征区,该区块是青藏高原东北缘和鄂尔多斯地块之间的过渡带,区块内电性结构明显不同于其他 3 个区块,中下地壳不再有大范围连续的电性水平层和连续的低阻带,而在 20~50km 深度范围内出现了高阻和低阻块体的堆积,电性边界较陡,本区块的下地壳和上地幔顶部总体显示为相对高阻区。

区块内发育一系列的弧形构造带,其中月亮山南麓断裂带(F_{17})、海原断裂带(F_4)、青铜峡-固原断裂带(F_7)和马家滩-大水坑隐伏断裂带(F_{18})电性结构清晰,它们把该区块分割为 4 个亚区,自西南到东北分别对应西吉盆地、西南华山隆起、海原盆地(包括中卫-清水河盆地和中宁-红寺堡盆地)和鄂尔多斯西缘带。

调查区鄂尔多斯西缘带对应的第四亚区测点的视电阻率曲线数值明显大于其他 3 个亚区。曲线高频端的数值基本为十几欧姆米,但很快就增大到上千欧姆米,表明该亚区盖层较薄,而盖层下面为一高阻块体,鄂尔多斯西缘带自地表起就显现为高阻特性,这与在两区分别出露前寒武纪地层和寒武纪地层、奥陶纪地层有关。

2. 深大断裂带

青铜峡-固原断裂带(F_7):即牛首山-罗山-崆峒山断裂,具有十分明显的电阻率梯度带特征,其深度穿过地壳。该断裂虽然在边界带内部,但是它对鄂尔多斯西缘带的构造变形有着控制作用。

---

① 本书中"调查区"是指鄂尔多斯西缘宁夏段,大地构造对应陶乐-彭阳冲断带Ⅴ级构造单元,北部为陶乐-横山堡褶断带、中部为韦州-马家滩褶断带、南部为车道-彭阳褶断带;"评价区"是指银川盆地东缘隆起区,大地构造位于陶乐-彭阳冲断带北部,对应陶乐-横山堡褶断带。

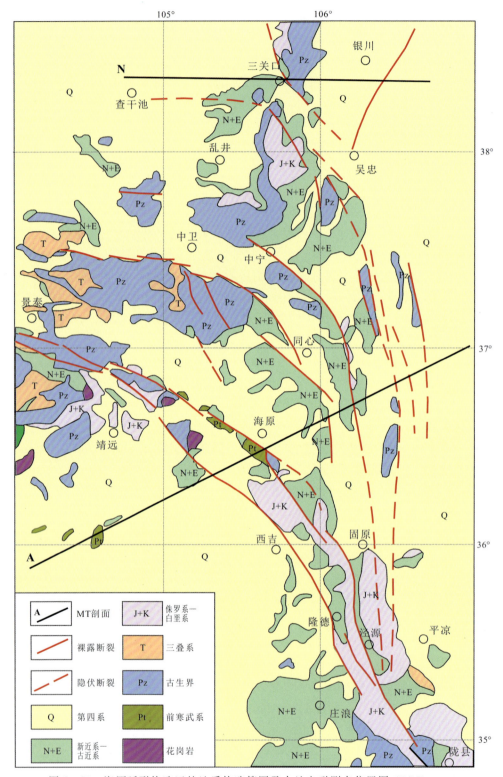

图 2-20　海原弧形构造区的地质构造简图及大地电磁测点位置图(据詹艳,2008)

第二章　鄂尔多斯西缘构造体系特征分析

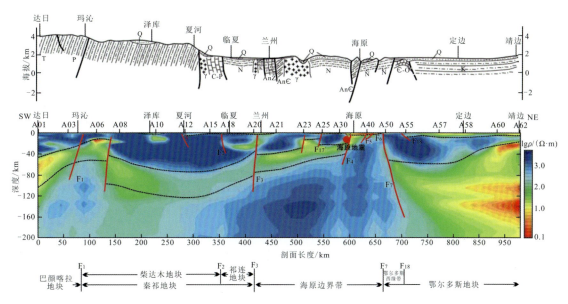

F_1. 玛沁断裂带；F_2. 秦岭地轴北缘断裂带；F_3. 马衔山断裂带；F_4. 海原断裂带；F_5. 香山-天景山断裂带；F_6. 烟筒山断裂带；F_7. 青铜峡-固原断裂带；F_{17}. 月亮山南麓断裂带；F_{18}. 马家滩-大水坑隐伏断裂

图2-21　A剖面二维电性结构图（据詹艳，2008）

马家滩-大水坑隐伏断裂带（F_{18}）：对应车道-阿色浪断裂，断裂发育区域沉积盖层以上的电性结构是连续的，但在4km以下表现为一强电性梯度带，梯度带西南为高阻，东北为低阻，且存在中下地壳低阻层，深度达岩石圈底部，是一条明显的隐伏深大断裂，推测为马家滩-大水坑隐伏断裂带。从电性结构上看，它应该是鄂尔多斯西缘带和鄂尔多斯地块的分界线。

(二) 北部地区深部构造

1. 地壳结构

N剖面电性结构图像显示阿拉善地块、贺兰山褶皱带、银川断陷盆地和鄂尔多斯地块具有明显电性分块特征（图2-22）。

N剖面穿过的鄂尔多斯西缘带和鄂尔多斯地块的电性结构特征具有明显的区别，鄂尔多斯西缘带（N58～N63测点）浅层约1km深度电阻率较低，1km深度以下电阻率呈高阻，自地表起就显现为高阻特性，这与在该区出露前寒武纪地层和寒武纪地层、奥陶纪地层有关。N64～N67测点之间的鄂尔多斯地块内分层性比较稳定，为3层结构样式。上地壳厚度20km左右，可分为上、下两个部分。上地壳上部为低阻特性，电阻率数值为几十欧姆米，这与鄂尔多斯地块在晚石炭世到白垩纪期间平稳下沉，连续接受一套滨海相到陆相沉积有关。上地壳下部为相对高阻层，电阻率数值为几百欧姆米。在鄂尔多斯地块的中、下地壳约30km处发育电阻率值为十几欧姆米的低阻层，低阻层与其下部电阻率升高层的界线不太清楚。

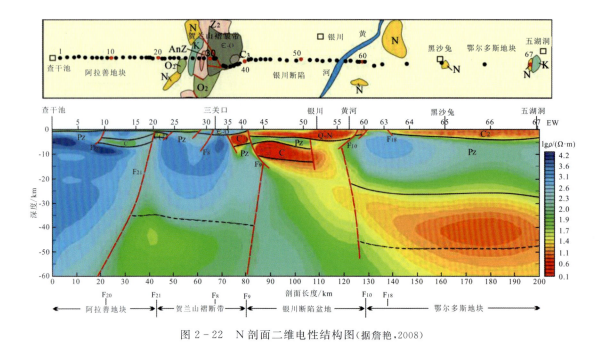

图 2-22 N 剖面二维电性结构图(据詹艳,2008)

2. 深大断裂带

黄河断裂(F_{10}):测点 N57 附近,为银川断陷盆地的东界,断裂倾向东,为银川断陷盆地与鄂尔多斯地块的分界断裂。

三、中浅层构造特征

(一)构造格架研究

为研究鄂尔多斯盆地西部冲断带油气的有利赋存区(带),厘清构造对油气富集的控制因素,李斌(2019)依据研究区二维地震、测井和野外露头资料开展西部冲断带构造特征及演化,基本确立了该区域古生代以来的构造格架。

调查区南北向、东西向挤压程度有所不同,导致构造样式有所差异。在燕山期东西挤压、右旋走滑应力作用和不同走向的边界断层限定下,鄂尔多斯西缘形成了现今不同的构造样式。北北西走向构造带以挤压推覆为特征,南北向和北北东向构造带以走滑和挤压变形为主的过渡构造为特征(图 2-23)。

具体而言,研究区北部桌子山段表现为对冲断褶,陶乐段为同向东倾断块;中部马家滩段为滑脱式对冲断褶;南部甜水堡段为同向西倾断块,沙井子段具有走滑性质压扭斜冲式,似花状断褶特征。研究区东西构造差异也比较明显,西部抬升强、残存地层较老,东部则与此相反,抬升较弱、残存地层较新。

南部单个冲断席内部发育断鼻、断背斜、断向斜、断坡等次级构造单元。构造模型中滑

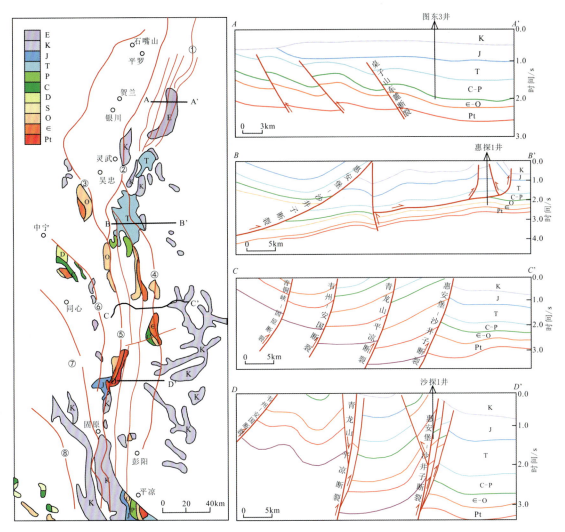

①桌子山东麓断裂；②黄河断裂；③贺兰山东麓断裂；④惠安堡-沙井子断裂；⑤青铜峡-固原断裂；
⑥烟筒山断裂；⑦清水河断裂；⑧六盘山西麓断裂。

图 2-23 鄂尔多斯盆地西部冲断带构造纲要图(据李斌,2019)

脱断背斜主要分布于中部,断向斜主要分布于中部和南部,断坡、断背斜分布于南部。断背斜主要发育在断裂带的下盘上,其内部小断裂多,相对较破碎。

(二)断裂构造特征分析

深部构造反映出地壳-地幔尺度的地质构造特征,在此基础上,利用覆盖鄂尔多斯西缘的区域1∶20万重力资料,解译中浅层构造展布特征,辅助重点区段的MT剖面及二维地震剖面,分析构造的空间赋存形态。

1. 断裂特征解译

以罗山北麓一线为界,调查区南部的马家滩、彭阳地区处于黄土高原西部,地表覆盖厚度较大的第四系黄土地层,地表能够清晰追溯的断裂仅有牛首山-罗山-崆峒山断裂的罗山段与崆峒山段,研究区北部的横山堡、陶乐一带则被毛乌素沙漠薄层的第四系风成沙覆盖,仅在灵武东侧山前追溯黄河断裂(灵武段)发育的断阶、陡坎、断层三角面等迹象。其余区域分布的断裂均呈深隐伏状,于不同深度处发育。

重磁异常分析结果显示,研究区整体以南北向断裂为主要构造类型,针对重力小波多阶次的分解,能够较为全面地解译清楚本区断裂的平面展布特征。

近年来,运用地球物理断裂识别技术对断裂的识别与解译越来越成熟,针对不同地质构造特征区域,选取不同识别技术是当下的通用做法。解译方法的选取主要基于方法的原理特点及应用的效果两个方面,各种断裂识别方法的技术原理侧重点不同,体现在解译断裂中的效果也有所差异。本次运用了多种导数类、数理统计类的边界识别技术对区域1:20万重力资料3阶细节场进行处理,以区域地质构造认识为依据,优选了运用水平总梯度模、垂向二阶导数、斜导数3种边界识别技术,对3阶重力小波细节场数据进行处理,由浅至深综合划定了调查区的断裂展布形态(图2-24)。

水平总梯度模量分布特征对鄂尔多斯西缘隆褶带内具有一定发育规模的断裂进行了系统性"扫描",狭长且连续的极大值条带反映出的断裂形迹清楚刻画了本区的断裂格架形态(图2-24b)。整体上,以灵武以南地区的白土岗—宁东镇—芒哈图一线为分界,研究区南、北两侧呈现不同的异常展布特征,反映了断裂发育明显的差异。南部地区,南北向展布的断裂特征异常明显,且各条断裂以平行关系延伸,间距基本一致,体现出该地区主要受东西向挤压应力而形成南北向断裂体系。各条断裂在局部地区表现出一致的极值条带中断与扭曲变形,此种现象在预旺、炭山、官亭等地区最为典型,以炭山西侧为起点,沿北东东向65°方向一线,断裂表现出向东扭动错位,位错量由西向东逐渐减弱,且为右行错断特征,另一处较为明显的变形位于固原—官厅—罗洼一带,与北部炭山地区的变形位置走向基本一致,且也呈右行位错,对于同一条断裂,北侧的位错变形量大于南侧,推测受到青藏高原隆升所形成的北东向挤压应力,南北向断裂产生了右行走滑变形,不同的构造部位受同一应力而产生不同的形变结果。北部地区,极大值异常条带特征发生了变化,整体幅值明显降低,且走向转为北北东向,与南部灵武、临河地区及北部渠口—灵沙—惠农地区相比,月牙湖、陶乐地区展布的幅值较低的极大值条带几近消失,反映出该区域断裂发育规模不大,呈现出构造转换带的特征。

垂向二阶导数展布特征印证了水平总梯度模量的断裂解译结果,且对水平总梯度模量异常图中马家滩以南地区南北向展布的极大值条带错断的现象进行了更加清楚的刻画,揭示了北东向断裂的存在,该系列断裂延伸长度较小,对南部固原及其以东地区南北向断裂具有清楚的错断痕迹(图2-24c)。具有典型特征的河西—高崖—李旺—七营—头营—开城一线以东区域,北东向断裂对南北向断裂进行右行错断,且由南部的固原地区至北部的韦州地区,错断形迹逐次增强。此种现象反映了北东向挤压应力对调查区中南部的构造改造处于

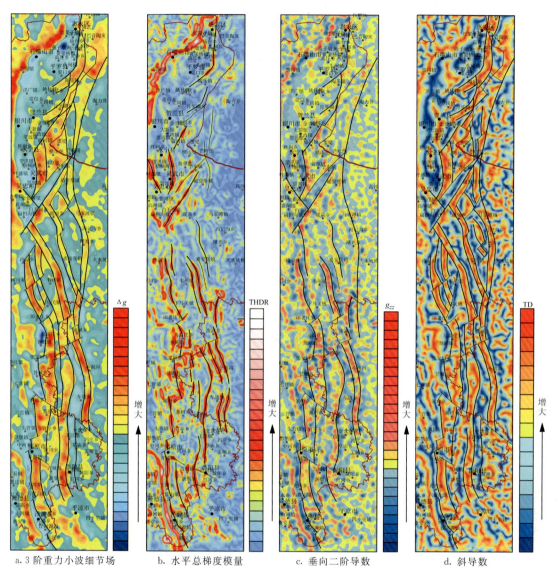

a. 3阶重力小波细节场　　b. 水平总梯度模量　　c. 垂向二阶导数　　d. 斜导数

图2-24　鄂尔多斯盆地西缘断裂构造综合解译图

动态过程中,不同的构造部位,受同一区域应力,会发育不同规模同类型断裂构造。横山堡、陶乐地区,垂向二阶导数图清晰地反映出断裂展布细节,黄河断裂显示出清晰的分段性,且在月牙湖地区,断裂转为北北东向,与礼和段断裂近似平行展布,体现出明显的走滑断裂分布特征。上海庙、陶力井地区,垂向二阶导数零值线特征显示车道-阿色浪断裂南起冯记沟以南,平面上沿马家滩—磁窑堡—芒哈图—陶力井一线呈近南北向西凸出弧形展布,是东、西两侧地球物理场的清晰分界,显示该断裂的发育规模较大,是鄂尔多斯西缘隆褶带的东侧边界断裂。西侧发育的小规模次级断裂与东部车道-阿色浪断裂具有类似的展布形态,推测为车道-阿色浪断裂向东下掉过程中产生的后缘断裂,且在陶力井西南侧被北北西向断裂错断,呈左旋走滑特征。

斜导数异常特征形态既体现了水平总梯度模量对发育规模较大的构造单元边界断裂的清晰刻画能力，也与垂向二阶导数一致反映了构造单元内部的小规模次级断裂的展布特征，是本次断裂体系解译中断裂识别效果最优的一种边界识别方法(图2-24d)。

具体分析，鄂尔多斯西缘隆褶带在重力场特征中表现出了明显的南北分段性，南段起于甘肃平凉四十里铺一带，止于同心县预旺—庆阳市南湫一线，构造归属与车道-彭阳褶断带对应，其内部东西向细分为3个狭长弯曲高值条带，呈南北向平行展布，条带边界零值线整体光滑延伸，局部错位清楚，体现出该区域6条南北向断裂构成了断裂体系的主体架构，在泾河源、六盘山、固原、头营、炭山、张家垣等局部地区，北东向断裂对南北向断裂形成了右行平移错断，由北向南错断距离逐渐增大。此外，在彭阳—固原方向及交叉—罗洼—炭山一线，3条南北向高值异常条带均被规律性错断，形成了右行北西向位移，推测是北西向断裂发育的缘故。从南北向、北东向和北西向断裂相互切交关系与归并形态分析，结合宁夏南部地区区域地质应力场特征，推测前期受太平洋板块俯冲欧亚板块的远程效应影响形成由东向西的挤压应力作用，深部基底整体隆升，中浅层褶皱成山，南北走向的东倾逆冲断裂系统开始发育，形成了该区域基本构造格架；中期蒙古板块向南挤压，使得阿拉善微陆块范围收缩，挤压应力传导至牛首山—罗山—崆峒山一带，形成右旋剪切应力，于固原、炭山等局部地区形成北西走向的右行走滑断裂；后期受青藏高原隆升的影响，宁夏南部地区整体处于北东向逆冲推覆前缘地带，强烈的右旋剪切应力致使在车道-彭阳褶断带内部形成了一系列北东走向的次级断裂，错断南北向主干断裂的同时，终止了北西走向的平移断裂。

中段承接南段异常极值条带的分布特征，起始于同心县预旺—庆阳市南湫一线，终止于扁担沟—白土岗—宁东—芒哈图一线，构造归属与韦州-马家滩褶断带对应，由南向北呈发散状展布5条狭长的微弧形高值异常条带，走向由南北向转为北北西向，褶断带西侧牛首山-罗山-崆峒山断裂南段零值线特征异常明显，形迹清晰，但中段及北段仍表现为不连续的特征，无法精准定位，表明该断裂在大罗山附近规模较大，倾角较陡；中部与牛首山-罗山-崆峒山断裂平行展布的北北西向断裂，自西向东依次间隔排列，且于韦州—下马关以西一线逐步归并于牛首山-罗山-崆峒山断裂之上。自南向北分布的北东东向或北北东向断裂切割北北西向断裂，形成断裂交会区；东侧以暖泉—惠安堡为界，东部北北西向断裂逐次表现为向东微凸段，至青龙山—麻黄山一线以东，断裂地球物理特征逐渐减弱、消失，南段尾部向东南收敛，与近南北向断裂相交、归并的特征更明显，这种迹象较前两种断裂识别方法对内部次级小规模断裂的定位更加准确。此外，东部边界车道-阿色浪断裂南段两侧正、负异常值线密集，体现出车道-阿色浪断裂在冯记沟以南产状较陡倾的特征。北部边界北东向的高值异常条带终止了4条北西向高值异常条带，其西北侧零值线即为白土岗-芒哈图断裂的反映，线性特征清晰，推测断裂北侧的横山堡褶断带与南侧的韦州-马家滩隆褶带在地层的沉积规律上具有较大的差异。

北段与中南段异常分布面貌截然不同，该区(带)起始于扁担沟—白土岗—宁东—芒哈图一线，终止于惠农、拉僧庙一带，构造归属于陶乐-横山堡褶断带，内部分布面积较大的片带状高值区，西侧高值区边界零值线反映了黄河断裂的展布特征，细节特征显示，黄河断裂由4条断裂组合而成，各段断裂之间平面距离大，具有雁行式排列特征。以永宁县东部为界,灵武段为近南北向分布的向东微凸段,展布长度约42km,至永宁县东部,断裂地球物理特征逐渐减弱、消失,南段尾部向西南收敛与北西向断裂相交、归并的特征更明显,这种迹象的反映补充了前两种断裂识别方法对黄河断裂南段尾部的定位缺失。临河段断裂转为北北东走向,延伸至月牙湖乡南约7km处消失,长度约38km。此两段整体平面上为似"S"形展布,断裂两侧正、负异常值线密集,体现出黄河断裂产状较陡倾的特征。月牙湖段,由于北西向小规模断裂的错断,黄河断裂整体西移约16km,走向北北东消失于陶乐镇,长度约40km;礼和段自姚伏延伸至灵沙乡转为近南北向,经过礼和乡,于惠农区北部延伸出宁夏回族自治区,延伸长度约72km。值得注意的是,黄河断裂以东以立岗镇—月牙湖乡一线为界,南段由于受后期青藏高原东北缘逆冲推覆和东西向拉张共同作用影响,在其东侧展布数条北北西向零值线条带,各断裂平均分布,间隔距离7~9km,走向约135°,此为黄河断裂附属断裂的反映,其展布方向与黄河断裂一致,发育规模小,分析应是黄河断裂在向西下掉过程中,其上升盘一侧在沉积层中的同期次小规模断裂,并且在深部归并于黄河断裂之上。值得一提的是,灵武段最东侧次级断裂并非表现为北北西向单一线性特征,而是被一系列北北东向的小规模断裂错断,呈锯齿状展布。礼和段由于挤压应力远程效应的减弱,仅受东西向拉张应力的控制,黄河断裂次级断裂条数锐减,仅剩一条同主断裂平行展布、长度一致、间距约7km的附属断裂,且在陶乐东、灵沙乡东南分布两条南东向断裂,将黄河次级断裂左形错断。

除此之外,斜导数对黄河断裂与陶力井西之间的小规模隐伏断裂刻画更加清晰,靠近黄河断裂系的零值异常带,线性特征更加明显,与黄河断裂具有类似展布特征,应是黄河断裂向西下掉过程中产生的远程效应,它同上盘小规模断裂同期次形成,该断裂南部倾没段由于已接近消失,断距逐渐变小,且断裂两侧地层发育一致,因此在斜导数图上反映较为模糊。该断裂自南向北呈北北西向于黑梁东12km处转为近南北走向,延伸长度约42km,至陶乐东约13km处转为北东向并与近南北向展布的次级断裂归并于一处。

2. 断裂特征分析

单独运用一种边界识别方法解译断裂平面特征存在一定的局限性及不足,尤其是中部的隐伏小规模断裂,断裂两盘的物性差异较小,针对此类小规模断裂识别难度较大。因此,采用上述3种主要方法单独解译的断裂展布成果,相互对比,联合印证,共同确立了鄂尔多斯西缘隆褶带的断裂构造体系(图2-25)。

鄂尔多斯西缘隆褶带的断裂构造整体属于南北构造带的北段,断裂以南北展布特征为主,在不同构造区域,断裂的具体展布形态及产状有所差异。隆褶带的东边界为车道-阿色浪断裂(F_{II}^1),西边界由两条规模不一的断裂组成,中南部西边界为牛首山-罗山-腔峒山断裂(即青铜峡-固原断裂)(F_I^1),北部西边界为黄河断裂(F_{III}^1),隆褶带内部被两条北东向Ⅳ级断裂[马高庄断裂(F_{IV}^2)、白土岗-芒哈图断裂(F_{IV}^3)]分割为3个次级断裂展布区,体现出褶断带断裂受多期次构造应力的作用。先期受太平洋板块俯冲欧亚板块的远程效应影响,在区域由东向西的挤压应力作用下,形成了南北走向的构造体系;后期受印度板块俯冲,亚洲板块造成青藏高原隆升形成的北东向挤压推覆作用,形成了北东向与北西向走滑断裂,从走向不一的两组断裂对隆褶带南北向断裂格架的改造程度分析,北东向断裂发育规模大于北西

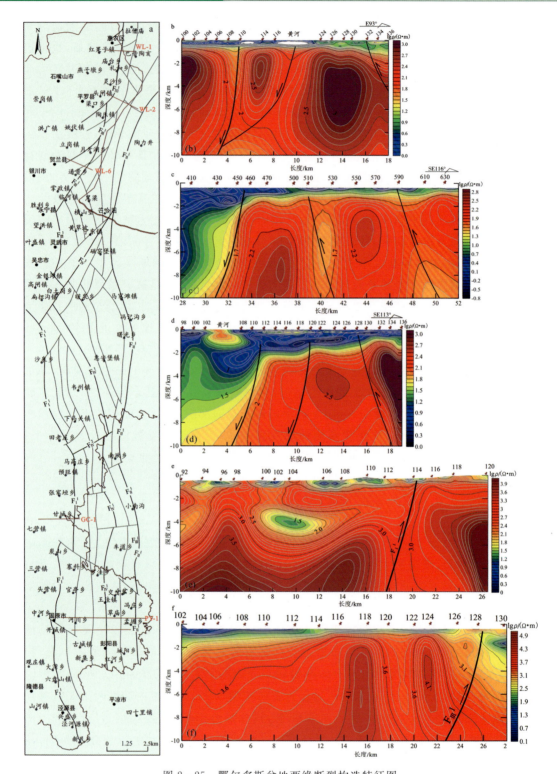

图 2-25 鄂尔多斯盆地西缘断裂构造特征图

a. 断裂平面图;b. WL-1 剖面;c. WL-2 剖面;d. WL-6 剖面;e. GC-1 剖面;f. PY-1 剖面

向断裂。与局部构造单元对应,隆褶带断裂进一步细分为 3 个亚区,依次为陶乐-横山堡断裂分布区、韦州-马家滩断裂分布区、车道-彭阳断裂分布区。

1)陶乐-横山堡断裂分布区

该区分布于褶断带北部的黄草坡、临河、月牙湖、陶乐一带,整体南北宽、中部窄,内部断裂以北北东向为主,最具典型的为黄河断裂系,进一步分为 4 个亚段,呈雁行式排列,黄河断裂主断裂后缘发育数条次级断裂,东侧内蒙古自治区境内断裂则以车道-阿色浪断裂为主要代表,与黄河断裂系具有明显的展布特征差异(图 2-26)。

对比褶断带中南部,该区域断裂展布特征发生了明显的变化,以牛首山-罗山-崆峒山断裂(F_I^1)为代表的南北向断裂体系在白土岗-芒哈图断裂(F_{IV}^3)的截断作用下基本终结、消亡,以黄河断裂(F_{III}^1)为典型的北北东向断裂体系为本区主要断裂类型。黄河断裂(F_{III}^1)作为银川断陷盆地与陶乐-横山堡褶断带的分界断裂,平面呈雁行式展布特征,并据此将断裂由南向北划分为灵武段、临河段、月牙湖段和礼和段 4 个亚段。灵武段走向近南北,与临河段形成大角度斜交关系,临河段、月牙湖段和礼和段断裂斜交角度小,且在月牙湖、陶乐地区,两段断裂共同发育。在黄河断裂(F_{III}^1)后缘地区同样发育数条与主干断裂展布特征类似的小规模次级断裂,与黄河断裂同系列,统称为黄河断裂系。在灵武、月牙湖、灵沙、惠农地区的 MT 剖面显示,黄河断裂主干断裂为正断层,倾向西北,倾角 55°~60°,且在不同区段,断裂产状具有很高的一致性。褶断带东侧边界为车道-阿色浪断裂(F_{II}^1)的北段,北北东走向,且呈向西微凸的弧形展布,在该断裂西侧的宁夏回族自治区与内蒙古自治区省界一带,展布两条与车道-阿色浪断裂(F_{II}^1)特征类似的次级断裂,与陶乐北部斜向横跨褶断带的 MT 剖面显示,车道-阿色浪断裂(F_{II}^1)为东倾逆断层,倾角约 60°,其西侧次级断裂亦是逆断层,相比较,断层倾角更大,可达 85°。

2)韦州-马家滩断裂分布区

该区分布于褶断带中部的韦州、惠安堡、马家滩、磁窑堡一带,整体南窄北宽,其内部断裂与南部的车道-彭阳断裂分布区内的断裂具有良好的承接性与明显的差异性,南北向的主干断裂逐渐转向北北东向,且具有微弧形特征。至北部边界的白土岗、磁窑堡地区,发育数条北东向次级断裂将北北西向断裂截断,形成了明显的构造转换区段(图 2-27)。

仔细梳理可知,牛首山-罗山-崆峒山断裂(F_I^1)继承性向北发展,走向转为北北西,沿大罗山、小罗山东麓一线展布,控制了褶断带西侧边界,东西向横跨韦州地区的 MT 剖面显示,断裂在此区段呈现明显的逆冲推覆断层特征,罗山因此形成,断层断面西倾,倾角大于 50°;车道-阿色浪断裂(F_{II}^1)在该区域整体近南北走向,呈"S"形展布,马家滩以北地区,断裂向西微弧形凸出,至马家滩、冯记沟区段发生转换,冯记沟以南地区,断裂向东呈微弧形,推断此种展布形态的形成与最新一期北东向区域挤压应力有关,在 MT 剖面上,断裂呈现高角度西倾逆断层特征;沙井子-平凉断裂(F_{IV}^1)也是该区一条重要的断裂,它将韦州-马家滩断裂分布区一分为二,西侧的罗山、韦州地区展布的几条次级断裂,均为牛首山-罗山-崆峒山断裂(F_I^1)的同系列次级小规模断裂,东侧的断裂呈明显的发散状,至曙光、惠安堡一线,出现了面积较大的断裂分布"空白区",反映出区域构造应力在该区域释放后,形成的构造发育较弱的区(带)。至磁窑堡、暖泉、白土岗一带,北北西向主干断裂逐渐与北北东向断裂相互错断,

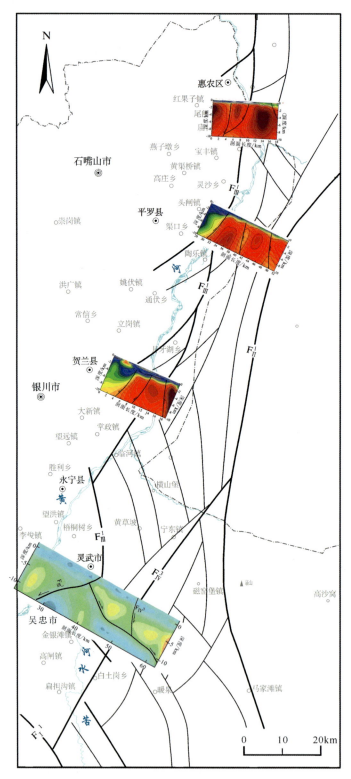

图 2-26 陶乐—横山堡地区断裂体系图

第二章 鄂尔多斯西缘构造体系特征分析

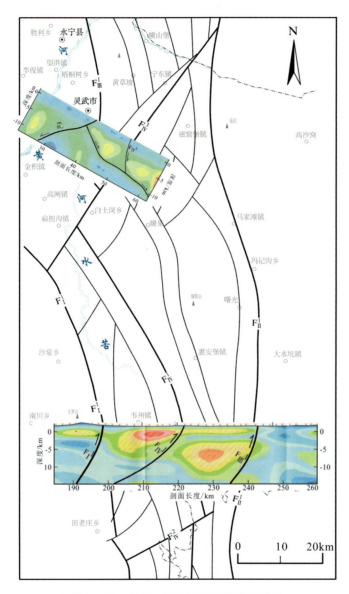

图 2-27 韦州—马家滩地区断裂体系图

直至消亡,区域断裂系统进入构造转换区,以白土岗-芒哈图断裂(F_{IV}^3)为界,北侧进入了银川盆地东部的黄河断裂体系。

3)车道-彭阳断裂分布区

该区分布于褶断带南部的彭阳、环县一带,整体南宽北窄,其内部断裂展布特征相对单一,南北向断裂体系为主要断裂类型,仅在局部构造部位,南北向断裂被北西向次级断裂右行错断,在固原、炭山地区,上述错断迹象非常清楚,在彭阳小岔北部也存在此类构造展布样式,反映出南北向断裂发育较早,构成了该区的断裂格架,后期局部构造区域发育北西向断裂,对断裂格架进行了调整与改造(图 2-28)。

55

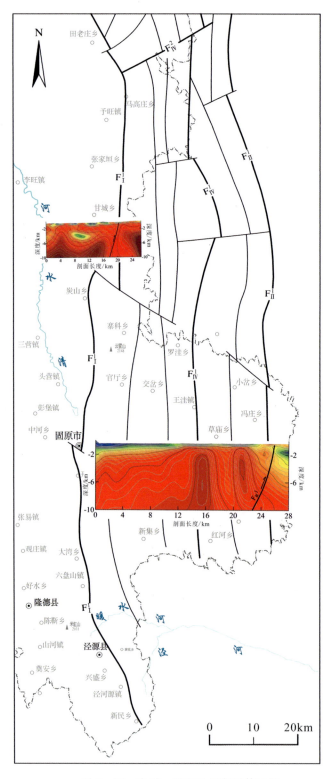

图 2-28 车道—彭阳地区断裂体系图

具体地,牛首山-罗山-崆峒山断裂(F_I^1)为该地区的主干断裂,控制了主要断裂体系的展布,它在甘城地区的 MT 剖面上表现为西倾的逆冲断层。受其影响,在彭阳及其东部地区,发育 5 条近似平行展布的南北向断裂,规模较大的车道-阿色浪断裂(F_{II}^1)分布于最东侧,是该地区逆冲断裂体系中受区域挤压应力影响最小的断裂,它将车道-彭阳褶断带与东侧的天环向斜的分界清晰地进行了划定,由庆阳环县延伸至彭阳后,受后期发育的北西向走滑断层错断影响,发育规模陡然变小,在彭阳地区的 MT 剖面上,该断裂呈现西倾正断层的特征。在该地区南北断裂体系中,分布于牛首山-罗山-崆峒山断裂(F_I^1)与车道-阿色浪断裂(F_{II}^1)之间的褶断带内的分区断裂沙井子-平凉断裂(F_{IV}^1)也是一条重要的区域性断裂,它发育于平凉以南,延伸至彭阳地区后,沿红河—白阳—王洼一带向北延伸至环县境内的沙井子地区,被北东向的马高庄断裂(F_{IV}^2)错断。由彭阳地区的 MT 资料可知,该断裂与牛首山-罗山-崆峒山断裂(F_I^1)同系列,是北东向推覆作用下形成的高角度逆冲断层的典型。

(三) 局部构造特征分析

调查区构造所属华北陆块鄂尔多斯地块(III_5^1)三级构造单元,鄂尔多斯西缘中元古代—早古生代裂陷带(III_5^{1-1})四级构造单元,陶乐-彭阳冲断带(III_5^{1-1-3})五级构造单元,其内部进一步细分的凸起/凹陷、隆起/坳陷(次坳)、背斜/向斜等统称为局部构造(图 2-29)。由于局部构造的边界均为断裂构造,因此,为更加明确划分局部构造单元类型及特征,按照断裂构造的分区,将陶乐-彭阳冲断带(III_5^{1-1-3})进一步分为陶乐-横山堡褶断带($III_5^{1-1-3(1)}$)、韦州-马家滩褶断带($III_5^{1-1-3(2)}$)和车道-彭阳褶断带($III_5^{1-1-3(3)}$)。

1. 陶乐-横山堡褶断带($III_5^{1-1-3(1)}$)

陶乐-横山堡褶断带区域上受黄河断裂(F_{III}^1)与车道-阿色浪断裂(F_{II}^1)陶力井段的夹持,在不同区域呈现不同的构造特征,北部礼和以北地区局部构造整体隆升,在北西向断裂与北东向断裂的综合分割下,形成了数个面积差异大、展布形态多样的局部构造,包括拉僧庙凸起、惠农凸起、巴音陶亥凸起、礼和北凸起及礼和东凹陷;中部陶乐、月牙湖地区局部构造相对下降,为陶乐-横山堡褶断带的鞍部,"两隆夹一坳"的构造格局为该区域的主要特征,灵沙东隆起、月牙湖东隆起、通贵东隆起组成了西侧隆起带,陶力井北隆起与陶力井西隆起组成了东侧隆起带,中部夹持陶力井西坳陷,为陶乐-横山堡褶断带的构造最低区域;南部黑梁、黄草坡地区,与北部的陶乐、礼和以东区域对应,为另一处构造高点部位,整体为"隆坳相间"的构造特征,隆升最高为灵武东隆起,黄草坡次级坳陷紧邻展布,横山堡隆起分布于东侧,与黑梁次级坳陷相邻。

在陶乐-横山堡褶断带南端展布一处局部凹陷,展布特征明显异于带内其他局部构造,呈北北东走向的条带三角形分布,受白土岗-芒哈图断裂(F_{IV}^3)控制,推断是北东向区域挤压应力作用的北东向剪切应力分量,在此构造转换带发育特征明显的走滑断裂,进而形成局部沉降的拉分构造(表 2-1)。

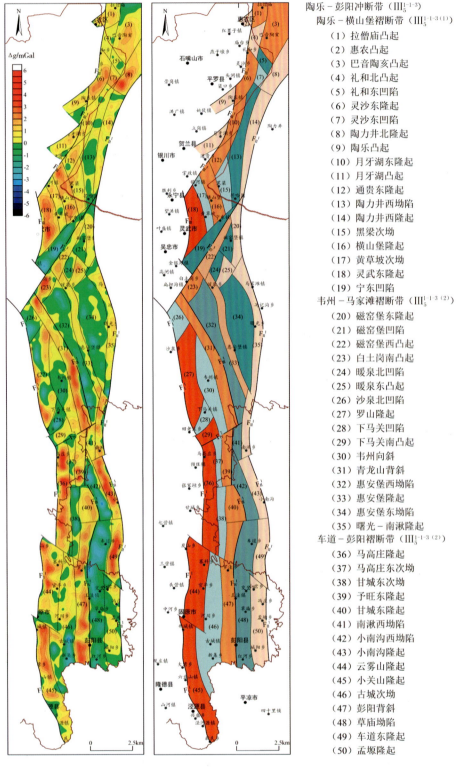

图 2-29 陶乐-彭阳冲断带局部构造图

表 2-1 陶乐-横山堡褶断带局部构造特征一览表

序号	局部构造名称	局部构造特征 走向	局部构造特征 形态	地质、地球物理特征	解释推断
(1)	拉僧庙凸起	南北	片状	第四系洪积层(Qp_3^{el})覆盖,高幅值高重异常区	奥陶系基底局部凸起
(2)	惠农凸起	北东	片状	石炭系—二叠系(C_2P_1)出露,高幅值高重异常区	奥陶系基底局部凸起
(3)	巴音陶亥凸起	北北东	片状	古近系清水营组(E_3q)出露,高幅值高重异常区	奥陶系基底局部凸起
(4)	礼和北凸起	北北东	片状	第四系灵武组(Qh_1l)覆盖,高重异常区之间的过渡带	两处隆升的奥陶系基底之间的过渡区域
(5)	礼和东凹陷	北西	片状	古近系清水营组(E_3q)出露,较低幅值低重异常区	两处隆升的奥陶系基底之间的低鞍区域
(6)	灵沙东隆起	北北东	带状	第四系上部风积层(Qh_2^{el})覆盖,高幅值高重异常带	奥陶系基底隆升区(带)
(7)	灵沙东凹陷	北北东	片状	古近系清水营组(E_3q)出露,相对低重异常区	两处隆升的奥陶系基底之间的过渡区域
(8)	陶力井北隆起	北北东	带状	第四系下部风积层(Qh_1^{el})覆盖,高幅值高重异常带	奥陶系基底隆升区(带)
(9)	陶乐凸起	北东	带状	第四系灵武组(Qh_1l)覆盖,较高幅值高重异常带	受黄河断裂控制,褶断带奥陶系被走滑错断形成局部凸起
(10)	月牙湖东隆起	北北东	带状	第四系下部风积层(Qh_1^{el})覆盖,较高幅值高重异常带	奥陶系基底隆升程度较低区(带)
(11)	月牙湖凸起	北东	带状	第四系灵武组(Qh_1l)覆盖,较高幅值高重异常区	受黄河断裂控制,褶断带奥陶系被走滑错断形成局部凸起
(12)	通贵东隆起	北北东	带状	第四系上部风积层(Qh_2^{el})覆盖,高幅值高重异常带	奥陶系基底隆升较高区(带)
(13)	陶力井西坳陷	北北东	条带状	第四系上部风积层(Qh_2^{el})覆盖,低重异常带	奥陶系褶皱基底的向斜部位
(14)	陶力井西隆起	北北东	条带状	第四系上部风积层(Qh_2^{el})覆盖,低幅值高重异常带	奥陶系基底隆升较高区(带)
(15)	黑梁次坳	北北西	条带状	第四系水洞沟组(Qp_3sd)覆盖,相对低幅值低重异常带	奥陶系基底隆升带内相对低部位
(16)	横山堡隆起	北北西	条带状	古近系清水营组(E_3q)出露,高幅值高重异常带	奥陶系基底隆升较高区(带)
(17)	黄草坡次坳	北北西	条带状	白垩系宜君组(K_1y)出露,相对低重异常带	奥陶系基底隆升带内相对低部位
(18)	灵武东隆起	北北西	带状	白垩系宜君组(K_1y)出露,高幅值高重异常区	奥陶系基底隆升较高区(带)
(19)	宁东凹陷	北东	条带状	第四系灵武组(Qh_1l)覆盖,大面积出露白垩系宜君组(K_1y),低幅值低重异常区	北东向区域挤压应力作用形成走滑断裂,控制局部沉降的拉分构造

2. 韦州-马家滩褶断带（$Ⅲ_5^{1-1-3(2)}$）

韦州-马家滩褶断带四侧边界构造特征清楚,东侧为车道-阿色浪断裂($F_Ⅱ^1$)马家滩段,西侧为牛首山-罗山-腔峒山断裂($F_Ⅰ^1$)罗山段,南端为马高庄断裂($F_Ⅳ^2$),北端为白土岗-芒哈图断裂($F_Ⅳ^3$),受东、西两条边界断裂的控制,褶断带整体呈南窄北宽的喇叭状,尤其是在青龙山-平凉断裂($F_Ⅳ^1$)的分带作用控制下,东侧惠安堡、马家滩、暖泉地区的此种特征最为明显,反映出北东向区域性挤压应力在该区域逐渐释放的现象。青龙山-平凉断裂($F_Ⅳ^1$)以西,局部构造呈典型的片状展布特征,且在南、北两侧边界断裂附近,受剪切作用影响,形成了数个走向北东的局部构造,面积小、形状规则,沙泉北凹陷、下马关凹陷、下马关南凸起均为此类构造。占据该区(带)主体的局部构造为面积分布较广,展布跨度较大,局部构造展布方向与褶断带东西边界断裂方向一致,是加里东期东西向区域挤压应力与喜马拉雅期北东向区域挤压应力共同作用的隆升结果。其中,罗山凸起隆起幅度最高,且浅部与深部构边界差异较大,是后期推覆作用改造而形成位移的结果,韦州向斜与青龙山背斜相依而生,为该区重要的局部构造,韦州向斜为煤炭、煤层气资源的重要赋存区,青龙山背斜是工业用石灰岩、冶镁白云岩的主要产区。青龙山-平凉断裂($F_Ⅳ^1$)以东,内部3条北北西向次级断裂将该区域划成片带状的局部坳陷与条带状的局部隆起相间分布的构造格局,构成了典型的坳隆配套构造体系。在青龙山背斜东侧分布着惠安堡西坳陷,南窄北宽的展布特征,印证着区域挤压推覆构造应力的释放现象,通过长条状惠安堡隆起的应力传递,在惠安堡东坳陷内挤压推覆应力进一步被吸收,形成了宽缓的坳陷区。曙光—南湫一带,受车道-阿色浪断裂($F_Ⅱ^1$)的控制作用,形成了隆起幅度较小的隆起带,即曙光-南湫隆起,不仅反映了北东向挤压应力的影响范围已经抵达边界断裂处,同时说明自西向东推覆作用逐渐减小,尤其是惠安堡西坳陷与惠安堡东坳陷对挤压应力的吸收作用比较明显。

需要指出的是,受区域北东向挤压应力的剪切分量的作用,在韦州-马家滩褶断带北部边界白土岗-芒哈图断裂($F_Ⅳ^3$)南侧形成了多个由北东向走滑断裂控制的局部构造,具有面积小、形态复杂的特点,是以白土岗-芒哈图断裂($F_Ⅳ^3$)为代表的北东向走滑断层控制形成的拉分构造,包括磁窑堡凹陷、白土岗南凸起、暖泉北凹陷等(表2-2)。

表 2-2 韦州-马家滩褶断带局部构造特征一览表

序号	局部构造名称	局部构造特征		地质、地球物理特征	解释推断
		走向	形态		
(20)	磁窑堡东隆起	南北	带状	东北部被第四系马兰组(Qp_3m)覆盖,东南部出露白垩系宜君组(K_1y),较高幅值高重异常区	奥陶系基底隆升区(带)
(21)	磁窑堡凹陷	北东	片状	第四系上部风积层(Qh_2^{eol})覆盖,较低幅值低重异常带	奥陶系基底局部下凹,上覆一定厚度新生界

续表 2-2

序号	局部构造名称	局部构造特征 走向	局部构造特征 形态	地质、地球物理特征	解释推断
(22)	磁窑堡西凸起	北东	带状	第四系上部风积层（Qh_2^e）覆盖，局部零星出露侏罗系（J）与上三叠统（T_3），较高幅值高重异常带	奥陶系基底局部凸起
(23)	白土岗南凸起	北东	片状	第四系下部风积层（Qh_1^e）覆盖，高幅值高重异常区	奥陶系基底局部凸起
(24)	暖泉北凹陷	北北东	片状	第四系下部风积层（Qh_1^e）覆盖，低幅值低重异常区	奥陶系基底局部下凹，上覆一定厚度新生界
(25)	暖泉东凸起	北北东	带状	第四系上部风积层（Qh_2^e）覆盖，局部零星出露侏罗系（J）与上三叠统（T_3），较高幅值高重异常带	奥陶系基底局部凸起
(26)	沙泉北凹陷	北北西	片状	西北部出露新近系干河沟组（N_1g），东南部被第四系洪积层（Qp_3^{pl}）覆盖，低幅值低重异常区	奥陶系基底局部下凹，上覆一定厚度第四系
(27)	罗山隆起	北北西	带状	第四系洪积层（Qp_3^{pl}）大面积覆盖，北部局部出露三叠系大风沟组（T_3d），南部零星出露奥陶系米钵山组（$O_{2-3}m$），高幅值高重异常带	奥陶系基底整体隆升
(28)	下马关凹陷	北北东	片状	第四系萨拉乌苏组（Qp_3s）大面积覆盖，东北侧见新近系干河沟组（N_1g）出露，低幅值低重异常区	奥陶系基底局部下凹，上覆一定厚度第四系、新近系
(29)	下马关南凸起	北东东	片状	东北部覆盖第四系萨拉乌苏组（Qp_3s），西南部覆盖第四系马兰组（Qp_3m），高幅值高重异常区	奥陶系基底局部凸起
(30)	韦州向斜	北北西	片带状	北部覆盖第四系洪积层（Qp_3^{pl}），中部出露新近系干河沟组（N_1g），南部覆盖第四系萨拉乌苏组（Qp_3s），低幅值低重异常区	罗山隆起与青龙山背斜间的向斜部位，奥陶系基底下拗，上覆厚度较大的第四系、新近系
(31)	青龙山背斜	北北西	条带状	覆盖第四系洪积层（Qp_3^{pl}），北段出露三叠系大风沟组（T_3d），中南段出露奥陶系天景山组（$O_{1-2}t$），高幅值高重异常带	奥陶系基底整体隆升
(32)	惠安堡西坳陷	北北西	片带状	覆盖第四系洪积层（Qp_3^{pl}），北部出露三叠系大风沟组（T_3d）与上田组（T_3s），低幅值低重异常区	青龙山背斜与惠安堡隆起之间的向斜部位，奥陶系基底下拗，上覆厚度较大的新生界与中生界
(33)	惠安堡隆起	北北西	条带状	大面积覆盖第四系洪积层（Qp_3^{pl}），局部覆盖第四系下部风积层（Qh_1^e），低幅值高重异常区	奥陶系基底相对隆升区（带）

续表 2-2

序号	局部构造名称	局部构造特征		地质、地球物理特征	解释推断
		走向	形态		
(34)	惠安堡东坳陷	南北	片状	大面积覆盖第四系洪积层（Qp_3^{pl}），零星出露新近系干河沟组（N_1g）、白垩系宜君组（K_1y），低幅值低重异常区	惠安堡隆起与曙光-南湫隆起之间的下坳部位，奥陶系基底上覆厚度较大的新生界与中生界
(35)	曙光-南湫隆起	南北	条带状	大面积覆盖第四系洪积层（Qp_3^{pl}），中部地区局部覆盖第四系下部风积层（Qh_1^{eol}），相对高幅值高重异常区	奥陶系基底相对隆升区（带）

3. 车道-彭阳褶断带（$Ⅲ_5^{1-1-3(3)}$）

车道-彭阳褶断带北接韦州-马家滩褶断带，向南延出宁夏境，东部以车道-阿色浪断裂（$F_Ⅱ^1$）车道段为界，西侧受牛首山-罗山-崆峒山断裂（F_1^1）固原段控制，整体呈南宽北窄的带状展布，中部的炭山—罗洼—小岔北部一带，褶断带明显具有右行错断的迹象。由西向东垂直于构造展布方向，褶断带具有隆-坳相邻分布的特征，且由西向东，隆升幅度逐渐降低。

与北部韦州-马家滩褶断带类似，青龙山-平凉断裂（$F_Ⅳ^1$）将褶断带一分为二，断裂西侧构造类型以局部隆起为主，断裂东侧构造类型以局部坳陷为主，整体呈"三隆夹两坳"的构造格局，即西部隆起带、中部隆起带和东部隆起带之间夹持两条坳陷带。西部隆起带由马高庄隆起、云雾山隆起、小关山隆起组成，基底整体隆起幅度高，地表出露中生界、古生界，中部隆起区基底隆升幅度仅次于西侧隆起带，地表大面积覆盖第四系马兰组黄土地层，仅在局部地区零星出露奥陶系及新元古界变质岩系，隆起带包括预旺东隆起、甘城东隆起、彭阳背斜；夹持于西部隆起带与中部隆起带之间的坳陷带为两条隆起带之间的相对下坳区（带），低幅度下坳未能引起低幅值低重异常，表现为低幅值高重异常带与较低幅值低重异常带的次级坳陷的综合反映，由北向南依次为马高庄东次坳、甘城东次坳、古城次坳；展布于褶断带东部的隆起带在小南沟、车道东一带，表现出明显的高幅值重力异常带，与北部的青龙山背斜相当，推断该区带的基底整体隆升幅度比较高，可能与青龙山相当，进入彭阳县境内，受南东向次级走滑断裂的错断作用，隆起带隆升幅值快速减小，呈现低幅值低重异常区背景中的较高幅值高重异常带特征，反映出小岔北部的南东向走滑断裂同时具有向南正断性质。该隆起带包括小南沟隆起、车道东隆起、孟源隆起，隆起带地表被第四系马兰组黄土覆盖区；夹持于中部隆起带与东部隆起带之间的是下坳幅度大、展布范围宽泛的东部坳陷带，由南湫西坳陷、小南沟西坳陷、草庙坳陷组成，表现为低幅值低重异常带，且其西侧的青龙山-平凉断裂（$F_Ⅳ^1$）线性特征清晰，区域性基底坳陷带反映出鄂尔多斯西缘冲断带内部的构造比较复杂的构造格架（表 2-3）。

表 2-3　车道-彭阳褶断带局部构造特征一览表

序号	局部构造名称	局部构造特征 走向	局部构造特征 形态	地质、地球物理特征	解释推断
(36)	马高庄隆起	南北	带状	第四系马兰组（Qp_3m）大面积覆盖，张家塬小面积出露奥陶系天景山组（$O_{1-2}t$），高幅值高重异常带	奥陶系基底隆升区（带）
(37)	马高庄东次坳	南北	长条状	第四系马兰组（Qp_3m）大面积覆盖，次坳中部见奥陶系天景山组（$O_{1-2}t$）小面积出露，较低幅值高—低重异常复合带	两侧隆起带之间的奥陶系基底相对下拗，上覆薄层新生界
(38)	甘城东次坳	南北	长条状	第四系马兰组（Qp_3m）大面积覆盖，较低幅值高—低重异常复合带	两侧隆起带之间的奥陶系基底相对下拗，上覆薄层新生界
(39)	预旺东隆起	南北	条带状	第四系马兰组（Qp_3m）大面积覆盖，隆起中部见新元古界（Pt_3^3z）小面积出露，高幅值高重异常区	元古宇基底隆升带
(40)	甘城东隆起	南北	片状	第四系马兰组（Qp_3m）大面积覆盖，高幅值高重异常区	元古宇基底隆升区
(41)	南湫西坳陷	南北	带状	第四系马兰组（Qp_3m）大面积覆盖，较低幅值高—低重异常复合带	奥陶系基底局部相对下拗区（带）
(42)	小南沟西坳陷	北北西	带状	第四系马兰组（Qp_3m）大面积覆盖，低幅值低重异常带	奥陶系基底下拗，上覆厚度较大的新生界
(43)	小南沟隆起	北北西	长条状	第四系马兰组（Qp_3m）大面积覆盖，高幅值高重异常带	元古宇基底隆升带
(44)	云雾山隆起	南北	带状	第四系马兰组（Qp_3m）大面积覆盖，炭山见侏罗系（J）出露，云雾山见中元古界蓟县系（Pt_2^2）出露，固原北部见白垩系六盘山群分布，高幅值高重异常带	元古宇基底隆升带
(45)	小关山隆起	南北	带状	大面积分布白垩系马东山组（K_1m），高幅值高重异常区	白垩系沉积地层隆起带
(46)	古城次坳	南北	带状	第四系马兰组（Qp_3m）大面积覆盖，中部零星出露新近系干河沟组（N_1g）与白垩系（K），较低幅值高—低重异常复合带	奥陶系基底局部相对下拗区（带）
(47)	彭阳背斜	南北	带状	第四系马兰组（Qp_3m）大面积覆盖，北部罗洼零星出露奥陶系（O_3），南部彭阳地区多处见小面积的奥陶系（O_{1-2}）、白垩系（K_1）出露，高幅值高重异常带	奥陶系基底整体隆升带

续表 2-3

序号	局部构造名称	局部构造特征 走向	局部构造特征 形态	地质、地球物理特征	解释推断
(48)	草庙坳陷	南北	带状	第四系马兰组（Qp_3m）大面积覆盖，低幅值低重异常带	奥陶系基底下坳，上覆厚度较大的新生界
(49)	车道东隆起	南北	带状	第四系马兰组（Qp_3m）大面积覆盖，高幅值高重异常带	元古宇基底隆升带
(50)	孟塬隆起	南北	带状	第四系马兰组（Qp_3m）大面积覆盖，东西向河流冲沟中见白垩系（K_1）出露，较低幅值高—低重异常复合带	奥陶系基底下坳，上覆厚度较大的中生界

第三节 评价区地质构造特征

在整体分析鄂尔多斯西缘陶乐-彭阳冲断带（$Ⅲ_5^{1-1-3}$）构造特征的基础上，精细刻画银川盆地东缘陶乐-横山堡褶断带（$Ⅲ_5^{1-1-3(1)}$）的构造形态，为科学评价深部地热资源量提供科学的构造划分方案。

分析陶乐-横山堡褶断带（$Ⅲ_5^{1-1-3(1)}$）的构造形态，重点开展磁性基底构造反演、断裂体系综合厘定、局部构造合理圈定三方面的研究，从空间赋存性状构建该区域的构造特征。

一、基底构造分析

区域航磁资料是分析基底构造的基础。根据评价区 1：20 区域航磁异常分布特征分析，评价区整体处于低磁异常区（带）内，北部的平罗—惠农一带更加突出。评价区低磁异常范围与反映其周缘银川断陷盆地边界的剩余重力异常范围（1：20 万）套合较好。在盆地西侧，航磁、重力高低异常分界的梯级带均沿着贺兰山东麓的闽宁—芦花—崇岗—大武口一线延伸，是贺兰山东麓断裂的重磁综合地球物理异常响应，结合贺兰山岩群中强磁性的物性特征，推测贺兰山东麓断裂为一条大深度的盆地控边断裂，并且断裂控制了深部磁性变质岩基底的分布范围，即银川断陷盆地内部没有贺兰山岩群残留；在盆地东部，重力反映出的中浅部黄河断裂呈分段雁行式展布特征沿灵武—临河—通贵—月牙湖—陶乐—灵山一线分布，表现为高低重力异常的梯级带，而在航磁异常场中，黄河断裂磁场异常特征消失，仅在陶乐、灵沙、礼和以东的陶力井北部，分布有一处大面积、近似圆形的高磁异常，异常中心磁异常极值能够达到 810nT，月牙湖、通贵、临河以东的黑梁、黄草坡、横山堡地区为一处东西走向的片状低磁异常区，异常区具有明显的向东延伸展布特征，反映出银川盆地东部边界黄河断裂具有明显的构造分区性，但它对磁性基底地层不具有控制作用，陶力井北部的高磁异常可能由地壳深部磁性物质垂向上侵所引起；在盆地南部，重磁资料反映的盆地边界明显不一致，航磁异常显示的深部盆地边界位于叶盛、灵武、磁窑堡一带，呈北西西走向的高低航磁异常梯级带，而重力异常反映的中浅部盆地边界位置更加靠近西南侧的闽宁、吴忠一带(图2-30)。

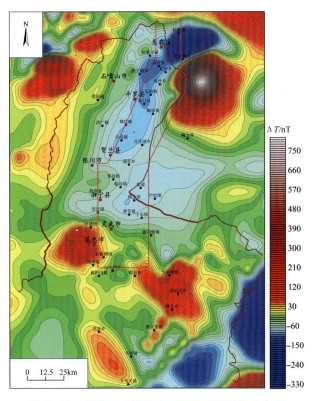

图2-30 评价区及周缘1:20万重磁异常分布图

分析横跨盆地南部的深反射地震剖面可以看出，重力异常梯级带反映的盆地边界以北东倾向正断层为主，在WZ-1剖面中为F_6断裂，在WZ-2剖面中为F_{11}断裂，该断裂即为银川盆地南部边界吴忠断裂；依据航磁异常梯级带刻画的盆地基底范围边界以南西倾向逆冲断层为主，在WZ-1剖面中为F_5断裂，在WZ-2剖面中为F_{10}断裂。形成深部基底构造与中浅部构造不一致的主要原因在于两层构造体系形成的区域构造应力的差异，中浅部银川断陷盆地体系构造受盆地深部地幔物质垂向运动，在浅层形成东西侧向拉伸应力，形成一系列向盆地中部逐级下掉的正断层；深部受青藏高原隆升的远程挤压推覆效应，在阿拉善微陆块东北缘形成强烈的北东向挤压应力环境，深部的地幔物质被挤入吴忠、灵武一带区域深部，并形成了一系列平缓逆冲断裂组成的深部逆冲推覆构造体系。

对1:20万区域航磁资料进行反演处理，得到评价区及周缘地区的基底构造展布形态(图2-31)。深部基底构造形态特征明显，6条深切基底的断裂将该区域分割、围限为刚性区、软弱区、过渡带三大类共6个性质不同的构造单元。其中：刚性区是指区域高磁异常分布区，反映了深部磁性基底的区域隆升区。软弱区是指低磁异常分布区，体现了上地幔软流物质上涌，形成了下地壳低磁/无磁的基底沉降区。过渡带是指两处高/低磁异常的过渡异常带。整体上，以 F_4 断裂为分界，断裂北部构造走向北北东，由西至东依次为贺兰山刚性区、银川软弱区、前旗过渡带，在银川软弱区东北部的陶力井以北、灵沙以东、巴音陶亥以南推断分布一处不规则的椭圆状火成岩（巴音陶亥变质岩体）；断裂南部构造走向北北西，由东向西分别为同心软弱区、吴忠刚性区、盐池软弱区，在吴忠刚性区西北端的吴忠、高闸、叶盛地区推断分布一处等轴不规则圆形火成岩（吴忠变质岩体），在马家滩、冯记沟、曙光地区及其东北部分布两处呈北西走向带状的高磁地质体（马家滩变质岩体），推断为古元古界变质岩基底隆起区。

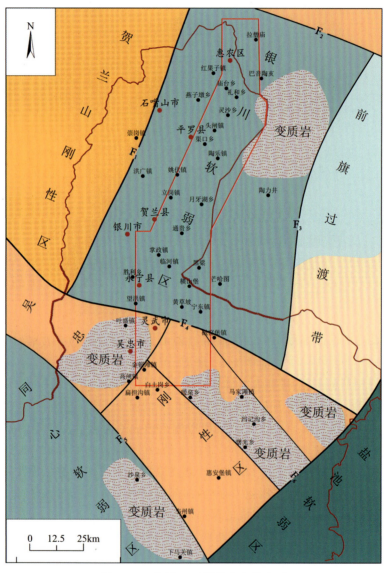

图 2-31 评价区及周缘基底构造图

评价区大面积处于银川软弱区,仅南部小部分区域位于吴忠刚性区内,巴音陶亥变质岩体紧邻评价区东侧分布,吴忠变质岩体与马家滩变质岩体则与评价区南部有密切关系。

为进一步分析高磁异常所反映的高磁特殊地质体的埋深,通过正反演对比与纵向切片法相结合的综合分析方法,对3处高磁异常进行了处理,结果显示:巴音陶亥变质岩体隆升最高,在12 400m埋深的反演切片已有较明显的凸显;随着反演切片的埋深加大,吴忠变质岩体与马家滩变质岩体也逐渐显现,深度大于26 000m;在达到上地幔尺度的51 000m深度,吴忠变质岩体与马家滩变质岩体已经消失,巴音陶亥变质岩体依旧有显示,反映巴音陶亥变质岩体来源于上地幔物质,且具有一定的规模(图2-32)。

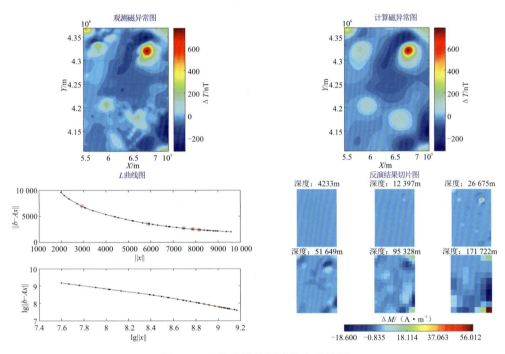

图2-32 航磁异常深度综合反演图

二、断裂构造解译

断裂构造特征是指在基底构造层以上的中浅部断裂体系及主要断裂的发育特征。本次以1∶5万区域重力异常场资料为基础,综合运用地球物理边界识别技术分层解译了该区域的断裂体系,为分析地热流体通道奠定了基础(图2-33)。

(一)解译方法选取

重磁异常分析结果显示,评价区整体以北东向断裂为主要构造类型,针对重力小波多阶次的分解,能够较为全面地解译清楚本区断裂的平面展布特征。

近年来,运用地球物理断裂识别技术对断裂的识别与解译越来越成熟,针对不同地质构

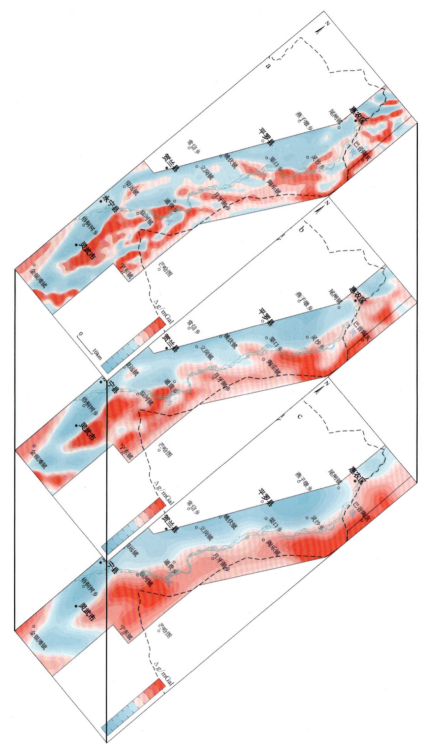

图 2-33 评价区 1∶5 万重力异常分层特征
a.2 阶重力小波细节场;b.3 阶重力小波细节场;c.4 阶重力小波细节场

造特征区域，选取不同识别技术是当下的通用做法。解译方法的选取主要基于方法的原理特点及应用的效果两个方面，各种断裂识别方法的技术原理侧重点不同，体现在解译断裂中的效果也有所差异。本次运用了多种导数类、数理统计类的边界识别技术对区域1∶5万2~4阶重力小波细节场进行预处理，以区域地质构造认识为依据，在1∶20万研究区构造体系划分的基础上，优选了垂向二阶导数和水平总梯度模量两种边界识别技术处理结果，由浅至深综合划定了评价区的断裂展布形态。

首先，依据垂向二阶导数较强的断裂识别能力"扫描"了评价区的断裂整体展布形态。其次，利用水平总梯度模量处理结果厘定了各条规模较大断裂的交切关系。

(二)解译结果分析

1. 垂向二阶导数解译结果

垂向二阶导数利用零值线的位置来判断和确定异常地质体的边界位置，它能够抑制深部区域性的地质因素所引起的异常影响，从而突出小和浅的构造的异常特征，因此能够区分不同大小、深度的异常体所造成的叠加异常。作为导数类边界识别技术中的常用方法之一，垂向二阶导数可以半定量地确定断裂的大致位置，其优势是对评价区断裂进行详细扫描式刻画(图2-34)。

2阶重力小波细节场垂向二阶导数处理结果反映了银川盆地东缘隆起区"南部复杂、中北部简单"的断裂构造整体特征。通贵—月牙湖北东向一线以南的临河、黑梁、横山堡、黄草坡一带，发育北北东向和南北向两组断裂。北北东向断裂主要分布于临河及其南部两侧区域，推断该组断裂主要为黄河断裂临河段主断裂及其后缘次级断裂，具有线性特征清晰、连续分布的特点；近南北向断裂主要分布于黑梁、横山堡与黄草坡一带，除靠近灵武凹陷一侧的黄河断裂灵武段，其余断裂平面延伸距离较短，并且多条断裂相互截断、相互交错，反映出比较复杂的区域应力环境。总体上近南北向断裂对北东向黄河断裂形成了右行错断的关系，表明了靠近西侧的黄河断裂系发育早于东侧的断裂。通贵—月牙湖北东向一线以北的月牙湖、陶乐、礼和地区，断裂发育特征比较简单，月牙湖、陶乐地区基本发育北北东向断裂，并且月牙湖南侧的断裂与通贵南侧的黄河断裂临河段相互平行展布，未见明显的相交之势，月牙湖北侧黄河断裂月牙湖段延伸至陶乐南部地区后呈弧形转为近南北向，与陶乐北部地区的黄河断裂礼和段呈大角度斜交关系，反映了不同区域构造应力差异，导致黄河断裂不同的平面展布特征。此外，在黄河断裂西侧发育数条北北东向断裂，可能是黄河主断裂的前缘次级断裂(图2-34a)。

3阶重力小波细节场垂向二阶导数处理结果反映的断裂构造特征更加清晰，多条平面延伸短，局部小规模断裂基本不显示。南部的临河、黑梁、横山堡、黄草坡地区，两侧边界断裂特征清晰，西侧黄河断裂灵武段沿灵武凹陷与灵武东隆起之间的梯级带线性延伸，东侧的控边断裂分布于黑梁次坳东部，近南北向展布，两条断裂之间的黑梁、横山堡、黄草坡一带，仅见少数几条北北东向断裂分布，体现出在横山堡隆褶带内发育的断裂规模均较小，属于带内断裂。通贵南部黄河断裂临河段发育形迹依旧清晰，印证了黄河断裂为区域性深大断裂

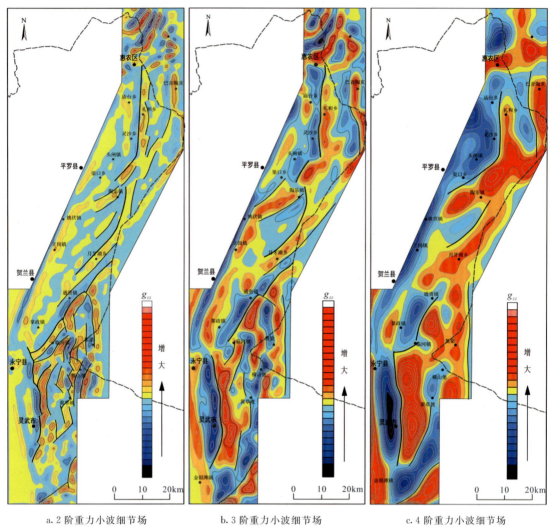

a. 2阶重力小波细节场　　　　b. 3阶重力小波细节场　　　　c. 4阶重力小波细节场

图 2-34　垂向二阶导数解译断裂

的论断。月牙湖地区南、北两侧近似平行分布的两条断裂呈北北东向延伸,将月牙湖凸起与月牙湖东隆起合二为一,反映了区域构造发育的规律性;陶乐地区黄河断裂月牙湖段由北北东向北西转向,截断了黄河断裂礼和段,黄河断裂灵武段与临河段也具有类似的交切关系(图2-34b)。

4阶重力小波细节场垂向二阶导数处理结果更简洁,体现了深部断裂构造体系的进一步简化,浅部次级断裂在向深层延伸过程中,逐渐停止发育。具体地,黄河断裂4条亚段断裂分布特征依然清晰,尤其是灵武段、临河段与礼和段,统一的密集梯级带形迹特征均表明了其对银川断裂盆地与东缘隆起区的分割控制作用,月牙湖段梯级带特征相对模糊,但控制北北东向局部隆起条带的走滑特征显示出该区域明显的局部应力环境差异。此外,隆起区东部的边界断裂也有明显的显示,南部边界断裂近南北走向,中部边界断裂转为北北东走向,北部边界断裂又转为南北走向,与隆起区西侧边界的黄河断裂整体走向一致(图2-34c)。

根据垂向二阶导数处理结果,2阶细节场解译断裂37条,3阶细节场解译断裂16条,4阶细节场解译断裂9条。通过不同阶次场源识别断裂条数对比,推断评价区的多数断裂集中发育于浅部,属于局部构造单元内部断裂,对区域性展布的地层不具有明显的分割作用。深部断裂发育较少,黄河主断裂可能为该区域唯一的深大断裂。

2. 水平总梯度模量解译结果

水平总梯度模量,反映了重磁异常的变化率,在变化率较大的地方,必定有较大的梯度值。所以,利用水平总梯度模量极大值能确定构造单元的边界位置。在断裂解译实践中,常以水平总梯度模量的断裂解译结果补充垂向二阶导数。此外,水平总梯度模量能够凸显出具有一定发育规模的断裂之间的交切关系(图2-35)。

2阶重力小波细节场水平总梯度模量解译图(图2-35a)显示,黄河断裂灵武段为发育规模最大区段,断裂呈现一条光滑、均匀的极大值条带,在灵武以南,未见后缘次级断裂发育,在灵武以北,发育一条后缘次级断裂与主断裂平行展布;至临河地区,显示的黄河断裂临河段清晰展布于黄河西岸,呈北北东向的极大值条带展布,但通贵段与临河段显示的断裂规模明显不一致,推断在二者之间存在北西向次级断裂将其进行了错断分割,上述特征在垂向二阶导数处理结果中也有明确的体现。临河东、黑梁、黄草坡一带的带内次级断裂虽然形迹清楚,但均表现出延伸距离短的特征,且各条断裂之间相互关系不明确,结合垂向二阶导数的识别结果,认为北北西向断裂的存在是形成上述形态的主要原因。北北东向断裂与近南北向断裂逐渐收敛于通贵以北地区。月牙湖地区的断裂特征更为清晰,经通贵西延伸至月牙湖东的高值条带表明该区域存在一条与黄河断裂临河段平行展布的断裂,这是否为黄河主断裂的另一条分支?需要与深层地球物理剖面资料对应分析。沿月牙湖北—陶乐东—渠口东一带,展布一条向东凸出的弧形高值带,虽然幅值相对较低,但是条带连续性已然清楚,应该是黄河断裂月牙湖段的地球物理反应,在该断裂的西侧,发育数条北东向次级断裂与黄河断裂月牙湖段斜交,整体呈毛刷状,次级断裂地球物理响应强度不一,平面延伸距离基本一致,推断在月牙湖—陶乐地区,黄河主断裂前缘次级断裂比较发育。陶乐以北地区,黄河断裂礼和段特征清楚,与垂向二阶导数刻画的状态一致,主断裂东侧未见规模较大断裂发育,仅在巴音陶亥西侧见有南北向分布的高值条带,推断为该区域的东部边界断裂。

3阶重力小波细节场水平总梯度模量解译图(图2-35b)与3阶重力小波细节场垂向二阶导数处理结果有较强的对应性。南部临河地区与北部灵沙地区,反映了黄河主断裂的高值条带特征依旧清晰,不仅反映了断裂发育的承接性,也说明黄河断裂在上述地区的规模比较宏大。中部的月牙湖、陶乐地区,较高幅值的高值条带清楚定位了两条断裂的展布形迹,月牙湖南部北北东向断裂延出区外,截止于东部的边界断裂之上,月牙湖北部的弧形断裂过陶乐后,形迹逐渐模糊,推断斜交终止于黄河断裂礼和段。除黑梁以北地区、横山堡以南地区发育的寥寥数条南北向断裂之外,黄河主断裂后缘的次级断裂基本不发育。

4阶重力小波细节场水平总梯度模量解译图(图2-35c)内部反映的断裂简单,仅体现了黄河主断裂的平面形态,即灵武段南北走向斜交于临河段,临河段北北东走向的特征终止

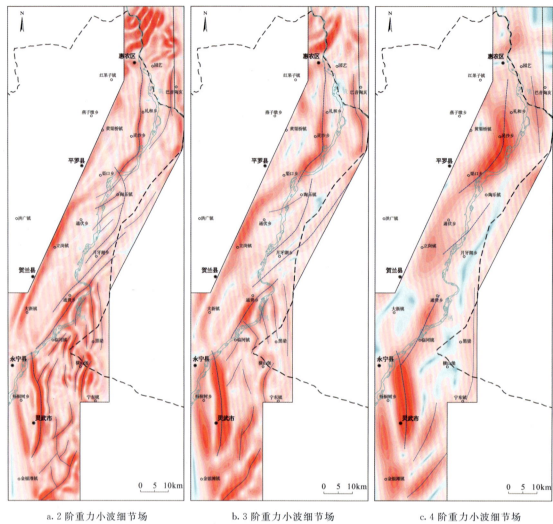

a. 2阶重力小波细节场　　　　b. 3阶重力小波细节场　　　　c. 4阶重力小波细节场

图 2-35　水平总梯度模量解译断裂

于通贵北部,月牙湖地区的黄河断裂仅仅指月牙湖—陶乐地区的弧形断裂,南部北北东向延出区内的断裂为黄河断裂的后缘次级断裂,在4阶重力小波细节场水平总梯度模量图中已不显示,礼和段断裂形态由浅至深基本未见变化,从位置对比分析,由浅至深,断裂位置逐渐西移,此种规律符合黄河断裂西倾正断层的特性。

根据水平总梯度模量处理结果,2阶重力小波细节场解译断裂34条,3阶重力小波细节场解译断裂19条,4阶细节场解译断裂8条。通过不同阶次场源识别断裂条数对比,推断黄河主断裂为该区域唯一的深大断裂,具有分段式展布发育特征,南部灵武段与北部礼和段断裂规模大,呈现南北走向、西倾正断层的性质,中部临河段与月牙湖段断裂规模相对较小,具有明显的右行走滑性质。

单独运用一种边界识别方法解译断裂平面特征均存在一定局限性及不足之处,尤其是黄河断裂后缘次级小断裂的识别难度较大。因此,采用上述两种主要方法单独解译的断裂展布成果,相互对比,联合印证,共同确立了本区的断裂。

(三)断裂体系特征

1. 断裂级别

1)断裂级别划分

依据评价区所属构造单元位置、级别及构造单元之间的接触关系,结合周缘区域断裂构造的规模、形态、展布特征等,综合将该区断裂划分为 3 个级别。

Ⅲ级断裂:是指研究区内五级构造单元的分界断裂,黄河主断裂为本区唯一的Ⅲ级断裂,其为银川断陷盆地的东部边界断裂。

Ⅳ级断裂:是指五级构造单元内部次级构造区(带)的分界断裂,包括马鞍山断裂、白土岗断裂、黑梁断裂、月牙湖东断裂和园艺断裂。

Ⅴ级断裂:是指次级构造区(带)内部局部构造内的小规模断裂,除上述 5 条断裂外,其余断裂均为Ⅴ级断裂。

2)断裂序号编码

针对评价区断裂的编号,遵循以下两个原则:第一,对于不同级别断裂,按照断裂级别由高到低的原则编号,例如,$F_{Ⅲ}^1$、$F_{Ⅳ}^1$、$F_{Ⅴ}^1$;第二,对于同一级别断裂,按照先南后北、由西至东的原则编号,例如,$F_{Ⅴ}^1$、$F_{Ⅴ}^2$、$F_{Ⅴ}^3$、$\cdots$、$F_{Ⅴ}^{32}$。

2. 断裂展布特征

评价区处于银川断陷盆地东缘,陶乐-彭阳冲断带($Ⅲ_5^{1-1-3}$)北段的陶乐-横山堡褶断带($Ⅲ_5^{1-1-3(1)}$),构造单元级别属于五级构造单元,依据《宁夏回族自治区区域地质志》(徐占海,2017)针对构造单元边界断裂级别的划分,本区内展布的断裂级别最高的为黄河断裂,为褶断带西侧边界断裂,属于Ⅲ级断裂,其余断裂均为Ⅳ级、Ⅴ级断裂,而更高级别的Ⅰ级、Ⅱ级断裂不存在(图 2-36)。

1)Ⅲ级断裂

黄河断裂($F_{Ⅲ}^1$)为本区唯一的Ⅲ级断裂,为银川断陷盆地($Ⅲ_5^{1-1-2}$)与陶乐-横山堡褶断带($Ⅲ_5^{1-1-3(1)}$)的分界断裂,是该区域内展布最长、切割最深的一条深大断裂,在银川盆地的形成与演化过程中起着重要的作用,区域东西向拉张应力与北东向挤压应力的双重作用,造就了黄河断裂复杂的空间展布特征及特殊的地质构造作用。

现有研究成果表明,断裂具有明显的分段性。"三段"分法根据断层的活动性和出露情况,将断裂分为北段(红崖子段)、中段(陶乐—滨河段)和南段(灵武段),南段和北段裸露地表,中段为隐伏段。"四段"分法通过地貌特征、几何分布、构造变形序列和地震活动等方面,认为断裂可以划分为红崖子段、陶乐段、滨河段和灵武段。"三段"分法与"四段"分法,均以断裂的出露情况为最基本依据。

1:20 万区域重力异常场分布特征显示:黄河断裂由 4 条断裂组合而成,南部灵武地区,断裂近南北向展布,至永宁县东部,断裂地球物理特征逐渐减弱、消失;中南部临河镇至通贵

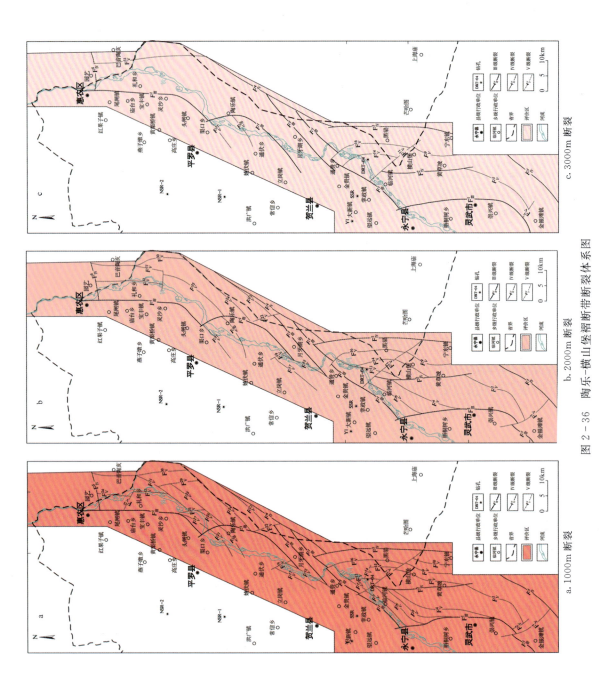

图2-36 陶乐-横山堡褶断带断裂体系图

乡段,断裂转为北北东走向,延伸接近至月牙湖乡附近消失;中北段通伏乡、陶乐镇一线,断裂整体北移,走向北北东,北部至灵沙乡转为近南北向,经过礼和乡,于惠农区南部延出宁夏回族自治区。断裂各段之间平面距离大,具有雁行式排列特征,此种错断的规模向盆地内部逐渐减弱,但断裂形迹依然存在(图 2-37)。

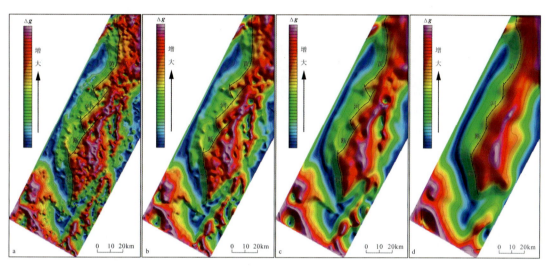

a.1 阶重力小波细节场　　b.2 阶重力小波细节场　　c.3 阶重力小波细节场　　d.4 阶重力小波细节场

图 2-37　1∶20 万区域重力解译黄河断裂

1∶5 万区域重力解译的黄河断裂展布形态印证了前人解译分析的成果,并且做出了进一步细化,此种细化一方面体现在对中部黄河断裂临河段、月牙湖段与礼和段 3 个亚段之间承接方式的新认识,另一方面体现在对月牙湖段的断裂性质的认识。

(1)灵武段($F_{Ⅲ}^{1}$-1)。

断裂自南起始于杨马湖乡新田村附近,呈 NE42°向北延伸至杜木桥乡杜家滩村,过灵武市东达灵武火车站,开始逐渐转为 NNW354°,于临河镇下桥村处斜跨黄河,终止于河西滨河大道。灵武段断裂全长 49.9km,平面整体呈微弧形展布。

断裂重力场特征明显,表现为剩余重力高、低异常区(带)的分界梯度带,断裂东侧呈现明显的片状剩余重力高异常区,反映出横山堡陆缘褶断带整体受东西向挤压应力作用,高密度的基底隆升较高,浅部沉积的低密度地层厚度较小。断裂西侧则是典型的、近南北向分布的剩余重力低异常条带,体现了银川盆地南端大厚度新生界的沉积、沉降特征。

断裂地貌特征具有明显的分段性,其中:新田村—杜家滩村段,断裂呈隐伏状,地表为农田、果园、村落等人文景观,基本难以见有明显的断裂出露迹象(图 2-38a);杜家滩村—灵武火车站—下桥村段,断裂出露地表迹象明显;灵武热电厂南,断裂表现为西倾的低角度斜坡;沟东村村道与银西高铁交叉处(图 2-38b),断裂上升盘为荒漠台地地貌,地势较高,浅表为沉积厚度较大的砾石层,根据砾石排列特征推断,为灵武东山西麓洪积层,断裂下降盘为农田人文地貌,地势较低,浅表为风积沙沉积层,偶见薄层砾石夹层(>40cm)。

a. 杜家滩村　　　　　　　　　　　　　　　b. 沟东村

图 2-38　黄河断裂灵武段地貌特征

(2)临河段($F_{Ⅲ}^1$-2)。

临河段黄河断裂承接灵武段的发育规模及特征,但延伸方向发生了明显的改变。断裂自望远镇李家庄起始,以 NE42°,过掌政乡永南村、碱富桥村、强家庙村一线,至通贵乡马家桥庄,与马莲滩附近斜跨黄河,消失于黄沙古渡原生态旅游区。临河段断裂总长 48.2km,被北北西向次级断裂 $F_Ⅴ^{11}$、$F_Ⅴ^{16}$ 分为 3 段,整体展布方向与盆地轴线走向一致。

重力异常场中,断裂为明显的正负异常的分界,但梯度较小,反映出断裂上、下盘错动规模不大,引起两盘地层的差异性相对较小。断裂东侧(下盘)为北北东向展布的条带状剩余重力高异常,断裂为 3 条高异常带共同的西北边界;断裂西侧(上盘)为北东向展布的剩余重力低异常区,反映了掌政局部凹陷的分布范围,断裂是该局部凹陷的东南边界。

地貌长期受黄河向东侵蚀与改造,断裂展布区域已经被夷为黄河河滩、平原地貌,现被规划列入黄河河道洪泛区,地表沉积第四系河流相砂泥沉积层,据区域钻井揭示,厚度约为 450m。临河、通贵段地表已难以见有任何断裂出露痕迹(图 2-39a),过黄河后展布的黄沙古渡段,断层为明显的地貌分界,断裂东侧为风成砂丘,西侧为河流相冲积平原(图 2-39b)。

(3)月牙湖段($F_{Ⅲ}^1$-3)。

月牙湖段黄河断裂是分布于南部临河段与北部陶乐段之间的一条北北东向规模断裂,为本次解译 1∶5 万重力资料新发现的黄河断裂新亚段。断裂自黄河西岸金贵镇谢家庄起始,NE48°斜跨黄河河道后,经塘南村斜向延出宁夏回族自治区域后被北北西向次级断裂 $F_Ⅴ^{22}$ 截断终止,总长 26.1km。

重力异常场中,断裂为明显的正负异常的分界。尤其在 2 阶重力小波细节场中,临河重力高值带与月牙湖重力高值带之间分布一条北北东向重力低值条带,条带西南向为掌政凹陷,条带东部则为月牙湖东重力低值区,该重力低值条带两侧的明显的梯级带体现两条区域性断裂,南侧梯级带对应黄河断裂临河段($F_Ⅲ^1$-2),北侧梯级带即是黄河断裂月牙湖段($F_Ⅲ^1$-3)的反映,断裂的上述重力场异常特征在 3 阶、4 阶小波细节场中也有明显的体现。断裂在此区域呈隐伏状态,因黄河西岸(图 2-40a)长期的沉积改造与黄河东岸(图 2-40b)风积沙层的覆盖掩埋,地表未见明显的断裂地貌特征。

a. 临河地区　　　　　　　　　　　　　b. 黄沙古都南

图 2-39　黄河断裂临河段地貌特征

a. 金贵地区　　　　　　　　　　　　　b. 月牙湖地区

图 2-40　黄河断裂月牙湖段地貌特征

(4) 陶乐段(F_{III}^1-4)。

陶乐段黄河断裂整体为向东南凸出的弧形，走向由 NE43°逐渐转为 NNW330°，与南侧月牙湖段之间未直接相接，呈平行展布斜列关系，与北侧礼和段之间大角度斜交。断裂起于立岗镇张家庙村，经通义乡胡家庄、永兴村，延伸斜跨黄河达高仁乡上八前村，继续沿东沙村至陶乐镇园艺村东终止，延伸长约 38.4km。

陶乐段黄河断裂重力场特征与月牙湖类似，为月牙湖重力高值带的南北边界，宽缓的剩余重力低异常区与东侧月牙湖低幅值长条状剩余重力高异常区的分界，非线性裙带状的特征反映出断裂两侧地层沉积差异不大，且断裂倾角可能较缓。

此段实测断裂已无明显出露迹象。地表受黄河侵蚀改造作用，陶乐段断裂黄河以西，地表已被夷为平地，无任何地貌特征（图 2-41a），黄河以东地貌特征逐渐显露，断裂为明显的断层陡坎，为天然地貌分界线，往北东方向延伸，断层陡坎高差更大（图 2-41b）。

a. 黄河西岸　　　　　　　　　　　　　　b. 黄河东岸

图 2-41　黄河断裂陶乐段地貌特征

(5)礼和段(F_{III}^1-5)。

根据断裂的走向,将礼和段黄河断裂细分为南半段与北半段。南半段起于通伏乡北,以大致平行于月牙湖段的 NE44°走向,沿黄河西岸延伸至头闸镇东北部。北半段承接南半段断裂的发育特征,走向转为 SN2°,经灵沙乡东,过礼和乡,延伸至惠农东侧斜穿黄河,后大致与黄河平行,延出本区。礼和段黄河断裂南北总长约 42.7km,整体呈"J"字形展布。

处于银川盆地北端,该段黄河断裂的重力场特征明显增强,表现为片状展布的平罗北剩余重力低异常区与条带状陶乐-礼和剩余重力高异常区的分界。断裂梯级带特征明显,反映了断裂规模较大,造成两盘地层差异性明显,位于平罗凹陷的银参 4 井钻遇新生界厚度为 4115m,远远大于陶乐-礼和隆起区 ZK301 揭示的新生界厚度(514m)。

礼和段黄河断裂均大多位于黄河以西,在黄河河道向东"跳跃式"的变迁过程中,经历冲蚀、侵蚀、风蚀等多种改造作用,断裂地貌地形特征几乎消失(图 2-42a);后期随着银川盆地持续沉降,大规模第四系沉积物覆盖其上,抹掉了断裂地貌的所有迹象,现呈现河流相冲积平原地貌,未见断裂出露迹象(图 2-42b)。

a. 头闸地区　　　　　　　　　　　　　　b. 礼和地区

图 2-42　黄河断裂礼和段地貌特征

2) Ⅳ级断裂

根据断裂对评价区构造单元的划分控制作用,确定本区发育 5 条Ⅳ级断裂,分别为白土岗断裂($F_{Ⅳ}^1$)、马鞍山断裂($F_{Ⅳ}^2$)、黑梁断裂($F_{Ⅳ}^3$)、月牙湖东断裂($F_{Ⅳ}^4$)与园艺断裂($F_{Ⅳ}^5$)。

(1)白土岗断裂($F_{Ⅳ}^1$)。

"白土岗断裂"首见于《宁夏回族自治区域重磁资料开发利用研究》(李宁生等,2017)一书中,称为"白土岗-芒哈图断裂",《银川平原深部构造特征及断裂活动性研究》(李宁生等,2020)继承了这一名称,并将它定位为陶乐-彭阳褶断带中陶乐-横山堡陆缘褶断带与韦州-马家滩褶断带的分界断裂。

由于"白土岗-芒哈图断裂"延伸区段较长(南起扁担沟镇,经白土岗、清水营,至芒哈图,交于车道-阿色浪断裂),其中延入本次研究区的西南段处于白土岗乡管辖范围,此断裂在研究区内走向为 NNE50°,长 92km。银川盆地南部 $F—F'$ 剖面东侧展布特征揭示了该断裂的空间属性,为一条东倾的正断层,于约 8km 处承接于深部向西逆冲推覆断裂之上。

此外,断裂重力场特征明显,两侧剩余重力异常存在显著差异,其西侧为大面积、带状展布的剩余重力低异常区,东南侧则展布北东向长条状剩余重力高异常带,断裂表现为密集的重力梯度带,线性特征清楚。

(2)马鞍山断裂($F_{Ⅳ}^2$)。

马鞍山断裂为横山堡陆缘褶断带内一条分带断裂,北起于临河镇东(97°)4.89km 处,近南北向展布,经黄草坡向南延伸,止于黄草坡南(175°)8.33km 处,长约 32.1km。

煤田勘探工作揭示,马鞍山断裂为控制任家庄煤田西侧含煤边界的断裂,倾向东,正断层。断裂西侧(上升盘)出露白垩系宜君组(K_1y)低胶结程度的砾岩,东侧(下降盘)为第四系风积、洪积砂层,断裂出露特征明显(图 2-43)。

a. 断裂北段　　　　　　　　　　　　b. 断裂南段

图 2-43　马鞍山断裂地貌特征

(3)黑梁断裂($F_{Ⅳ}^3$)。

黑梁断裂为陶乐-横山堡褶断带南段东部边界断裂,分布南起于宁东,沿黑梁东侧 6km 处,以 SN357°走向向北延伸,至月牙湖南 8.5km 处,被黄河断裂临河段($F_{Ⅲ}^1-2$)截断,总长约 44.9km。

区域重力场显示，断裂表现为明显的高低重力异常区（带）梯级带，断裂东侧为区域性的重力低异常区，断裂西侧为宁东、黑梁重力高异常带。黑梁断裂的重力梯级带特征在 2～4 阶小波细节场中均存在，反映出断裂具有一定的发育规模。

（4）月牙湖东断裂 F_{IV}^4。

月牙湖东断裂陶乐-横山堡褶断带北段东部边界断裂，南端与黑梁断裂（F_{IV}^3）斜交，北端斜向延出评价区，断裂整段均处于宁夏区域外部，因此本书不作详细论述。

（5）园艺断裂（F_{IV}^5）。

园艺断裂为陶乐-横山堡褶断带北部边界，西端垂直交于黄河断裂礼和段（F_{III}^1-5），东端呈 NEE76°于园艺南 3km 处延出宁夏回族自治区。园艺断裂的重力梯级带特征表现为不同重力异常区的分界，断裂以北区域重力为北北东向的条带状异常区，并延伸至惠农地区，断裂南部展布南北走向的条带状异常区。

3）Ⅴ级断裂

Ⅴ级断裂是指次级构造区（带）内部，局部构造内的小规模断裂，本次划定 2 阶重力构造层的Ⅴ级断裂共 34 条，3 阶重力构造层的Ⅴ级断裂共 21 条，4 阶重力构造层的Ⅴ级断裂共 9 条。

综合Ⅴ级断裂与主干断裂的关系及断裂的走向，将本区内Ⅴ级断裂划分为 3 种类型。类型一，黄河主断裂后缘次级断裂，此系列断裂与黄河主断裂走向基本平行，断裂平面延伸较远，长 27～80km。经 MT 剖面及地震剖面揭示，断裂斜切深度均大于 5km，在不同深度处逐次归并于黄河断裂之上。断面形态具有上陡下缓铲形结构，为典型的拉张应力形成的滑脱正断层，以 F_V^6 为典型代表。类型二，马鞍山断裂以东，黑梁断裂以西区域展布的Ⅴ级断裂，该组断裂南端与马鞍山断裂斜交，北端交于或右行错断黄河断裂临河段，以 F_V^{16} 为典型代表。类型三，黄河主断裂前缘次级断裂，展布于黄河断裂月牙湖段、陶乐段西侧下降盘，平面上与黄河主断裂斜交，MT 剖面显示断裂上盘仍然为高阻地层，与黄河断裂以东区域一致，推测受区域北北东向剪切应力作用而形成。

三、局部构造划分

评价区位于柴达木-华北板块一级构造单元、华北陆块二级构造单元、鄂尔多斯地块三级构造单元、鄂尔多斯西缘中元古代—早古生代裂陷带四级构造单元、陶乐-彭阳冲断北段陶乐-横山堡陆缘褶断带五级构造单元。

（一）局部构造反演

1. 主要反演方法

本次研究采取小波多尺度分解和帕克界面反演两种方法对评价区 1∶5 万剩余重力异常数据进行反演。

1)小波多尺度分解

小波多尺度分解为近年发展起来的小波分析方法,在信号处理、故障监控、图像分析等很多学科领域得到越来越广泛的应用,在重磁勘探领域的应用也取得了较好的效果。但是,一般的文献中往往忽略了重磁资料的小波多尺度分解应分解至几阶,以及各阶分别反映的实际地质意义,尤其在固体矿产勘探方面,在对孤立地质体的异常提取和解释中,用小波多尺度分析方法应分解到几阶要根据实际磁测资料和地质资料,结合理论模型分析来确定。

小波变换引入了多尺度分析的思想,在空间域和频率域同时具有良好的局部分析性质。小波变换可以将信号分解成各种不同频率或尺度成分,并且通过伸缩、平移聚焦到信号的任一细节加以分析。小波分析的这些特点决定了它是进行地球物理数值分析的有效工具,利用小波变换的上述特点,对磁异常进行划分,便可得到各种尺度意义下的异常。

2)帕克法密度界面反演法

帕克法密度界面反演法为一种利用大面积布格重力异常和航磁异常求取地层界面深度及划分地质构造单元的常用数据处理方法,其反演的算法来自帕克正演方程。

2. 反演结果分析

以评价区1∶5万2~4阶重力小波细节场为基础,进行重力异常功率谱分析,确定了3个阶次反映的构造顶面大致埋深,其中2阶重力小波细节场反映了2900m深度的构造界面,3阶重力小波细节场反映了约4450m深度的构造界面,4阶重力小波细节场代表了深度为8420m的构造界面(图2-44)。将上述大致埋深信息作为基本约束条件,进行平面帕克法密度界面反演,得到了纵向上不同深度的平面构造隆升起伏形态。

评价区2阶重力小波细节场反映的2900m深度的构造特征简单明了,"南北隆升高,中部起伏小"的整体形态基本反映了奥陶系底界面的构造展布特征。南部横山堡地区由西向东依次展布4处南北向隆起带,中间夹持2条坳陷带与1处断阶带,各条局部构造北端统一终止于黄河断裂临河段;中部月牙湖地区构造方向发生了明显变化,北北东向展布的低幅度隆起区占据了大范围,确定了该地区构造框架;北部陶乐、礼和地区,南北向展布两隆夹一坳,东侧的巴音陶亥隆起区展布于内蒙古自治区境内,西侧的礼和隆起区分布于宁夏回族自治区境内(图2-45a)。

评价区3阶重力小波细节场反映的4450m深度的构造继承了2900m深度的构造特征,只是局部隆起与局部坳陷之间的埋深差距进一步变大。北部横山堡地区的构造隆升最高点位于灵武东山南端,约2100m,沉降最低部位于灵武东南的狼皮子梁,深约6500m;中部月牙湖地区,构造形态基本未发生明显变化,以北北东向隆起为主要构造类型;北部陶乐、礼和一带,中部坳陷带范围进一步缩小,礼和南部南北向隆起带依旧为局部隆升最高点,埋深约3500m(图2-45b)。

评价区4阶重力小波细节场反映的8420m深度的构造形态发生了明显改变,南部横山堡地区的4处南北向局部隆起归并于东、西两侧,又以西侧的灵武东山隆起为主要构造,黑梁隆起宽缓且隆起幅度小,临河—黄草坡一线为两处局部隆起的分界,即马鞍山断裂;中部月牙湖地区的局部隆起向黑梁、陶乐地区的局部隆起收缩,形成整体隆起带;北部的礼和地

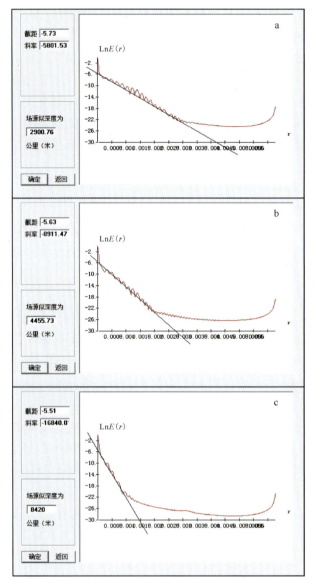

图 2-44 平面重力异常功率谱深部估算
a.2 阶细节深度;b.3 阶细节深度;c.4 阶细节深度

区,局部隆起幅度下降,中部坳陷带基本消失,东部巴音陶亥南北向隆起带隆升中心向东部移动,但隆升幅度依旧为北部地区最高(图 2-45c)。

(二)局部构造划分

以评价区断裂为边界,依据不同深度顶面构造展布形态,综合划分该区域局部构造,并结合地表岩石、地层、地貌特征,分析局部构造的成因。

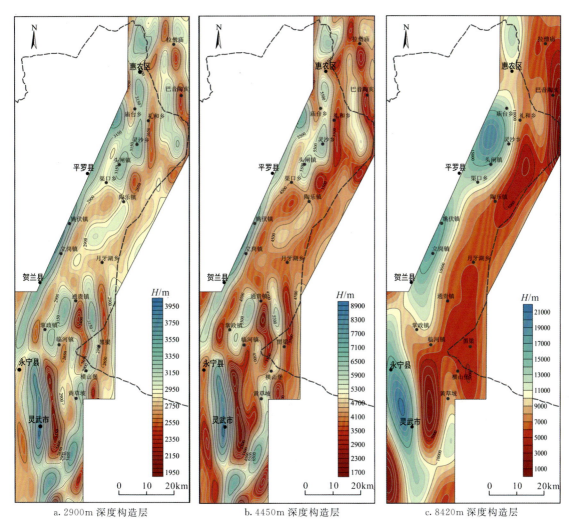

a. 2900m 深度构造层　　　b. 4450m 深度构造层　　　c. 8420m 深度构造层

图 2-45　评价区不同深度层顶面构造图

1. 局部构造类型

参考《吴忠—灵武地区构造体系特征及断裂活动性研究》一书中关于横山堡褶断带局部构造的定义与命名规则，完成本次评价区局部构造类型的划分。评价区构造隶属于隆起区，其内部的局部构造类型包括凸起、凹陷、断阶 3 种类型。

1) 局部构造定义

局部凸起：受断裂构造控制而形成的明显的局部构造高区域。

局部凹陷：受断裂构造控制而形成的明显的局部构造低区域，与局部凸起对应。

局部断阶：受同一断裂系统控制的，处于主构造单元前缘/后缘的次级局部构造单元。

2)局部构造命名

局部构造命名规则一:如果局部构造单元展布范围内分布乡(镇)级行政单位,则命名为"行政单位名称+构造单元类型名称",例如"月牙湖凸起";规则二:如果局部构造单元展布范围内无行政单位分布,则选择距离局部构造单元最近的行政单位名称,参考二者的方位,附加构造单元类型共同命名,即"行政单位名称+参考方位+构造单元类型名称",例如"黑梁西凹陷"。

2. 局部构造划分结果

基于1∶5万2阶重力小波细节场,参考断裂体系解译结果,以构造顶面反演成果为依据,对评价区不同深度构造层的局部构造进行划分,其中:2900m深度顶面构造层划分局部构造34处,局部凸起16处,局部凹陷10处,局部断阶8处;4450m深度顶面构造层划分局部构造24处,局部凸起12处,局部凹陷7处,局部断阶5处;8420m深度顶面构造层划分局部构造14处,局部凸起8处,局部凹陷3处,局部断阶3处。整体上,浅部构造层(2900m)与中深部构造层(4450m)局部构造特征区域一致,具有较好的承接性,反映出比较复杂的局部构造展布特征,深部构造层(8420m)对中浅部构造层局部构造进行了多处的归并与统一,形成了该区域的构造格架特征。局部凸起为地热资源赋存的有利构造部位,也是经济开发利用地热资源的潜力区,因此本书将对评价区内16处局部构造进行重点描述与分析(图2-46、图2-47,附表4)。

1)局部凸起

陶乐-横山堡褶断带内局部凸起分别是金银滩凸起、灵武东山凸起、临河西凸起、横山堡凸起、宁东西凸起、黑梁凸起、临河北凸起、通贵东凸起、黑梁北凸起、月牙湖东凸起、月牙湖凸起、陶乐东凸起、陶乐北凸起、巴音陶亥凸起、礼和凸起与礼和北凸起(图2-48)。

(1)金银滩凸起。

金银滩凸起位于评价区南端,受黄河断裂灵武段($F_{Ⅲ}^1-1$)、白土岗断裂($F_{Ⅳ}^1$)及次级断裂$F_{Ⅴ}^1$围限,呈典型的多边形片状凸起,西南边界范围不完整,少部分区域延扩至评价区外,区内面积约19.6km^2,由浅至深均有发育。该局部凸起地表为第四系全新统灵武组(Qh_1l),深部未有钻井揭示其地层岩性特征,根据区域地质出露推断,该区应该与银川盆地南部斜坡深部地层发育一致,为薄层的第四系沉积层下的变质岩基底的局部隆升。

(2)灵武东山凸起。

灵武东山凸起分布于灵武以东、黄草坡以西地区,为评价区南部重要的局部构造,2900m深构造层呈窄条状分布,面积71km^2,4450m深与其西北侧的临河东断阶合二为一,以北北东向带状分布于临河以南,面积104km^2,8420m深分布范围进一步扩大,涵盖了黄河断裂灵武段($F_{Ⅲ}^1-1$)与马鞍山断裂($F_{Ⅳ}^2$)夹持的绝大部分区域,呈整体隆升形态,面积378km^2。该凸起地表中部大面积出露白垩系宜君组(K_1y),南部覆盖第四系全新统上部风积层(Qh_2^{eol}),北部见北东东向条带状展布的古近系清水营组(E_3q)与新近系彰恩堡组(N_1z),在该凸起东边界马鞍山断裂($F_{Ⅳ}^2$)北段与黄河后缘次级断裂$F_{Ⅴ}^4$相交区域,局部小面积的奥陶系天景山组($O_{1-2}t$)出露地表,结合区域地层发育,推测该凸起展布区域的深部(8420m)变

第二章 鄂尔多斯西缘构造体系特征分析

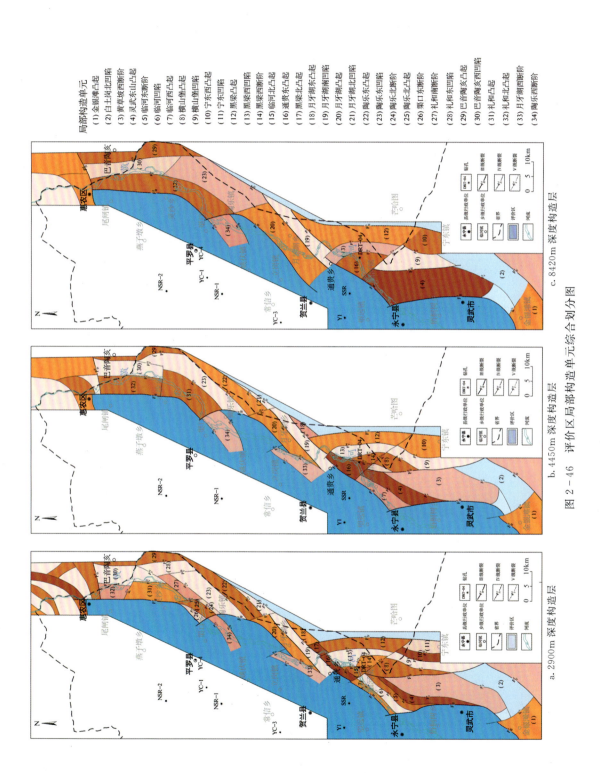

图2-46 评价区局部构造单元综合划分图
a. 2900m深度构造层 b. 4450m深度构造层 c. 8420m深度构造层

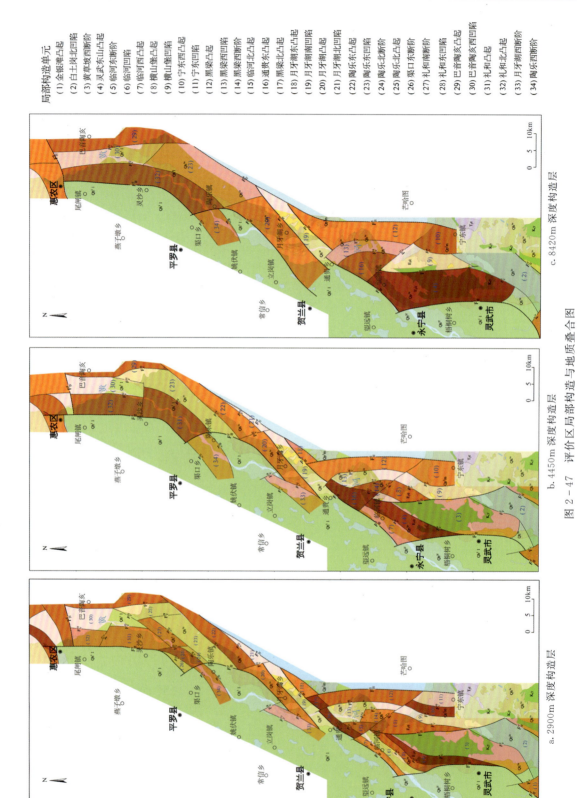

图 2-47 评价区局部构造与地质叠合图

质岩系基底整体隆升,至中深部(4450m)隆升构造发生分异,产生了黄草坡西断阶、临河西断阶两个局部构造,受断裂的分割作用,中浅部(2900m)层再次发生裂解,临河断阶细分为临河西凸起与临河凹陷,灵武东山凸起分布范围缩窄,其西侧紧邻分异产生临河东断阶,该深部构造层的局部构造应该为奥陶系展布形态。

(3)临河西凸起。

临河西凸起展布于临河以西的黄河河道区域,西侧为黄河断裂临河段(F_{III}^1-2),东侧边界为黄河主断裂后缘次级断裂 F_V^7,呈北东向长条状展布,西依银川断陷盆地,东临临河凹陷,是典型的受黄河断裂系控制的局部凸起构造,面积约 $31km^2$。地表为黄河 I 级阶地及河漫滩第四系全新统上部冲积层(Qh_2^{al}),主要为黏质砂土层夹卵砾石、含砂砾石层。重力高异常分布特征清楚,异常幅值明显低于东侧的灵武东山凸起与北侧的通贵东凸起。凸起范围内未有钻孔揭示,根据以往电性剖面特征及区域地质概况推断,该局部凸起为中深部受断裂控制的奥陶系顶面微幅度隆起构造,在深部与临河凹陷合并,后逐渐归并于灵武东山区域基底隆升区。

(4)横山堡凸起。

横山堡凸起与宁东西凸起处于马鞍山断裂以东区域,属于受南北向展布的东倾逆冲断裂控制的局部构造单元。横山堡凸起受马鞍山断裂(F_{IV}^2)与南北向次级断裂 F_V^8、北西向次级断裂 F_V^{11} 共同围限,形成了一个南北狭长的倒三角区域,面积约 $91.5km^2$。靠近马鞍山断裂一侧区域出露大面积的古近系清水营组(E_3q)及局部的新近系彰恩堡组(N_1z),南北部则覆盖第四系全新统上部风积层(Qh_2^{eol}),根据凸起南端任1井揭示,新生界下伏二叠系下石盒子组(P_2x)、山西组(P_1s),石炭系太原组(C_2P_1t)、羊虎沟组(C_2y)与奥陶系克里摩里组(O_2k)、寒武系阿不切亥组($\epsilon_{2-3}a$),反映出凸起区域缺失中生界,奥陶系顶面隆升较高,该凸起中深部反哺范围与浅部具有明显的承接性,深部隆起特征消失,与横山堡凹陷归并。

(5)宁东西凸起。

宁东西凸起与横山堡凸起相隔横山堡凹陷分布,受南北向次级断裂 F_V^9、F_V^{10} 夹持,呈南北向条带状,面积 $39.8km^2$。北部覆盖第四系上更新统水洞沟组(Qp_3sd),南部覆盖马兰组(Qp_3m),凸起向南延伸可见零星出露的新近系彰恩堡组(N_1z)及南北向展布的长条状中生界白垩系宜君组(K_1y),推断该凸起为中生界白垩系隆升,局部凸起于中深部范围向东扩展,与宁东凹陷合并成为一处片状隆起区。

(6)黑梁凸起。

黑梁凸起展布于张家窑以北、沙沟沟以南、黑梁以东的条带状区域,东侧以 F_{IV}^3 断裂为界,西侧受 F_V^{16} 断裂控制,与黑梁西凹陷相邻分布,近南北走向,面积约 $109.4km^2$。该凸起地表大面积出露新近系彰恩堡组(N_1z),局部地势低洼处沉积第四系上更新统马兰组(Qp_3m)。地表出露难以反映黑梁凸起的地质因素,综合构造展布形态,推断其南部的宁东西凸起同属于隆起带,为中生界白垩系隆升,受北西向右行走滑断裂作用,将其分割为南、北两部分。

(7)临河北凸起。

临河北凸起展布于临河东北部,东临黑梁西凹陷与黑梁西断阶,西依通贵东凸起,受断

裂 F_V^{11}、F_V^{12}、F_V^{13} 所围限,呈三角状分布形态,面积约 21.2km²。凸起范围地表特征单一,黄河河道近东西向于凸起中部穿流而过,形成了两种截然不同的地表覆盖样貌,黄河北岸均为Ⅰ级阶地及河漫滩第四系全新统上部冲积层(Qh_2^{al}),南岸则是覆盖第四系全新统上部风积层(Qh_2^{eol})。天山海世界 4 口地热钻孔布设于该凸起东侧,钻孔揭露的地层自深至浅依次是古生界奥陶系(O)、石炭系土坡组(C_2t)、石炭系—二叠系太原组(C_2P_1t)、下二叠统山西组(P_1s)、石盒子组(P_2sh)、上二叠统孙家沟组(P_3sj),古近系渐新统清水营组和第四系,地热水主要赋存于奥陶系中。因此,综合推断该凸起为奥陶系顶面隆起,在深部与其西侧的通贵东凸起合并为一处片状隆起区。

(8)通贵东凸起。

通贵东凸起展布于通贵以东区域,沿黄河西岸呈北东向条带状展布,与临河西凸起处于同一构造部位,隔断裂 F_V^{11} 分布,西侧边界为黄河断裂临河段($F_{Ⅲ}^1-2$),东界为断裂 F_V^{12},面积约 29.9km²。凸起地表覆盖地层单一,均为黄河西岸Ⅰ级阶地及河漫滩第四系全新统上部冲积层(Qh_2^{al}),与南侧临河西凸起一致。推断凸起为中深部受断裂控制的奥陶系顶面微幅度隆起构造,深部与临河北凸起、黑梁西断阶归并于一处,组成了扇形变质岩系基底隆升区。

(9)黑梁北凸起。

黑梁北凸起展布于通贵东凸起东北侧,是通贵东凸起的北东侧延续,二者以断裂 F_V^{16} 为界,北邻月牙湖南凹陷,南接黑梁凸起,是沿黄河断裂临河段($F_{Ⅲ}^1-2$)展布的北东向隆起带与沿黑梁断裂分布的近南北向隆起带的交会处,面积约 14.6km²。地表地层界线清晰,东侧出露新近系彰恩堡组(N_1z),西侧覆盖黄河东岸河漫滩第四系全新统上部冲积层(Qh_2^{al})。根据区域地层分布,推断为奥陶系顶面局部隆升。

(10)月牙湖东凸起。

月牙湖东凸起展布于黑梁北凸起东北侧,它与临河西凸起、通贵东凸起、黑梁北凸起共同组成了黄河断裂临河段($F_{Ⅲ}^1-2$)后缘隆起带,受黄河断裂临河段($F_{Ⅲ}^1-2$)与月牙湖东断裂夹持,呈长条三角状展布,面积 30.6km²。凸起地表大面积出露新近系彰恩堡组(N_1z),仅在中北端局部覆盖第四系上更新统马兰组(Qp_3m)。根据区域地层分布,推断为奥陶系顶面局部隆升,该凸起深部归于黑梁凸起范围。

(11)月牙湖凸起。

月牙湖凸起呈北北东向展布于月牙湖的南、北两侧地区,为典型的受黄河断裂控制的条带状隆起区,东南邻月牙湖南凹陷,西北接银川断陷盆地,西侧被月牙湖西断阶侧向封闭,是黄河断裂月牙湖段($F_{Ⅲ}^1-3$)、陶乐段($F_{Ⅲ}^1-4$)共同控制的狭长凸起,面积约 82.4km²。地表地层界线大致与凸起边界一致,第四系全新统下部风积层(Qh_1^{eol})覆盖了大部分区域,仅在东北侧局部裙带状出露古近系清水营组(E_3q),与南部临近地区地层对比,推断月牙湖凸起为奥陶系隆升区,根据重力异常幅值分析,认为受黄河断裂临河段($F_{Ⅲ}^1-2$)控制的通贵东凸起、黑梁北凸起及月牙湖东凸起的奥陶系顶面隆升高于月牙湖凸起。该局部凸起由浅至深,展布格局未发生明显变化,分布范围随着两条控边断裂的产状变化进一步向西北扩展。

(12)陶乐东凸起。

陶乐东凸起展布于评价区北部东侧,东侧大面积区域延出宁夏回族自治区,进入内蒙古自治区。它与月牙湖凸起具有相同的平面构造位置,仅被次级断裂 F_V^{22} 一分为二,从控边断裂级别对比,它又低于月牙湖凸起,被 F_V^{23}、F_V^{24} 断裂夹持,面积约 $114.5km^2$。以北泉子地区的地表特征分析,凸起区基本被第四系覆盖,其西侧相邻的陶乐北凹陷中钻孔 ZK1902 揭示,第四系下伏古近系清水营组(E_3q)、白垩系宜君组(K_1y)、石炭系—二叠系太原组(C_2P_1t)、羊虎沟组(C_2y)及奥陶系天景山组($O_{1-2}t$),反映出评价区北部区域地层发育完整。陶乐东凸起在深部与陶乐北凹陷融合,构成了陶乐北断阶。

(13)陶乐北凸起。

陶乐北凸起展布于陶乐以北、头闸以东地区,受黄河断裂礼和段($F_Ⅲ^1-5$)2 条后缘断裂 F_V^{26}、F_V^{27} 控制,呈北北东向具有一定宽度的带状分布,是陶乐地区具有典型代表的局部凸起构造,礼和凸起及礼和北凸起亦具有类似特征。陶乐北凸起西侧接渠口东断阶,东临陶乐北断阶,面积约 $32.8km^2$。对应地表地层覆盖与出露特征可知,该局部凸起大面积覆盖第四系全新统灵武组(Qh_1l),黄河河道斜穿而过,形成了局部的河心滩冲积层(Qh_2^f)。根据已有的 MT 剖面资料分析,该区域地层发育齐全,基本与东侧钻孔 ZK301 揭示的一致。陶乐北凸起深部与礼和凸起合为一处,范围涵盖了渠口东断阶与陶乐北断阶,形成了分布面积广泛的礼和凸起。

(14)巴音陶亥凸起。

巴音陶亥凸起展布于评价区东北部、陶乐东凸起的北侧,西侧与礼和东凹陷及巴音陶亥西凹陷相接,受 F_V^{30}、F_V^{31} 断裂的控制,东侧范围至宁夏回族自治区省界,面积约 $65.7km^2$。地表大面积出露古近系清水营组(E_3q),东北侧局部见有第四系上更新统洪积层(Qp_3^{pl})覆盖。凸起西侧礼和东凹陷内部的钻孔 ZK301 揭示了该区域地层纵向发育情况,基本与南部的钻孔 ZK1902 揭示情况一致,即古近系清水营组(E_3q)下伏白垩系宜君组(K_1y)、二叠系孙家沟组(P_3sj)、上石盒子组($P_{2-3}s$)、下石盒子组(P_2x)、山西组(P_1s)与石炭系—二叠系太原组(C_2P_1t)、羊虎沟组(C_2y),推断下部仍有奥陶系天景山组($O_{1-2}t$)发育。

(15)礼和凸起与礼和北凸起。

礼和凸起与礼和北凸起处于同一构造区(带),为黄河断裂礼和段($F_Ⅲ^1-5$)控制的后缘隆起带,被 F_V^{33} 断裂分割为南、北两个局部构造,它东接巴音陶亥凹陷,西邻银川断陷盆地,北侧被近东西向的园艺凸起阻隔,面积约 $152km^2$。该凸起区(带)地表覆盖单一,为大面积第四系全新统灵武组(Qh_1l)覆盖层。根据反映凸起的局部重力异常形态与幅值对比分析,该凸起区应该是奥陶系顶面隆起的体现,与陶乐北凸起一致。于深部礼和凸起、礼和北凸起与陶乐北凸起、渠口东断阶、陶乐北断阶共同构成了区域性大面积隆升的礼和隆起区。

上述 16 处局部凸起体现了陶乐-横山堡褶断带内受断裂控制的奥陶系顶面隆起构造,是寻找深部"隆起断裂对流型"地热资源的潜力区(表 2-4)。

2)局部断阶

陶乐-横山堡褶断带内分布局部断阶共 8 处,分别是黄草坡西断阶、临河东断阶、黑梁西断阶、陶乐北断阶、渠口东断阶、礼和南断阶、月牙湖西断阶与陶乐西断阶(图 2-46)。

表 2-4 陶乐-横山堡褶断带局部凸起构造特征表

序号	构造名称	构造面积/km²	构造性状	构造走向	构造边界
1	金银滩凸起	19.6	片状	—	F_{III}^1-1、F_V^1
2	灵武东山凸起	71.1	长条状	NNE4°～NNE36°	F_{III}^1-1、F_V^4、F_V^5、F_{IV}^1
3	临河西凸起	31.0	长条状	NNE40°	F_{III}^1-1、F_V^7、F_{III}^1-2、F_V^{11}
4	横山堡凸起	91.5	倒三角状	NNE4°	F_{IV}^1、F_V^8、F_V^{11}
5	宁东凸起	39.8	条带状	NNE12°	F_V^9、F_V^{10}、F_V^{11}
6	黑梁凸起	109.4	条带状	N358°	F_{IV}^3、F_V^{11}、F_V^{12}、F_V^{16}
7	临河北凸起	21.1	三角状	—	F_V^{11}、F_V^{12}、F_V^{13}
8	通贵东凸起	29.9	条带状	NNE38°	F_{III}^1-2、F_V^{11}、F_V^{12}、F_V^{16}
9	黑梁北凸起	14.6	四边形状	NNE41°	F_{III}^1-2、F_V^{12}、F_{IV}^3、F_V^{16}
10	月牙湖东凸起	30.6	三角状	NNE42°	F_{III}^1-2、F_V^3、F_{IV}^4
11	月牙湖凸起	82.4	条带状	NE45°	F_{III}^1-3、F_V^{22}、F_{III}^1-4、F_V^{18}
12	陶乐东凸起	114.5	带状	NNE39°	F_V^{22}、F_V^{23}、F_V^{24}
13	陶乐北凸起	32.8	带状	NNE32°	F_{III}^1-4、F_V^{26}、F_V^{27}、F_V^{28}
14	巴音陶亥凸起	65.7	带状	N357°	F_V^{30}、F_V^{31}
15	礼和凸起	104.7	片状	N4°	F_{III}^1-5、F_V^{28}、F_V^{31}、F_V^{32}、F_V^{33}
16	礼和北凸起	47.3	片状	N4°	F_{III}^1-5、F_V^5、F_V^{33}、F_V^{34}

断阶均处于局部凸起与局部凹陷的过渡地区，是被断裂将单斜切割后形成的局部断块，平面上多展布于黄河断裂的前后缘区域，纵向上地层发育与其相邻的局部凸起一致，且基底埋深大于相邻的局部凸起构造。在上述 8 处局部断阶构造中有 6 处展布于黄河断裂东侧后缘地区，2 处分布于黄河断裂西侧前缘地带。

(1)黄草坡西断阶。

黄草坡西断阶呈片状多边形展布于黄草坡及其西部，被马鞍山断裂(F_{III}^2)与黄河断裂灵武段(F_{III}^1-1)后缘次级断裂 F_V^3、F_V^4 所围限，是白土岗北凹陷向灵武东山凸起过渡的断阶构造，面积约 257.2km²。断阶中北部大面积出露白垩系宜君组(K_1y)，南端局部覆盖第四系全新统上部风积层(Qh_2^e)。断阶在深部与其背部的多个局部凸起和局部凹陷合并，构成了灵武东山隆起区。

(2)临河东断阶。

临河东断阶展布于灵武东山凸起与临河凹陷之间，呈北北东向长条状分布，受黄河断裂临河段(F_{III}^1-2)后缘次级断裂 F_V^5、F_V^6 夹持，是黄河断裂后缘"阶梯形"构造的第 3 台阶，面积约 44.8m²。地表出露情况较复杂，北部东侧靠近 F_V^5 断裂区域出露带状的古近系清水营组(E_3q)，西侧靠近 F_V^6 断裂区域出露裙边状的新近系彰恩堡组(N_1z)，南部则覆盖第四系上更新统洪积层(Qp_3^{pl})。向深部演化，临河东断阶与灵武东山凸起合并后，整体归并于灵武东山隆起区。

(3)黑梁西断阶。

黑梁西断阶构造位置特殊,是受南北向断裂系统与北东向断裂系统共同控制形成的局部构造,呈片状分布的平面形态是其中浅部构造层的主要特征,受F_V^{11}、F_V^{13}、F_V^{14}、F_V^{15}断裂围限,面积仅 $28.6km^2$,是临河北凸起的东缘断阶。第四系全新统上部风积层(Qh_1^e)与下部风积层(Qh_2^e)均有分布。断阶于深部并入通贵东扇形片状凸起区。

(4)陶乐北断阶与渠口东断阶。

陶乐北断阶与渠口东断阶分居陶乐北凸起两侧,东侧承接陶乐东凹陷,西侧进入银川断陷盆地内部,是陶乐北隆起带被黄河断裂礼和段($F_Ⅲ^1$-5)后缘次级断裂 F_V^{26}、F_V^{27}分割形成的局部构造,总面积 $26.9km^2$。地表呈现平原地貌特征,覆盖第四系全新统灵武组(Qh_1l)。两处局部断阶在中深部归并于北部的礼和凸起。

(5)礼和南断阶。

礼和南断阶位于礼和凸起东侧,呈北北东走向长条状展布,受黄河断理解后缘次级断裂 F_V^{25}、F_V^{31}控制,面积约 $451cm^2$。地表为第四系覆盖区,深部归并于礼和凸起。

(6)月牙湖西断阶。

月牙湖西断阶位于月牙湖凸起西侧,北北东走向的条带状构造与月牙湖凸起呈斜交关系,受黄河断裂前缘次级断裂 F_V^{17}、F_V^{18}控制,面积约 $54.2km^2$。平原地貌,黄河斜穿而过,形成黄河西岸两岸阶地及河漫滩的第四系全新统上部冲积层(Qh_2^l)覆盖区。在深部月牙湖西断阶归并入月牙湖凸起,构成月牙湖隆起区。

(7)陶乐西断阶。

陶乐西断阶展布于陶乐以西、东沙以北,受 F_V^{20}、F_V^{21}断裂夹持,呈北东走向的带状构造,面积约 $18.3km^2$。地表覆盖情况与月牙湖西断阶一致。该断阶向深部分布范围向西进一步扩展。

上述8处局部断阶是16处局部凸起的次级过渡构造,奥陶系顶面一般介于局部凸起与局部凹陷之间,是陶乐-横山堡褶断带内寻找深部"隆起断裂对流型"地热资源的远景区(表2-5)。

表 2-5 陶乐-横山堡褶断带局部断阶构造特征表

序号	构造名称	构造面积/km²	构造性状	构造走向	构造边界
1	黄草坡西断阶	257.2	片状	NNE15°	$F_Ⅳ^2$、$F_Ⅳ^3$、$F_Ⅳ^4$
2	临河东断阶	44.8	长条状	NNE38°	$F_Ⅲ^1$-1、$F_Ⅳ^2$、$F_Ⅳ^5$、$F_Ⅳ^6$
3	黑梁西断阶	28.6	片状	N2°	F_V^{11}、F_V^{13}、F_V^{14}、F_V^{15}
4	陶乐北断阶	10.4	条状	NNE38°	$F_Ⅲ^1$-4、F_V^{25}、F_V^{26}、F_V^{28}
5	渠口东断阶	16.5	三角状	NNE35°	$F_Ⅲ^1$-4、$F_Ⅲ^1$-5、F_V^{27}
6	月牙湖西断阶	54.2	带状	NNE28°	F_V^{17}、F_V^{18}、F_V^{19}
7	陶乐西断阶	45.7	带状	NEE53°	F_V^{20}、F_V^{21}、$F_Ⅲ^1$-4
8	白土岗北凹陷	140.4	片状	NNE29°	$F_Ⅳ^1$、$F_Ⅳ^2$、$F_Ⅳ^3$

3) 局部凹陷

陶乐-横山堡褶断带内局部凹陷共10处,由南向北依次是白土岗北凹陷、临河凹陷、横山堡凹陷、宁东凹陷、黑梁西凹陷、月牙湖南凹陷、月牙湖北凹陷、陶乐东凹陷、礼和东凹陷和巴音陶亥西凹陷。

局部凹陷为统一构造带内部基底顶面下拗区(带),也是上覆盖层厚度最大的区域,从经济开发利用深层地热资源的角度分析,是地热开发成本相对最高的区域。从地表出露特征分析,受后期黄河的冲刷改造、沉积,风积层的覆盖等影响,先期的古地貌发生了显著的变化,掩盖了局部凸起、局部凹陷与局部断阶相互之间的差异,因此,仅从地表地层分布界限无法准确厘定局部构造之间的界线,需要依靠深部地球物理资料综合划分的结果(表2-6)。

表2-6 陶乐-横山堡褶断带局部凹陷构造特征列表

序号	构造名称	构造面积/km²	构造性状	构造走向	构造边界
24	白土岗北凹陷	140.4	片状	NNE29°	F_{IV}^1, F_{IV}^2, F_{V}^3
25	临河凹陷	50.5	长条状	NE41°	F_{III}^1-1, F_{V}^6, F_{V}^7, F_{V}^{11}
26	黑梁西凹陷	74.6	不规则片状	N356°	F_{V}^{11}, F_{V}^{12}, F_{V}^{13}, F_{V}^{14}, F_{V}^{15}, F_{V}^{16}
27	宁东凹陷	46.2	片带状	N5°	F_{IV}^3, F_{V}^{10}, F_{V}^{11}
28	横山堡凹陷	78.7	带状	NNE11°	F_{IV}^2, F_{V}^8, F_{V}^{11}
29	月牙湖南凹陷	87.0	带状	NE47°	F_{III}^1-2, F_{III}^1-3, F_{V}^{22}
30	月牙湖北凹陷	26.5	长三角状	NNE37°	F_{IV}^4, F_{V}^{22}, F_{V}^{23}
31	陶乐东凹陷	128.9	片状	NE41°	F_{III}^1-4, F_{V}^{24}, F_{V}^{25}, F_{V}^{29}
32	礼和东凹陷	64.1	片状	NNW350°	F_{V}^{24}, F_{V}^{29}, F_{V}^{30}, F_{V}^{31}
33	巴音陶亥西凹陷	115.1	片状	N358°	F_{V}^{30}, F_{V}^{31}, F_{V}^{32}, F_{V}^{34}, F_{IV}^5

四、构造剖面形态反演

基于1:5万重力剖面资料,以已知钻孔资料、区域地层出露及MT剖面、微动剖面为依据,综合反演评价区的断裂与局部构造的纵向发育特征及分布形态,与平面分析结果共同厘定本区的构造特征。

(一)L1剖面构造特征

L1剖面为项目实测剖面,位于平罗县尾闸镇以北,走向近E92°,地表基本覆盖第四系全新统灵武组(Qh_1l)(图2-48)。

重力剖面异常曲线表现为"西低东高中平台"的特征,且在东、西两侧存在两处明显的梯度变化,代表了西侧正断断裂系统中黄河断裂(F_{III}^1)礼和段与东侧逆冲断裂系统中F_V^{34}断裂的发育。

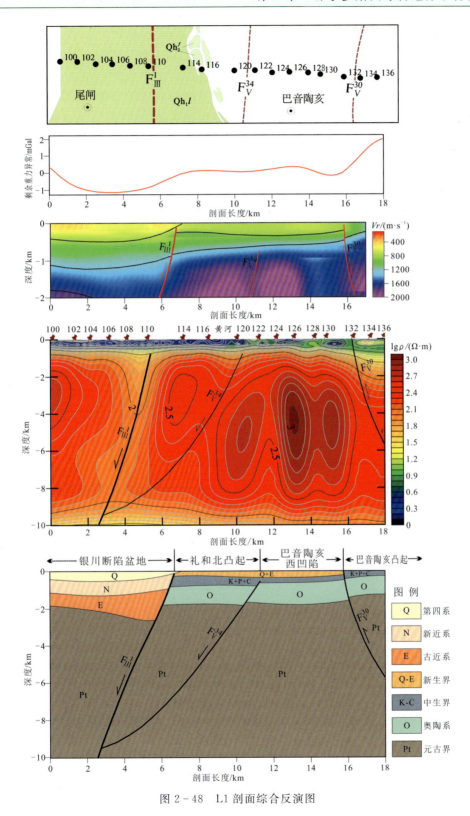

图 2-48 L1 剖面综合反演图

微动剖面直观反映出了 2km 以浅构造的赋存形态,黄河断裂($F_{Ⅲ}^1$)以西为银川断陷盆地,呈现区域性低速区,且纵向上明显分为 3 层,对应第四系(Q)、新近系(N)和古近系(E),新生界沉积层整体厚度小于 2km。黄河断裂($F_{Ⅲ}^1$)以东区段地层速度明显抬高,小于 1200m/s 的低速地层界面升高至 850m 附近,反映了奥陶系顶面埋深,中部 120 号点附近深部地层速度横向间断体现了 $F_Ⅴ^{30}$ 断裂的存在,具有西倾正断特征,应该为黄河断裂后缘次级断裂。$F_{Ⅲ}^1$ 断裂与 $F_Ⅴ^{30}$ 断裂之间高速地层隆升明显,为礼和北凸起,东侧紧邻的高阻地层相对下拗区为巴音陶亥凹陷。东侧 132 号点附近,由浅至深地层速度整体相对升高,且反映的 $F_Ⅴ^{34}$ 断裂具有东倾特征,综合推断为东倾逆冲断层,为巴音陶亥凸起的边界断裂。

MT 剖面印证了微动剖面对浅部构造的刻画,且对 2~8km 深度区间的构造进行了反映,黄河断裂($F_{Ⅲ}^1$)为明显的电性梯级带,为西侧银川断陷盆地低阻区与东侧陶乐隆起带高阻区的分界,倾角约 76°。$F_Ⅴ^{34}$ 断裂向西倾伏,倾角约 48°,向深部下切至 9.5km 处交会归并于黄河断裂($F_{Ⅲ}^1$)。$F_Ⅴ^{30}$ 逆冲断裂的电性特征明显,向东下倾,产状较陡,倾角约 72°。

(二)Z2 剖面构造特征

Z2 剖面收集于"宁夏深部探测方法研究示范创新团队"项目"银川都市圈黄河断裂构造特征及其与地热资源关系研究"(陈晓晶等,2021)。剖面总长 60km,本次引用了 410~630 号点区段,共 20km,钻孔 ZK1903 位于剖面 570 号点东侧。剖面位于头闸镇 3.7km 处,呈 SE118°走向横跨黄河断裂及东缘隆起带(图 2-49)。

剖面所跨区域均为第四系覆盖区,以 510 号点与 530 号点之间推断的 $F_Ⅴ^{25}$ 断裂为界,西侧为全新统灵武组(Qh_1l)覆盖区,东侧为全新统下部风积层(Qh_1^f)分布区。MT 剖面横向电性变化印证了重力推断断裂,并刻画出了断裂的产状特征,由西向东的 $F_{Ⅲ}^1$(黄河断裂)、$F_Ⅴ^{25}$ 及 $F_Ⅴ^{24}$ 三条断裂均表现为明显的电性变化带,$F_{Ⅲ}^1$ 断裂清晰界定了西侧断陷盆地与东侧隆起带的范围边界,断面西倾正断,浅部隐伏,深部下切直达基底,断裂两盘迥异的电性区表征了黄河断裂对区域构造单元的控制作用,黄河断裂东侧隆起区被 $F_Ⅴ^{25}$ 与 $F_Ⅴ^{24}$ 断裂划分为陶乐北凸起、陶乐东凹陷与陶乐东凸起 3 个局部构造,$F_Ⅴ^{25}$ 断裂产状较陡,近似直立,根据断裂两盘高阻块体分布形态推断,属于东倾的逆冲断裂系统的前缘次级断裂,相比较,$F_Ⅴ^{24}$ 断裂的逆冲推覆特征更加明显,且断裂东倾产状变缓,约 63°。陶乐北凸起为奥陶系顶面隆升最高部位,埋深约 950m,上覆厚度较大的新生界沉积地层。钻孔 ZK1902 揭示,陶乐东凹陷东部的奥陶系顶面相对下拗,上部赋存剥蚀后残存的石炭系—二叠系,与下伏奥陶系呈平行不整合接触,与上覆新生界呈角度不整合接触。经 $F_Ⅴ^{24}$ 断裂较强的逆冲作用,陶乐东凸起东侧奥陶系基底隆升加剧,为该剖面埋深最浅区段,约 800m。

(三)L2 剖面构造特征

L2 剖面为项目实测剖面,位于平罗县头闸镇西南 2.6km,走向近 SE115°,以黄河主河道东岸的 122 号点为分界,东部覆盖第四系全新统下部风积层(Qh_1^f),西侧为第四系全新统灵武组(Qh_1l)覆盖区(图 2-50)。

重力异常曲线特征明显,西侧低幅值平缓段代表了银川断陷盆地大厚度新生界沉积,而

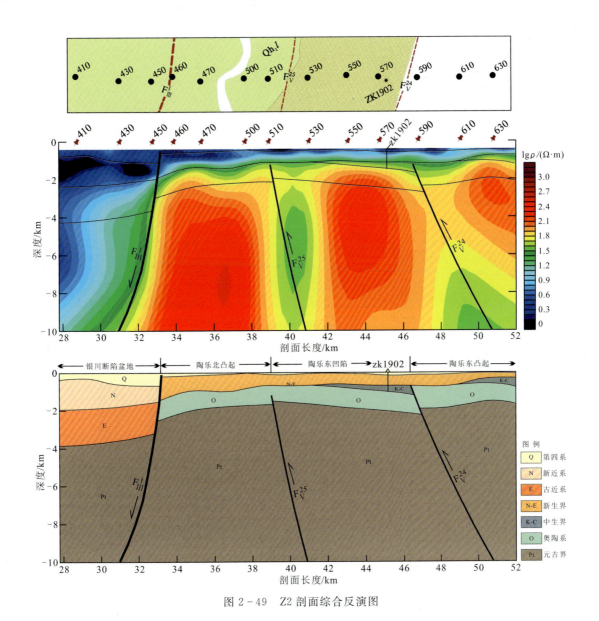

图 2-49 Z2 剖面综合反演图

后陡增的异常梯级带为黄河断裂 F_{III}^1 的反映,接着进入了西高东低、平缓下降的高幅值区域,体现了东部隆起带的构造变化。

微动剖面对断陷盆地与隆起带的界线区分更为明显,黄河断裂 F_{III}^1 西侧地层波速基本小于 1400m/s,体现了断陷盆地内部以新生界砂泥岩沉积为主,黄河断裂 F_{III}^1 东侧地层速度结构明显分为上、下两层,上层低速地层(<1400m/s)厚度约 1000m,根据区域地层发育情况(ZK1902),推断为浅部薄层(<50m)第四系全新统风积层(Qh_1^e)、古近系清水营组(E_3q)与中生界白垩系宜君组(K_1y)、二叠系山西组(P_1s)及石炭系—二叠系太原组(C_2P_1t)、羊虎沟组(C_2y)的整体反映;下层高速层(>1400m/s)埋深 1000～2100m,主要为奥陶系及深部元

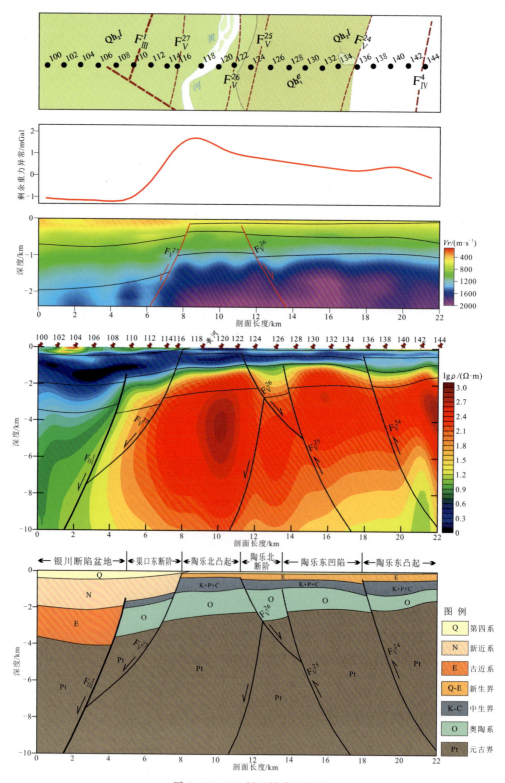

图 2-50 L2 剖面综合反演图

古宇变质岩系地层的反映。在11km处，浅部波速500m/s地层存在较明显的东侧下错，推断此处存在1条小规模东倾正断层F_V^{26}。

MT剖面清晰显示了剖面中深部的地层结构及断裂发育，结合微动剖面分析结果，推测低阻地层为新生界与中生界的地层电性反映，高阻地层为古生界奥陶系与元古宇变质岩系的电性特征。因此，黄河断裂F_{III}^1西侧的银川断陷盆地内部新生界沉积厚度近4000m，过黄河断裂F_{III}^1向东进入隆起带后，剖面呈现典型的二元结构，代表奥陶系顶面构造的高阻层（>1000Ω·m）地面埋深与微动反映的高速地层顶面基本一致，说明奥陶系为典型的高速、高阻地层。从隆起区端地层高阻电性横向变化特征分析，以124号点为分界，西侧电性异常区整体向西倾斜，是黄河断裂F_{III}^1控制的断块及其后缘边界断层的反映，属于西倾阶梯型正断断裂系统，东侧电性异常区整体东侧，电性变化带反映的断裂东侧地层界面由东向西逐次升高，反映断裂属于东侧叠瓦状逆冲推覆系统。

综合分析，由西向东的局部构造依次是：银川断陷盆地，受黄河断裂F_{III}^1控制；渠口东断阶，夹持于黄河断裂F_{III}^1及其后缘次级断裂F_V^{27}，是陶乐北凸起西侧的断阶构造；陶乐北凸起，受西倾正断裂F_V^{27}与东倾东断层F_V^{26}的共同夹持，为隆起带奥陶系顶面隆升最高部位，约1100m；陶乐北断阶，与渠口东断阶性质类似，是陶乐北凸起东侧的次级断阶构造，奥陶系顶面明显低于两侧；陶乐东凹陷，受东倾逆冲断裂F_V^{25}的控制作用，断块地层具有整体升高趋势，且向东初步下拗，呈局部凹陷；陶乐东凸起，受逆冲断裂F_V^{24}的作用，浅层的中阻电性层明显升高，深部高阻地层界面也有上错迹象，综合推断为局部凸起构造。

(四) Z3剖面构造特征

Z3剖面是在原有工作部署的基础上，为了进一步厘清月牙湖凸起区北部构造深部的变化，增加部署了此剖面，该剖面未布置微动与重力剖面，仅实施了MT测深剖面。剖面长19km，位于月牙湖NE25°方向5.5km处，走向SEE113°（图2-51）。

剖面横跨区域地面出露情况较北部的L2线有所变化，88~100号点为银川断陷盆地内部的第四系全新统灵武组（Qh_1l）沉积层，100~108号点为黄河河道的第西系全新统上部冲积层（Qh_2^a），108~118号点则是北部延续性分布的第四系全新统下部风积层（Qh_1^e），118号点以东，出露条带状古近系清水营组（E_3q）及片状新近系彰恩堡组（N_1z），证实了东侧构造逆冲推覆的认识。

MT剖面电性结构比较复杂，100号点附近为剖面最明显的电性变化带，是黄河断裂F_{III}^1直接的反映，断裂以西的银川断陷盆地呈现典型的二元结构，100m以浅为中高电性层，为第四系全新统灵武组（Qh_1l）的反映，100~2000m为低阻电性区，推断是新近系彰恩堡组（N_1z）沉积层的体现，2000~3800m呈中低阻电性特征，推断是古近系清水营组（E_3q）。断裂以东为明显的高阻隆升带地层特征，两层高阻夹持中部中高阻电性区，明显有别于其北边的电性剖面特征。西段的高阻区浅层的中高阻和低阻电性区与银川断陷盆地一致，仅在厚度上变化明显，深部高阻电性区东边界为断裂的体现，即F_V^{18}断裂，为黄河断裂后缘次级断裂，深部可能归并于黄河断裂F_{III}^1月牙湖段之上，该段构造归属于月牙湖西断阶；F_V^{18}断裂以东至代表黄河断裂F_{III}^1临河段的118~120号点之间的电性过渡带，为明显区别于两侧高阻

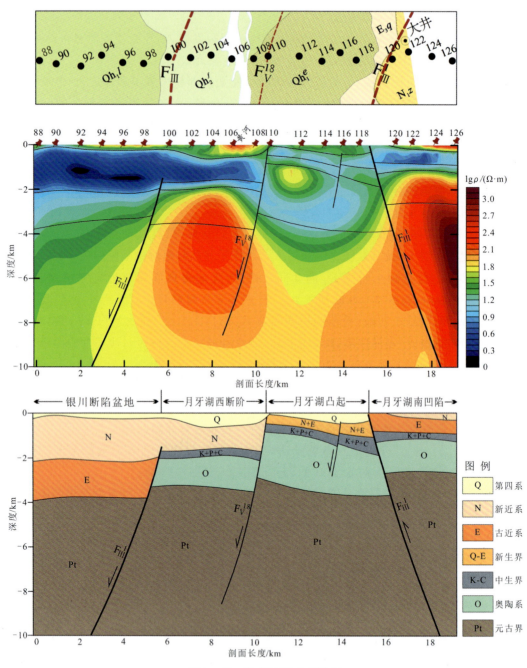

图 2-51 Z3 剖面综合反演图

电性区的中低阻下拗区段,电性特征与两侧没有对比性,根据区域地层发育特征推断,由深至浅叠置第四系风积层、新生界下段的新近系与古近系、中生界白垩系与上古生界的二叠系、石炭系与下古生界奥陶系。电性特征的异常反映可能由存在于 116 号点深部的断裂破碎带充水引起,根据区域构造引力环境及深部区域构造格架分析,月牙湖地区存在发育北东向走滑断裂的可能性,该区域中低电阻区可能是其内部发育平面走向北东向、剖面上西倾正断的走滑兼正断断裂,形成断裂破碎带,进而引起了地层电阻整体下降,但从实际的构造位置角度出发,应该为构造隆起区隆升最高部位;剖面东段新近系彰恩堡组地层(N_1z)出露地表,说明该区域受到东侧推覆作用,深部的高阻电性区分布形态验证了此观点,西侧东倾的电性梯级带即是逆冲断裂黄河断裂 F_{III}^1 临河段的反映,在该断裂的控制作用下,地层整体隆升,代表奥陶系地面的中高度电性分界面埋深约1700m。

综合分析,该剖面反映了月牙湖地区的局部构造与主要断裂的纵向展布特征,以3条断裂为边界,由西向东依次是银川断陷盆地、月牙湖西断阶、月牙湖凸起与月牙湖南凹陷。银川断陷盆地发育第四系、新近系与古近系,厚度约4000m,月牙湖西断阶发育4套地层,分别是第四系、新近系、中生界—上古生界、下古生界奥陶系,奥陶系顶面埋深约2000m,月牙湖凸起地层发育基本与月牙湖断阶一致,浅层第四系西薄东厚,新生界与中生界—上古生界厚度相当,约450m,下伏奥陶系厚度较大,顶面隆升最高处位于110~112号点之间,埋深约1050m;月牙湖南凹陷浅层未见第四系沉积,新近系下伏厚度较大的古近系,奥陶系埋深处于1300m以深。

(五) L3 剖面构造特征

L3 剖面为项目实测剖面,位于兴庆区月牙湖乡西南3.4km,走向近 SE112°,剖面长12km。剖面所跨区域均为第四系全新统覆盖,108号点以西为灵武组(Qh_1l)覆盖区,108~120号点支架为黄河河道上部冲积层(Qh_2^{f}),120号点以东为下部风积层(Qh_1^{e})(图2-52)。

重力异常呈现两侧低、中间高、双峰形的曲线特征,西侧低幅值区段对应银川断陷盆地,中段高幅值段是隆起带的反映,东侧幅值相对下降区段则是隆起带东部地层整体下拗区。中间高幅值呈现的双峰特征代表了两处局部构造,西低东高的差异说明东侧高异常区为本剖面基底隆升最高处。曲线出现3处明显的重力梯级带反映了3条断裂的发育,对应平面解译成果,由西向东依次是黄河断裂 F_{III}^1 月牙湖段、黄河断裂后缘次级断裂 F_{V}^{18} 和黄河断裂 F_{III}^1 临河段。

微动剖面对3000m以浅的地层横向变化反映较为清楚,在界定新生界第四系、新近系—古近系、白垩系—石炭系的地层界面方面有较强的能力,并且对重力异常反映的3条断裂位置有了较为清晰的确定,黄河断裂 F_{III}^1 月牙湖段为1800~3000m埋深段中低速地层(<1500m/s)与中高速地层(>1500m/s)的明显分界,中低速地层为银川断陷盆地内部的新生界沉积层,中高速地层则是隆起带古生界的波速响应。断裂 F_{V}^{18} 在1000m以下埋深区域反映不明显,在500~1000m/s波速区间,断裂两侧明显不一致,西侧低速地层下掉的趋势明显,推断为次级东倾正断层。黄河断裂 F_{III}^1 临河段东侧浅部低速地层有明显的逆冲迹象,根据区域构造体系特征,初步推断为东倾逆冲断裂。

MT剖面印证微动剖面对浅层构造分析成果的同时,反映了中深部地层结构,2000m以浅的低阻层为新生界、中生界与上古生界的反映,且具有西厚东薄的特点,2000m以深东、西两侧电性特征不一,黄河断裂 F_{III}^1 月牙湖段西侧,2000~3900m为中低阻电性区,是古近系清

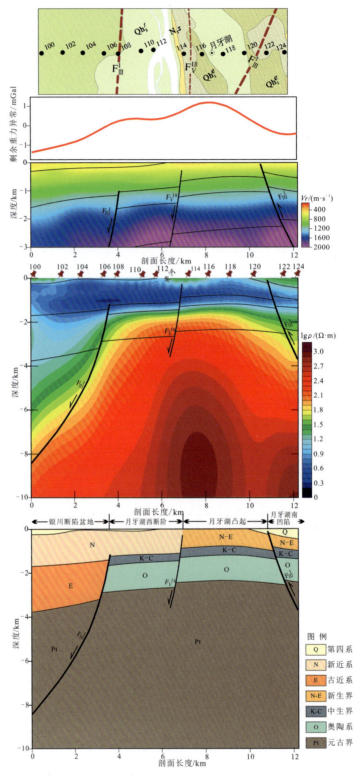

图 2-52 L3 剖面综合反演图

水营组(E_3q)的反映,3900m 以深,电性升高,分析由元古宇的变质岩基底所引起;黄河断裂 $F_Ⅲ^1$ 月牙湖段东侧,高阻电性区陡然上升至 2000m 左右,不仅说明黄河断裂的发育规模相当宏伟,也体现了东侧隆起区构造形态,夹持于黄河断裂 $F_Ⅲ^1$ 月牙湖段与黄河断裂 $F_Ⅲ^1$ 临河段之间区域是隆升带的主体,依据高阻层位顶面微小的下拗,推断存在一条小规模断裂 $F_Ⅴ^{18}$。东侧黄河断裂 $F_Ⅲ^1$ 临河段在该剖面没有显示出明显的逆冲特征,但对比剖面南部的 L4 剖面相同构造部位,即可清楚地显示断裂逆冲推覆的特征。

综上所述,L3 实测剖面直接显示了月牙湖地区的构造格局,由西向东依次是:银川断陷盆地,以黄河断裂 $F_Ⅲ^1$ 月牙湖段为边界;月牙湖西断阶受黄河断裂 $F_Ⅲ^1$ 月牙湖段与断裂 $F_Ⅴ^{18}$ 夹持,奥陶系顶面埋深约 1950m;月牙湖凸起是该区域主要的奥陶系隆升构造单元,奥陶系地层顶面埋深约 1600m,且上部地层发育齐全;月牙湖南凹陷在黄河断裂 $F_Ⅲ^1$ 临河段逆冲作用下,地层虽有一定幅度的抬升,但该部位地层整体向东倾伏,形成了局部凹陷区。

(六)L4 剖面构造特征

L4 剖面为项目实测剖面,位于兴庆区月通贵乡东北 7.1km,走向近 SE113°,剖面长 19km。剖面所跨区域地表覆盖情况简单,112 号点以西区域为银川平原的灵武组(Qh_1l)沉积层,112~130 号点之前为黄河河道冲积层(Qh_2^f),130 号点以东出露新近系彰恩堡组(N_1z)(图 2-53)。

剖面重力异常明显分为东、西两段,西段平缓隆升,隆升中心部位位于 112~114 号点附近;东段陡然凸起,凸起中心在 124~126 号点。整体上,重力异常反映了剖面两侧凸起、中部凹陷的构造特征。

微动剖面横向、纵向均表现出明显的波速不均一性。横向上,800~1000m/s 区间地层,波速出现 3 处明显的间断,表现为向西下掉的特征,对比平面重力断裂解译成果,对应 3 条断裂,依次为黄河断裂 $F_Ⅲ^1$ 月牙湖段、断裂 $F_Ⅴ^{18}$ 和黄河断裂 $F_Ⅲ^1$ 临河段。纵向上,浅部波速小于 500m/s 的地层为第四系沉积层,500~800m/s 中低速层由西向东逐渐变薄且逐渐抬升,反映了新近系彰恩堡组(N_1z)的横向变化,800~1100m/s 高阻层整体较薄,而且主要分布于黄河断裂 $F_Ⅲ^1$ 月牙湖段和黄河断裂 $F_Ⅲ^1$ 临河段之间。

在浅部微动探测成果的基础上,MT 剖面显示的深部构造特征更清楚,中浅部反映新生界、中生界的低阻电性层由东向西逐渐下掉,下伏的高阻电性区域东、西两侧则有明显的不同,西侧电性区域边界倾向西侧,反映出黄河断裂 $F_Ⅲ^1$ 月牙湖段的产状,倾角约 68°,东部 126 号点深部的高阻电性区边界呈明显的东倾特征,并且高阻幅值远大于西侧电性区,说明黄河断裂 $F_Ⅲ^1$ 临河段在此处为一条复合型断层,浅部表现出西倾正断层特征,深部则为东倾逆冲断层。根据高阻地层界面的变化,判断在 120 号点深处为断裂 $F_Ⅴ^{18}$,下切深度未知,是否在深处断裂 $F_Ⅲ^1$ 月牙湖段难以判断。

因此,L4 剖面继承了 L3 剖面反映出的月牙湖地区的构造格局,同时更加清晰地刻画了该区域构造向南的变化及其与临河地区局部构造的过渡特征。具体是:黄河断裂 $F_Ⅲ^1$ 月牙湖段界定了银川断陷盆地的东侧边界,且与断裂 $F_Ⅴ^{18}$ 夹持形成了月牙湖西断阶,L3 剖面反映出来的月牙湖凸起在此区域已经消失;东侧为月牙湖南凹陷,平面上呈北东向带状分布,是月

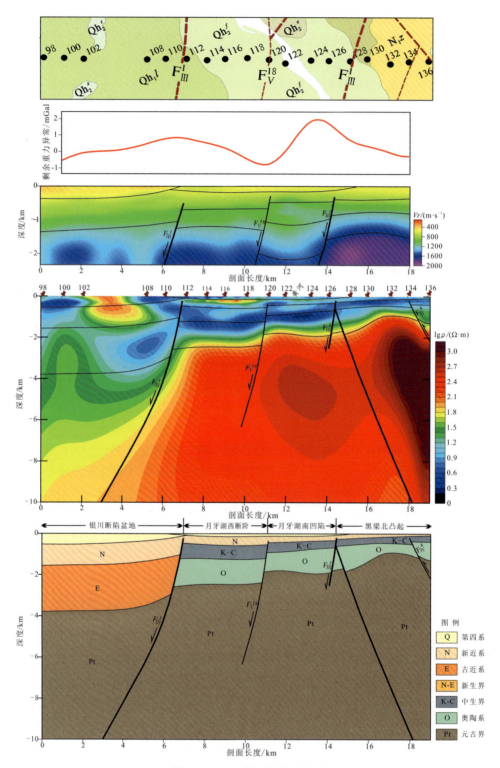

图 2-53　L4 剖面综合反演图

牙湖地区局部构造与临河地区局部构造的分界过渡部位；受黄河断裂 $F_{Ⅲ}^1$ 临河段的作用，其东侧逆冲推覆较高，形成了黑梁北凸起，为此剖面奥陶系顶面隆升最高部位，约 950m。

(七) Z4 剖面构造特征

Z4 剖面收集于同期开展的自然科学基金项目"基于大地电磁测深的银川盆性结构特征研究"完成的 MT 剖面，本次截取了 162～200 号点之间横跨临河地区区段。168～188 号点加入了 2019 年完成的宁夏回族自治区重点研发项目"吴忠—灵武地区活动断裂及地热资源研究院"完成的 CSAMT 剖面。Z4 剖面位于兴庆区掌政—临河北东 6.5km，走向 SE105°，剖面长 20km。剖面地表覆盖特征与北侧基本一致，174 号点以西为银川平原的全新统灵武组(Qh_1^l)沉积层，174～180 号点之间区域为黄河河道冲积层(Qh_2^{al})，180 号点移动为全新统风积层(Qh_1^e、Qh_2^e)，见有局部湖沼基层(Qh_2^{lh})。天山海地热田 DRT-04 井位于剖面 184 号点处(图 2-54)。

168～188 号点之间区域的 CSAMT 剖面整体上清晰地反映了 3km 深部构造发育关系。纵向上，可以将剖面由浅至深分为 3 个电阻率层，依次为低阻层(1～10Ω·m)、中低阻层(10～25Ω·m)、中高阻层(25～100Ω·m)与高阻层(大于 100Ω·m)。经钻孔 DRT-03 揭示，低阻层对应古近系清水营组(E_3q)；中低阻层与石炭系—二叠系的羊虎沟组(C_2y)、太原组(C_2P_1t)、山西组(P_1s)、石盒子组(P_2sh)和孙家沟组(P_3sj)对应，为一套泥岩、泥质粉砂岩、砂岩互层夹煤 5～7 层，为河湖相沉积地层；中高阻层则是奥陶系米钵山组($O_{2-3}m$)的反映，为一套陆表海相沉积的灰岩，含有一定的泥质成分，呈脉状充填于灰岩裂隙中，灰岩裂隙分段发育，富含水，水质较好(矿化度<1.0g/L)；高阻层无钻孔直接钻遇，根据区域地质特征，推测它为贺兰山岩群的变质岩系，变质程度高。

MT 剖面显示的深部构造特征与浅部 CSAMT 剖面探测结果基本一致，受限于探测精度，仅对 F_V^{12} 断裂未能有效识别。整体上，反映奥陶系的高阻层在 4 条断裂的切割作用下，呈现出了明显的阶梯状形态，黄河断裂 $F_Ⅲ^1$ 临河段西侧，高阻层埋深约 5000m，且具有西深东浅的变化，黄河断裂 $F_Ⅲ^1$ 临河段东侧，高阻层顶面明显抬升，埋深最浅部位位于 180～182 号点之间区域，深度小于 1000m，与 DRT-04 井钻遇深度一致，埋深最深部位为 172～178 号点之间区域，受 F_V^{11} 断裂的西向正断作用，与东侧的凸起区形成了 600～750m 的垂直高差，呈断阶构造。F_V^{13} 断裂东侧的剖面深部高阻层相对完整，抬升较高且向东缓降，在 198 号点(受限于地表条件未采集)附近存在一条高阻块体之间的电性变化带，对应平面推断的 F_V^{16} 断裂，属于东侧的逆冲断裂体系，断面陡倾。平面推断的 F_V^{15} 断裂对应 192～194 号点之间区域，缺少 CSAMT 剖面资料，断裂剖面特征不明显。

因此，对应 L4 剖面特征，Z4 剖面反映的临河地区构造特征在继承月牙湖地区构造特征的基础上，也存在较为显著的差异，主要体现在两个方面：一是奥陶系埋深整体抬升，幅度约 1100m；二是中部隆升最高区域的奥陶系存在破碎、局部富水情况(局部电性低阻)。整体构造格局未发生明显的变化，由西向东依次为银川断陷盆地、临河西凸起、临河北凸起、黑梁西凸起、黑梁西凹陷与黑梁凸起。

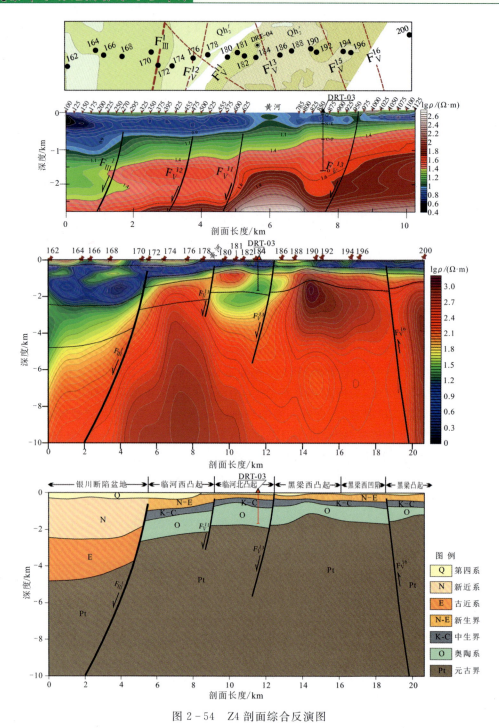

图 2-54 Z4 剖面综合反演图

Z4 剖面以南至崇兴镇,均为"吴忠—灵武地区活动断裂及地热资源研究"项目布设的"重力-电测深"综合剖面覆盖区域,本项目引用上述成果,在此处不作详细分析。

第三章　鄂尔多斯西缘水文地质特征分析

第一节　陶乐-横山堡褶断带水文特征

由于地热水在地下径流中通过路径的水文地质条件、围岩的化学组分及最终所赋存的环境不同,造成了地热水中化学特征与同位素特征的变化。在此原理的基础上,通过对地热水的水化学类型、组分特征和同位素特征进行研究,为识别深部地热流体的化学环境、水岩相互作用等提供数据支撑,最终对研究区热储中地热水的来源过程进行判断分析。本章通过采集水样的化学组成与同位素特征等,结合各储层的岩性特征及地质构造特征,分别对研究区各热储层地热流体的水化学类型、补给来源、地下水年龄与相关元素来源进行研究。

一、样品采集与测试

本次共采集样品15组(其中评价区周边水样12组),另外收集地热水水样9组,共计24组。采样点位置如图3-1所示。

评价区西部平原新近系—古近系地热井水样6组[分别为永宁中华文化园NHR-1地热井、永宁三沙源Y5地热井、桃李春风DR14地热井、桃李江南DR15地热井、银川沙温泉Y8地热井(DR13)、银川Y9檀溪谷地热井]。评价区西部平原和东部台地交界地带奥陶系地热井3组(分别为天山海世界地热井DRT-03、DRT-04、DRT-05)。评价区东部台地矿井水7组(分别为红石湾煤矿DR04、灵新矿DR05、红墩子二矿DR06、羊场湾煤矿DR07、清水营煤矿DR08、基岩井H1、磁窑堡镇南煤矿废弃井DR11)。评价区东部地表水体及泉水2组(圆疙瘩湖DR09、马跑泉DR10)。研究区东部台地废弃新近系—古近系监测井DR12。

二、测试内容及结果

(一)测试内容

采样测试项目:pH值、色度、浑浊度、臭和味、肉眼可见物;钾、钠、钙、镁、铵根离子、总铁(三价铁和二价铁)、氯离子;硫酸盐、碳酸盐、重碳酸盐、硝酸盐、亚硝酸盐、氟化物、磷酸盐、氢氧根;矿化度、溶解性总固体(total dissolved solid,TDS)、悬浮物、含沙量、耗氧量、可溶性二氧化硅、偏硅酸、游离二氧化碳、侵蚀二氧化碳、总硫化物、硫化物、偏硼酸、溴、碘、三氧化

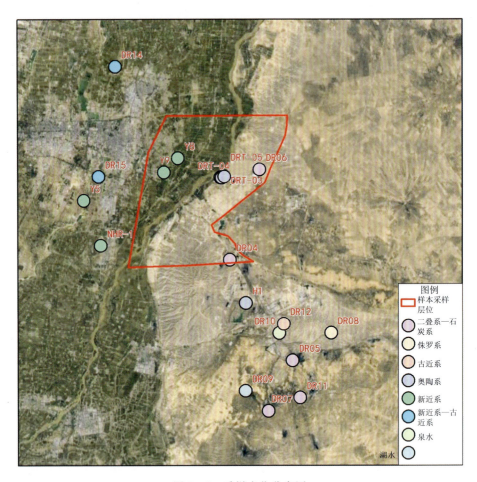

图 3-1 采样点位分布图

二铝、偏砷酸、硼酸、偏磷酸、氡；总硬、暂硬、永硬、负硬、总碱度、总酸度；挥发酚、氰化物、砷、铬（六价）、铅、镉、汞、锰、铜、锌、硒、钴、镍、锑、锂、锶、钡、银。

同位素分析主要测定稳定同位素^{2}H、^{18}O 和放射性同位素^{14}C、^{13}C。

(二)测试结果

评价区采集样品水化学主要例子测试结果见表 3-1。

三、地下水常量组分分析

地下热水水化学成分与研究区不同的地质地貌条件、地层岩性特征及地下热水的循环过程等因素密切相关，研究地下热水的水化学成分特征，对研究区域地下热水的补、径、排条件具有重要的意义。

第三章 鄂尔多斯西缘水文地质特征分析

表 3-1 主要离子水质测试结果

点号	pH 值	K^+/(mg·L^{-1})	Na^+/(mg·L^{-1})	Ca^{2+}/(mg·L^{-1})	Mg^{2+}/(mg·L^{-1})	Cl^-/(mg·L^{-1})	SO_4^{2-}/(mg·L^{-1})	CO_3^{2-}/(mg·L^{-1})	HCO_3^-/(mg·L^{-1})	TDS/(mg·L^{-1})	采样层位	水化学类型
H1	7.15	111.2	1860	227.1	133.1	2339.9	1368	0	553.99	6320	奥陶系	Cl·SO$_4$-Na
NHR-1	7.59	23.7	3045	423	119	2996	4087	0	164	11 668	新近系	SO$_4$·Cl-Na
Y5	7.43	49.1	4506	1032	249	8508	1825	0	116	17 284	新近系	Cl-Na
DR15	8.07	39.1	3676	581	450	6375	2690	0	214	12 860	新近系	Cl·SO$_4$-Na
Y8	8.15	17	2270	261	42.5	2175	2954	0	232	7780	新近系	SO$_4$·Cl-Na
Y9	7.65	9.57	2002	173.7	65.76	1900	2377	0	175.2	6786	新近系	Cl·SO$_4$-Na
DRT-03	6.81	81.05	1 717.25	334.55	97.19	2 007.29	1 915.5	0	302.39	6359	奥陶系	Cl·SO$_4$-Na
DRT-04	7.1	56.95	1 363.5	248.65	83.15	1 675.44	1 472.5	0	364.47	5 117.8	奥陶系	Cl·SO$_4$-Na
DRT-05	7.3	65.98	1562	265.7	85.14	1 752.78	1616	0	310.4	5 549.38	奥陶系	Cl·SO$_4$-Na
DR04	8.39	19.9	1551	160	170	1800	1537	0	403	5568	二叠系—石炭系	Cl·SO$_4$-Na
DR05	8.49	17.7	1765	180	219	2225	1777	6	720	6480	二叠系—石炭系	Cl·SO$_4$-Na
DR06	8.69	33	1513	20	12.2	1825	384	18	690	4000	二叠系—石炭系	Cl-Na
DR07	8.34	17.2	1497	180	170	1925	1345	0	592	5504	二叠系—石炭系	Cl·SO$_4$-Na
DR08	8.07	20.1	2975	421	523	5025	3194	0	238	11600	侏罗系	Cl·SO$_4$-Na·Mg
DR09	8.05	12.4	1233	76.2	129	1575	1220	0	116	4240	湖水	Cl·SO$_4$-Na
DR10	7.87	4.6	1038	180	152	1250	1561	0	116	4040	泉水	Cl·SO$_4$-Na
DR11	7.63	13.8	877	261	194	1280	1633	0	67.1	4120	二叠系—石炭系	Cl·SO$_4$-Na·Mg
DR12	8.46	3.78	930	36.1	36.5	575	1143	6	378	2832	古近系	SO$_4$·Cl-Na
DR14	7.95	48.3	5918	882	280	9625	2738	0	153	1 8284	新近系	Cl-Na

(一)水化学类型分析

由图 3-2 可知,评价区东部台地奥陶系地热水主要阳离子占阳离子比例差距较大,其中 $Na^+ + K^+$ 占比 82.22%,Ca^{2+} 占比 12.98%,Mg^{2+} 占比 4.81%;奥陶系地热水主要阴离子占阴离子比例差距也较大,其中 Cl^- 占比最大,为 49.59%,SO_4^{2-} 比 Cl^- 占比稍低,为 40.64%,HCO_3^- 占比最小,为 9.77%。

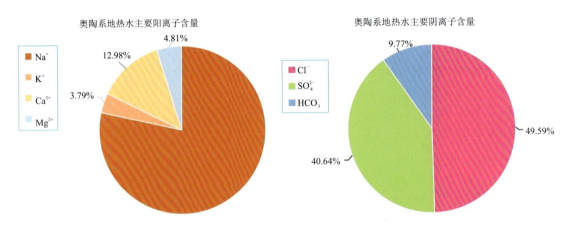

图 3-2 奥陶系地热水主要阳、阴离子含量图

由图 3-3 可以看出,评价区东部台地二叠系—石炭系地下水主要阳离子占阳离子比例仍然差距较大,其中 $Na^+ + K^+$ 占比 82.35%,Ca^{2+} 占比 9.03%,Mg^{2+} 占比 8.63%;二叠系—石炭系地下水主要阴离子占阴离子比例差距也较大,Cl^- 占比最大,为 49.74%,SO_4^{2-} 占比 36.68%,HCO_3^- 占比最小,为 13.58%。

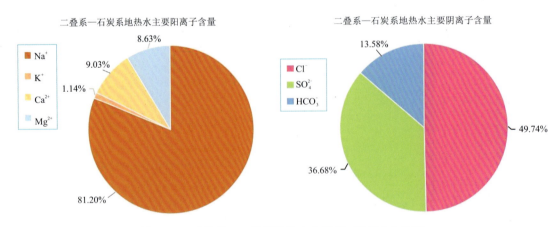

图 3-3 石炭系—二叠系地热水主要阳、阴离子含量图

由图 3-4 可知,评价区东部台地区侏罗系地热水主要阳离子占阳离子比例较大,其中 $Na^+ + K^+$ 占比 76.03%,Ca^{2+} 占比 10.69%,Mg^{2+} 占比 13.28%;侏罗系地热水主要阴离子占阴离子比例差距也较大,Cl^- 占比最大,为 59.42%,SO_4^{2-} 占比 37.77%,HCO_3^- 占比最小,为 2.81%。

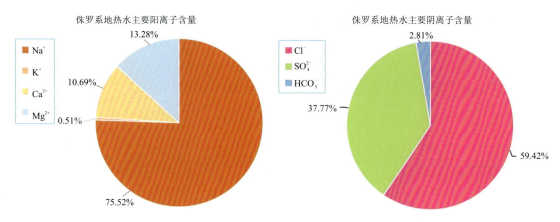

图 3-4 侏罗系地热水主要阳、阴离子含量图

由图 3-5 可知,评价区东部台地区古近系地热水主要阳离子占阳离子比例差距较大,其中 $Na^+ + K^+$ 占比 92.79%,Ca^{2+} 占比 3.59%,Mg^{2+} 占比 3.63%;古近系地热水主要阴离子占阴离子比例差距也较大,SO_4^{2-} 占比最大,为 54.53%,Cl^- 占比 27.43%,HCO_3^- 占比最小,为 18.03%。

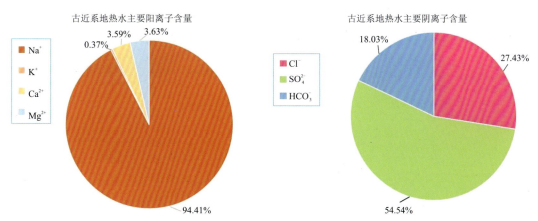

图 3-5 古新系地热水主要阳、阴离子含量图

由图 3-6 可知,评价区西部平原新近系地热水主要阳离子占阳离子比例差距依然较大,其中 $Na^+ + K^+$ 占比 82.57%,Ca^{2+} 占比 12.81%,Mg^{2+} 占比 4.61%;新近系地热水主要阴离子占阴离子比例差距也较大,Cl^- 占比最大,为 64.05%,SO_4^{2-} 占比 33.81%,HCO_3^- 占比最小,为 2.14%。

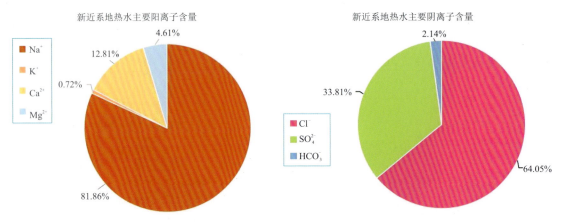

图 3-6 新近系地热水主要阳、阴离子含量图

由图 3-7 可知,评价区东部台地区泉水主要阳离子占阳离子比例较大,其中 $Na^+ + K^+$ 占比 75.84%,Ca^{2+} 占比 13.09%,Mg^{2+} 占比 11.06%;泉水主要阴离子占阴离子比例差距也较大,SO_4^{2-} 占比最大,为 53.33%,Cl^- 占比 42.71%,HCO_3^- 占比最小,为 3.96%。

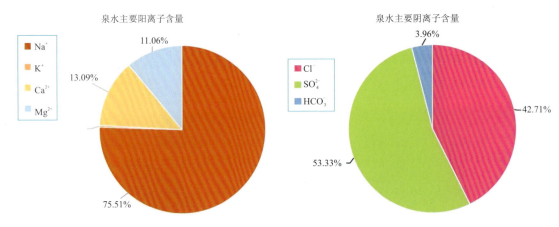

图 3-7 泉水主要阳、阴离子含量图

由图 3-8 可知,评价区东部台地区湖水主要阳离子占阳离子比例较大,其中 $Na^+ + K^+$ 占比 85.85%,Mg^{2+} 占比 8.89%,Ca^{2+} 占比 5.25%;湖水主要阴离子占阴离子比例差距也较大,Cl^- 占比最大,为 54.11%,SO_4^{2-} 比占比 41.91%,HCO_3^- 占比最小,为 3.98%。

Piper 三线图是研究水化学类型最直观的一种手段,在 Piper 三线图中分别将研究区采集水样的主要离子浓度毫克当量进行投影,结果如图 3-9 所示。

按 pH 值对地下水分类时,pH 值小于 5 时,为强酸性水;pH 值范围为 5~7 时,为弱酸性水;pH 值接近 7 时为中性水;pH 值范围为 7~9 时,为弱碱性水;pH 值大于 9 时,则为碱性水。按 TDS 对地下水进行分类时,<1 为淡水;1~3g/L 之间为微咸水;3~10g/L 为咸水;10~50g/L 为盐水;>50g/L 为卤水。

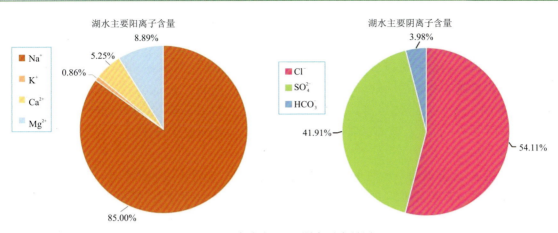

图 3-8 湖水主要阳、阴离子含量图

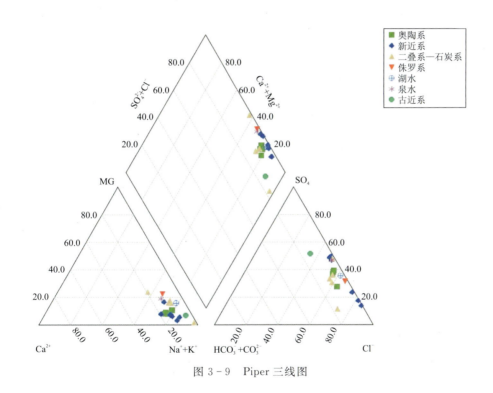

图 3-9 Piper 三线图

评价区东部台地奥陶系地热水 pH 值在 6.81~7.3 之间,平均值为 7.04,TDS 范围在 5 117.8~6359mg/L 之间,平均值为 5 836.55mg/L,属于中性或弱碱性咸水;东部台地二叠系—石炭系地下水 pH 值在 7.63~8.69 之间,平均值为 8.14,TDS 范围在 4000~6480mg/L 之间,平均值为 4927mg/L,属于弱碱性咸水;东部台地古近系地下水 pH 值为 8.46,TDS 为 2832mg/L,属于弱碱性微咸水;东部台地侏罗系地下水 pH 值为 8.07,TDS 为 11 600mg/L,属于弱碱性盐水;东部台地湖水 pH 值为 8.05,TDS 为 4240mg/L,属于弱碱性咸水;东部台地泉水 pH 值为 7.87,TDS 为 4040mg/L,属于弱碱性咸水;西部平原新近系地热水 pH 值在

7.43～8.15之间,平均值为7.84,TDS范围在6786～17 284mg/L之间,平均值为11 945.8mg/L,属于弱碱性盐水。

根据Piper三线图,可以看出东部台地奥陶系地热水水化学类型为Cl·SO_4-Na型;二叠系—石炭系地下水为Cl·SO_4-Na型,少量Cl-Na型和Cl·SO_4-Na·Mg型;侏罗系地下水为Cl·SO_4-Na·Mg型;古近系地下水为SO_4Cl-Na型;湖水为Cl·SO_4-Na型;泉水为Cl·SO_4-Na型;西部平原新近系地热水为Cl-Na型、Cl·SO_4-Na型、SO_4·Cl-Na型。

综上所述,深部奥陶系地热水水化学类型较为统一,表明该层地热水补、径、排条件较为单一。二叠系—石炭系地下水类型出现多样化,表明该层地下水补、径、排条件多元化。侏罗系地下水类型和二叠系—石炭系地下水类型明显不同。古近系地下水受到地表降水影响明显,水化学类型出现淡化。东部台地湖水和泉水水化学类型和二叠系—石炭系较为一致,说明圆疙瘩湖有二叠系—石炭系矿井水排入,泉水来源于二叠系—石炭系地下水。西部平原新近系地热水地下水类型多样化,但是可以看出,地热井深度大地热水矿化度较大,地热井深度浅地热水矿化度小。

四、氢氧同位素分析

环境同位素分析手段是目前定量描述流域水循环及地下水补给来源的先进方法。地热流体的同位素由于各热储层地质条件与径流条件不同,呈现出了不同的分布特征。故同位素分析手段常被用来研究不同地热水的动态过程,将同位素分析结果与水化学特征结果相结合,能够大大提高对地热流体补给、径流与排泄过程判断的准确性。本次在研究区内共收集采集了15组D和^{18}O测试成果,详见表3-2。

表3-2 评价区周边水样氢氧同位素数值

序号	编号	采样层位	δD	^{18}O
1	H1	奥陶系	-81.4	-8.94
2	DRT-04	奥陶系	-82	-9.3
3	DRT-05	奥陶系	-82	-9.3
4	DR04	二叠系—石炭系	-79	-9.5
5	DR05	二叠系—石炭系	-73	-8.9
6	DR06	二叠系—石炭系	-81	-9.9
7	DR07	二叠系—石炭系	-78	-9.8
8	DR08	侏罗系	-81	-9.8
9	DR09	湖水	-20	0.1
10	DR10	泉水	-28	-2.1
11	DR11	二叠系—石炭系	-49	-6.8

续表 3-2

序号	编号	采样层位	δD	^{18}O
12	DR12	古近系	−60	−8.6
13	DR14	新近系	−83	−9.5
14	DR13	新近系	−82	−9
15	DR15	新近系	−83	−9.9

(一)补给来源

D 和 ^{18}O 在地热系统中的存在较为稳定,是地下水运移良好的示踪剂,地下水氢氧同位素特征反映了地下水的补给来源与形成环境。地下水中 D 的含量主要取决于补给高度与温度,而 ^{18}O 含量则主要受水岩作用影响,根据 Craig 建立的 δD 和 $\delta^{18}O$ 的关系可以分析氢氧同位素的"氧漂移"现象,查阅银川地区大气降水线和历史资料,可以得出研究区当地降水 δD 和 $\delta^{18}O$ 的关系式,即当地大气降水线性关系式(3-1):

$$\delta^2 H = 7.218\delta^{18}O + 5.505 \tag{3-1}$$

从图 3-10 可以看出,评价区各层位地下水均偏离银川地区大气降水线,说明各层位采集地下水受到大气降水补给较少。研究区采集水样氢氧同位素比值都位于当地大气降水线之下,发生了"氧漂移"现象。造成这一现象的主要原因为采集水样的补给来源距离较远,高程较高;入渗补给来源并不是近现代大气降水。其中 DR09 圆疙瘩湖的湖水样、DR10 马跑泉的泉水样和 DR12 古近系地下水样严重偏离其他层位水样,但又没有落在银川地区大气降水线上,说明该3处地下水既受到深层地下水补给又受到大气降水补给。

评价区东部台地奥陶系、二叠系—石炭系、侏罗系地热水样和研究区西部平原新近系地热水样均位于银川地区大气降水线以下,"氧漂移"现象较为明显且在图 3-10 中位置相对聚集,说明这几个地层的地热水在高温条件下入渗补给运移过程中发生了强烈的水岩作用导致氧同位素值增大,强烈的水岩作用也表明了这几个热储层所处环境更封闭,与外界的交换更替能力很弱。

(二)补给高程

相关研究表明,大气降水的 $\delta^2 H$ 和 $\delta^{18}O$ 与高程存在明显的相关性,因为高程效应的存在,海拔越高,温度越低,$\delta^2 H$ 和 $\delta^{18}O$ 的值随着温度降低同时也降低。通过研究这种高程效应,可根据氢氧同位素推测地下水补给高程。根据中国大气降水 $\delta^2 H$ 和 $\delta^{18}O$ 的高程效应估算地热水的补给取高程方程式:

$$\delta^2 H = -0.02 ALT - 27 \tag{3-2}$$

$$\delta^{18}O = -0.003 ALT - 4.31 \tag{3-3}$$

通过氢、氧两种同位素计算方法计算补给高程并取平均值作为最终结果(表 3-3)。结果显示:奥陶系地热水补给高程为 2132~2207m,平均值为 2182m;二叠系—石炭系地热水

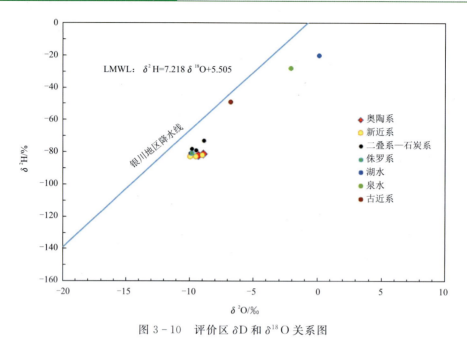

图 3-10　评价区 δD 和 $\delta^{18}O$ 关系图

补给高程为 965～2282m,平均值为 1903m;新近系地热水补给高程为 2157～2332m,平均值为 2251m。这充分说明评价区西部平原区新近系地热水补给高程高于东部台地奥陶系热储层地热水。结合区域地形地貌特点得出结论,西部平原区地热水补给源来自贺兰地区,而东部台地地热水主要补给源非贺兰山地区,初步推断为东部高台地区。

表 3-3　补给区高程计算结果

编号	采样层位	δ^2H	$\delta^{18}O$	补给高程 δ^2H/m	补给高程 $\delta^{18}O$/m	平均值/m
H1	奥陶系	−81.4	−8.94	2720	1543	2132
DRT-04	奥陶系	−82	−9.3	2750	1663	2207
DRT-05	奥陶系	−82	−9.3	2750	1663	2207
DR04	二叠系—石炭系	−79	−9.5	2600	1730	2165
DR05	二叠系—石炭系	−73	−8.9	2300	1530	1915
DR06	二叠系—石炭系	−81	−9.9	2700	1863	2282
DR07	二叠系—石炭系	−78	−9.8	2550	1830	2190
DR11	二叠系—石炭系	−49	−6.8	1100	830	965
DR13	新近系	−82	−9	2750	1563	2157
DR14	新近系	−83	−9.5	2800	1730	2265
DR15	新近系	−83	−9.9	2800	1863	2332

五、地下水年龄

^{14}C 同位素测年法是目前最普遍的测定地下水年龄的方法,地下水中碳来源主要为大气中 CO_2 的溶解、有机物的分解及碳酸盐岩的溶解,由于地下水下渗脱离包气带后,便不会再溶解大气中的 CO_2,所以 ^{14}C 同位素测年计算的地下水年龄通常是地下水脱离包气带后的年龄。本次主要使用 ^{14}C 同位素测年法来计算研究区各热储层地热水的年龄,^{14}C 测年法简化公式如下:

$$T = \frac{1}{\lambda} \ln \frac{A_0}{C} = 8267 * \ln \frac{A_0}{C}$$

式中:T 为地下水年龄,a;λ 为 ^{14}C 衰变常数;A_0 为初始 ^{14}C 占比,%。

从计算结果(表 3-4)可以看出,研究区西部平原新近系地热水 ^{14}C 表观年龄为 22.12~25.72ka,平均值为 25.32ka;二叠系—石炭系地热水 ^{14}C 表观年龄为 14.35~21.91ka,平均值为 18.03ka。研究表明,^{14}C 含量会随着地下水径流长度不断降低表观年龄随之不断增大,因此也可以用来判断地下水径流流向。西部平原新近系地热水 ^{14}C 表观年龄平均值大于东部台地地热水 ^{14}C 表观年龄,充分说明东部台地区热储层地热水补给径流距离比西部平原新近系热储层径流距离短。

表 3-4 地下水年龄测试结果

编号	现代碳含量/%	表观年龄/ka	采样层位
DR04	9.57	19.4	二叠系—石炭系
DR05	17.63	14.35	二叠系—石炭系
DR06	7.06	21.91	二叠系—石炭系
DR07	13.63	16.48	二叠系—石炭系
DR08	26.35	11.02	侏罗系
DR09	44.07	6.77	湖水
DR10	32.09	9.4	泉水
DR13	4.46	25.72	新近系
DR14	6.89	22.12	新近系
DR15	3.33	28.13	新近系

第二节 韦州-马家滩褶断带水文特征

以云雾山地区水文特征为例,该区域水文地质条件受气象、水文、地形地貌、地层、构造等多种因素控制。总体特点是北部降水少,地下水水量小、水质差,南部条件相对较好。该地区主要断裂和褶皱走向为南北或北西,含水层的展布亦多为南北向或北西向。岩溶地下水的分布夹持在青铜峡-六盘山断裂和车道-阿色浪断裂之间。水文地质条件还严格受地层岩性制约。按照地下水含水介质特征,本区地下水类型可划分为松散岩类孔隙水、碎屑岩类裂隙孔隙水、基岩类裂隙水和本次重点研究对象——碳酸盐岩岩溶裂隙水。各地下水类型之间在空间位置上对接、叠置,补、径、蓄、排各具特征。

一、岩溶水的赋存特征及富水规律

该地区岩溶含水岩组主要为青白口系、寒武系、奥陶系灰岩白云岩,岩溶水赋存于裂隙溶隙和溶洞中,以裂隙、溶隙为主,溶洞不发育,该区裂隙发育程度极不均匀,受构造控制,在张性断裂构造、构造复合部位、褶皱的轴部裂隙发育。在同一层位中,不同深度裂隙发育程度也是不一样的,有些钻孔含水层岩性均一,无隔水层,以岩性分析应为潜水,但抽水曲线为承压水,说明有些岩段裂隙发育,富水性较好且有断层导水通道;有些岩段裂隙不发育,构成相对的隔水层,从而使地下水具有承压水性质。调查区大部分地区灰岩溶蚀现象不发育,颉河地区较发育,太阳山泉地区最发育。距太阳山泉南 1.3km 的 J117 号孔,孔深 11.68~280.19m 为第四系覆盖层,以下均为马家沟组灰岩,灰岩岩溶现象发育,岩芯多处发现溶洞,溶洞直径 0.5~1.5cm,最大溶蚀面积 $7cm^2 \times 5cm^2$。当钻进 31.58m 处发生严重漏水,最大耗水量大于 $10.2m^3/h$。含水层顶板埋深 30.50m,含水层厚 119.57m,水头埋深 21.09m,孔径 130mm,抽水水位降低 0.073m,涌水量竟达 $361.46m^3/d$,钻孔抽水一天后,太阳山泉流量减小 $181.44m^3/d$,表明该地区岩溶孔洞发育,地下水联系密切。六盘山东麓三关口颉河地区钻孔灰岩岩芯均有溶蚀现象,呈溶隙、小洞状态,钻孔涌水量大于 $1000m^3/d$。

岩溶地下水储存运移在裂隙和溶洞中,其富水程度取决于裂隙溶洞发育程度,含水层岩性,水文网,地下水补、径、排条件等因素。在断层破碎带,尤其是张性断裂、裂隙发育有利于地下水的储存和运移;在各岩溶含水岩组中马家沟组含水岩组以灰岩为主,质纯、厚度大,富水性最好;一般情况下沟谷中地下水补给充足,比梁岗地区富水性强;在地下水径流排泄区岩溶较发育,地下水较丰富。工作区有两个富水地段:郑家庄泉—沟口富水地段、太阳山南富水地段。

二、地下水水化学及同位素特征

该区域水文地质条件极为复杂,前人资料相对较少。为研究工作区内地下水的补、径、排条件,地下水、地表水的相互转化关系及水化学特征,本次在勘探区内收集了水化学及同位素样,以了解地下水的同位素和水化学特征。

(一)地下水同位素特征

样品中第四系地下水样有 8 组,单一的白垩系砂岩中水样有 4 组,岩溶水样有 4 组;白垩系砂岩水与岩溶水混合水样有 2 组;为研究萌城泉域灰岩裂隙水泉水与第四系接触带下降泉水的关系(是否为同一层水)专门取对比样 1 组(A32),并分别在固原站与大罗山东麓的苦水河流域(韦州河)收集雨水样 5 组。所有同位素取样点均配合采取了常规全、简水分析样。

1. 第四系水

第四系孔隙水同位素测试结果 δD 值范围：－85.01‰～－63.37‰；T 值范围：2.6～22.59TU；$\delta^{18}O$ 值范围：－10.195‰～－8.54‰。地下水氢氧稳定同位素表明第四系孔隙水直接起源于大气降水，水样点位于雨水线的下方，即发生了 ^{18}O 的漂移，这主要是受蒸发作用影响的结果。在甘肃环县南湫乡和芦湾乡采第四系孔隙水 ^{14}C 样，地下水形成年代为 4650～7110a。

2. 白垩系砂岩水

白垩系砂岩水主要分布在云雾山以南。有些取样点为砂岩和灰岩混合水。依样品测试结果 δD 值范围：－81.84‰～－58.20‰；T 值范围：4.6～22.01TU；$\delta^{18}O$ 值范围：－10.478‰～－7.848‰，同位素结果表明了砂岩水的大气降水起源。

3. 岩溶水

岩溶区碳酸盐岩裸露分布范围较少，不足全区面积的10%，从区内各种水的 δD、$\delta^{18}O$ 关系图（图3－11）可以看出，本次所收集的3个雨水样均落在雨水线下方附近，反映了本区处于干旱区。

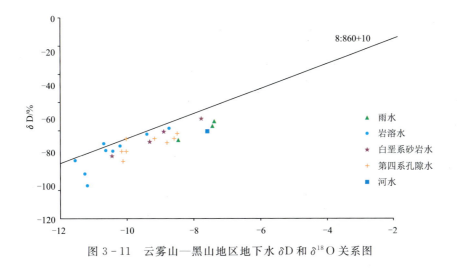

图3－11　云雾山—黑山地区地下水 δD 和 $\delta^{18}O$ 关系图

从图中可以看出，地下水采样点均分布在全球雨水线附近，并几乎全部落在雨水线的左下方，表明本区的地下水主要补给来源于大气降水，并受到一定的蒸发浓缩作用的影响。根据水中的 δD、$\delta^{18}O$、T、^{14}C 测定结果（表3－5），岩溶水与第四系及白垩系水相比，δD、$\delta^{18}O$ 值明显偏负，表明岩溶水虽来自大气降水，但补给来源不充足，径流途径较远，水交替缓慢。

表 3-5 云雾山—黑山地区地下水同位素测试成果表

孔号	位置	水类型	δD/‰	$δ^{18}O$/‰	T/TU	^{13}C/a	^{14}C/a
GN05	下马关红城水	Q_4孔隙水	−79.14	−10.195	2.60+2.28		
GN03	彭阳海子口公路站	Q_4孔隙水	−73.03	−8.841	21.17±3.15		
GN18	彭阳古城	Q孔隙水	−85.01	−10.156	22.59±2.54		
GN20	彭阳红河薛河	Q孔隙水	−70.46	−8.661	14.61±2.95		
GN24	甘肃环县芦家湾乡	Q孔隙水	−78.55	−10.08	3.85±2.07	−10.487	7110±110
GN16	甘肃环县毛井乡	Q孔隙水	−70.94	−9.26	12.80±2.38		
GN15	甘肃环县南湫乡	Q孔隙水	−67.37	−8.54	14.81+2.53	−10.277	4650±90
GN13	彭阳寨子沟	岩溶水	−75.79	−10.259	16.22±2.81		
J94	固原马渠	岩溶水	−96.65	−11.559	7.92±2.41		
YR18	马渠乡吕家套	岩溶水	−100.12	−11.21	8.62±2.6	−10.258	12 140+210
YR19	固原甘城严湾	岩溶水	−93.03	−11.28	13.78±2.57	−5.29	15 440±260
GN14	彭阳红河宽坪	砂岩灰岩水	−68.36	−9.462	20.20+2.61		
J95	彭阳姜洼	砂岩灰岩水	−78.86	−10.478	7.96±2.99		
GN11	彭阳川口村	砂岩水	−72.15	−9.345	18.69±2.70		
GN08	固原官厅	砂岩水	−65.89	−8.942		−14.985	6020±110
GN06	甘肃环县甜水堡	砂岩水	−58.20	−7.848	22.01±2.62	−9.927	13 910±100
J102	彭阳草庙乡	砂岩水	−81.84	−10.475	4.6±2.16	−9.567	18 100+120
GN12	彭阳川口郑家庄	岩溶泉水	−78.36	−10.759	6.17±2.16		
GN17	惠安太阳山	岩溶泉水	−78.32	−10.704	7.45±2.13	−7.22	13 640±180
GN21	盐池萌城乡北	岩溶泉水	−73.78	−10.754	7.67±2.40		
A32	盐池萌城乡北	第四系泉水	−71.27	−10.114	7.98±2.43		
12	大罗山东麓韦州河	河水	−64.08	−8.801	13.48±3.16		
A20	杨明河	河水	−65.34	−7.654	16.51+3.04		
GUY06	固原站6	雨水	−62.09	−7.481	19.7±2.82		
GUY07	固原站7	雨水	−70.81	−8.575	27.45±2.91		
GUY08	固原站8	雨水	−60.40	−7.48	32.63±3.27		

依据样品测试结果,对西阳—太阳山地区基岩地下水同位素数据进行作图(图 3-12),作图时将云雾山(寨科)以南的砂岩水和灰岩水按同一个含水系统考虑。D 和 ^{18}O 是较好的地下水示踪剂,从图中可以看出云雾山(寨科)地区为明显的分界线。

云雾山以北,T 值 6.17~13.78TU。从本系统看,由于岩溶地下水埋藏比较深,水循环缓慢,T 值略低一些。在南部严湾(YR19 孔),T 值为 13.78TU,说明南部地区受大气降水

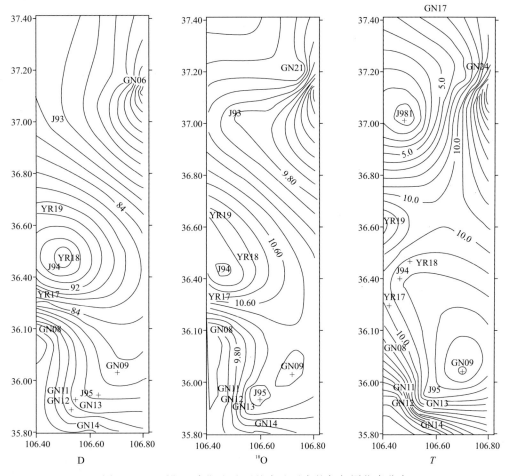

图 3-12 西阳—太阳山地区基岩地下水的氢氧同位素分布

补给,地下水水力坡度大,水循环速度较快。T 值相对较高,说明现代水积极参与。

为了解太阳泉的成因,本次在太阳泉、萌城泉收集 3 组同位素样,其中萌城泉 2 组,1 组为岩溶水样,1 组为第四系水样,2 组样的 δD、$\delta^{18}O$ 含量非常接近(表 3-5),这可能是在取样点的上游存在一个平坦的灰岩汇水层面,可能为同一含水组。从太阳泉(GN17)、萌城泉(GN21)两岩溶水泉点同位素测试结果看,其含量十分接近,溶解性总固体分别为 4.09g/L、4.30g/L,也较相近。太阳泉氚同位素分析结果为 7.45TU,^{14}C 测年为 13 000a 左右,表明太阳泉水是古水与现代水混合的产物。经分析,初步认为太阳泉水可能来自严湾方向地下水。从同位素分析很难将太阳泉域和萌城泉域再作次一级系统划分,因此将云雾山—稍沟湾—太阳山这一地区的深层岩溶水划分为一个子系统。这反映出灰岩地下水总体上是从严湾向北径流的。

南部宽坪地下水的 $\delta D(-68.36‰)$、$\delta^{18}O(-9.462‰)$ 和 T(20.2TU)与中部马渠和吕套(J94 和 YR18)的 $\delta D(-96.65‰\sim-100.12‰)$、$\delta^{18}O(-11.559‰\sim-11.21‰)$ 和 T(7.92~8.62TU)差别较大,说明它和中北部灰岩水的补给来源是不同的,且地下水的年

龄较新。另外在彭阳地区距离较近的3个孔中，J95孔T值为7.96TU，与另两个孔的氚值（寨子湾的GN13孔为16.22TU，川口的GN11孔为18.69TU）差别较大，也可能是近期补给和老的地下水混合的结果。马渠和吕套的δD值低，溶解性总固体也低于北部灰岩钻孔中的水，说明它们接受了海拔较高地区（云雾山）的补给，近补给区。从上面的分析可以看出，以云雾山为界，南部和北部应属两个不同的地下水系统。

(二) 地下水水化学特征

调查区内岩溶地下水，上部多为厚层黄土或古近系和新近系所覆盖，地下水水位埋深大，补给条件差。古近系和新近系红柳沟、清水营组及侏罗纪地层由含高可溶盐的砂岩、砾岩、泥岩组成，水质极差，对本区内的地下水和地表水都有很大影响。

1. 第四系孔隙水

云雾山以北至下马关地段，第四系含水层主要是黄土丘陵和红岩残山丘陵川台地与残塬等，第四系基本上属于透水不含水层，富水性差（$<10m^3/d$）。微弱的黄土类土含水层中的地下水，由于受古近系和新近系层间水的影响，其水质普遍较差，测试结果显示，溶解性总固体为2 372.2~3 664.8mg/L，F^-含量大于3mg/L，水中的SO_4^{2-}与Na^+含量高。在下马关盆地，潜水水化学具有明显的水平分带性：罗山多为HSCnm水，TDS小于1g/L，至姜庄一带为CSnm水，TDS为4.6g/L，同样罗山至红城水，水型由HSCnm转变为SCnm，矿化度由1g/L增到1.3g/L。

云雾山以南地段，第四系含水层大多与基底基岩含水层直接接触，透水和径流均变强，水质随深层地下水的水质变化影响有逐渐变好的趋势。水化学分析结果表明，地下水溶解性总固体335.94~1 190.7mg/L，F^-含量0.45~1.25mg/L。地下水中离子组分以HCO_3^-和Ca^{2+}为主。第四系水水质普遍较好的地区其他含水岩组地下水水质也相应好，说明了工作区内的地下水，无论哪组含水层都与浅层水有关，更进一步说明大气降水是其补给源泉。

2. 白垩系砂岩水

白垩系含水组主要分布在云雾山以南的彭阳地区。通过分析认为，南部彭阳地区的岩溶地下水和上部白垩系砂岩水水力联系密切，水化学组分差别不大，可作为一个含水系统考虑，彭阳地下水测试资料显示当地的砂岩水水质好，溶解性总固体为781.3~993.4mg/L，水化学类型为HSnc，向北水质矿化度有逐渐升高的趋势。寨科以南，官厅GN08（G40）地下水TDS要比南部川口GN11（G31）等点高，主要由当地岩层中含盐量高而南部岩层中含量低且接受了南部低矿化度地下水补给所引起。

3. 岩溶地下水

从南向北，以各泉井点的相对距离为横坐标，主要化学组分的含量为纵坐标，作水化学组分含量随相对距离变化曲线图（图3-13），并根据各水样的水化学组分的含量进行水化学分类（表3-6）（舒卡列夫分类）。从图中可以看出，Cl^-、SO_4^{2-}、Ca^{2+}、Mg^{2+}与溶解性总固体呈正相关关系；HCO_3^- 则相反，其含量总体上随距离变化不大，含量范围为 207.46～363.05mg/L。

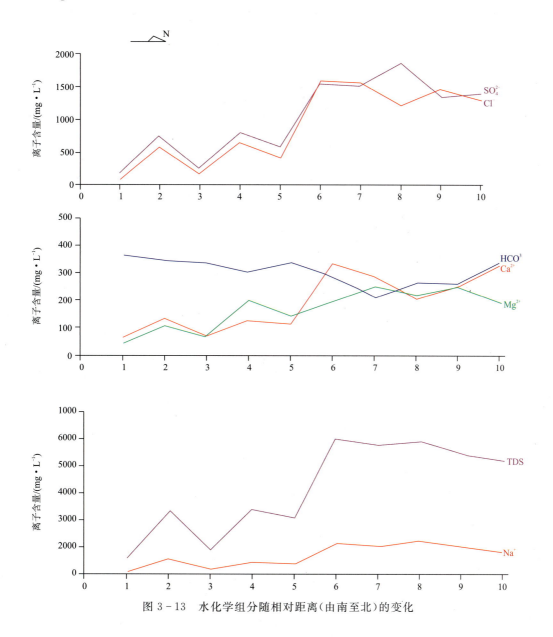

图 3-13　水化学组分随相对距离（由南至北）的变化

从图中的溶解性总固体随相对距离变化曲线可以看出，从吕套到严湾有一个较大的跃升，其他水化学组分也有一个较大的变化。为了更为直观地分析岩溶区地下水的水化学分布特征，利用已有水质资料主要化学组分的数据进行作图（图 3-14），寨科以南的砂岩水和灰岩水按同一个含水系统来考虑。水化学组分在地理位置上的分布规律给岩溶水划分子系统提供了又一证据。TDS 由南到北，有着低（红河河谷宽坪、茹河河谷、寨子湾）—较高（郑

表 3-6 岩溶地下水主要水化学组分及水型分类表

取样点	位置	水类型	Na^+/ $(mg·L^{-1})$	Ca^{2+}/ $(mg·L^{-1})$	Mg^{2+}/ $(mg·L^{-1})$	HCO^-/ $(mg·L^{-1})$	SO^{2-}/ $(mg·L^{-1})$	F^-/ $(mg·L^{-1})$	Cr^{3+}/ $(mg·L^{-1})$	溶解性总固体/ $(mg·L^{-1})$	水化学类型
GN14	彭阳宽坪	井水	115.0	63.13	44.36	363.05	163.31	0.8	67.36	638.73	HSnm
GN12	郑家庄大泉	泉水	571.2	134.27	109.38	344.75	742.09	2.4	583.20	2 328.66	CSn
YR17	固原兼科	井水	157.0	70.14	66.23	335.59	232.96	3.0	157.77	860.90	HSnm
J94	固原马渠	井水	440.8	129.26	202.96	298.98	799.73	1.2	648.79	2 377.73	CSnm
YR18	固原吕家套	井水	380.7	112.22	140.97	338.64	571.38	1.1	413.03	2 031.10	SCnm
YR19	固原甘城严湾	井水	1 100.5	331.66	196.88	283.73	1 549.0	3.25	1 577.7	4 931.98	CSn
YR20	徐家堡子	井水	1 020.5	284.57	244.78	207.46	1 513.0	2.3	1 551.1	4 719.46	CSn
J93	同心白家滩	井水	1 162.5	204.41	214.50	258.71	1 851.63	3.25	1 201.86	4 851.00	SCn
YR21	下马关土炭沟	井水	976.0	245.81	241.36	258.95	1 334.96	2.55	1 455.89	4 401.88	CSnm
GN17	惠安堡太阴泉	泉水	812.0	327.65	192.02	329.49	1 376.12	3.5	1 292.26	4 190.30	CSn

儿庄泉、官厅)—低(寨科)—较高(马渠、吕套)—高(严湾—太阳泉)的分布规律。TDS 与 Na^+ 和 SO_4^{2-} 的分布规律一样,说明了这两种组分对地下水水质的影响。

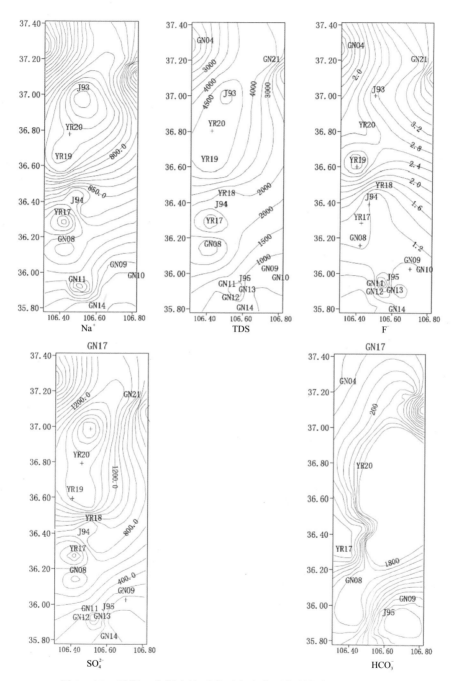

图 3-14 西阳—太阳山地区地下水中主要化学指标的分布状况

云雾山—稍沟湾以南由南向北水质逐渐变差。郑家庄以南水质很好,溶解性总固体为638.73～744.62mg/L,水化学类型为 HSnm 或 SHn,F^- 含量为 0.6～0.8mg/L,如宽坪 GN14 的溶解性总固体为 0.638g/L。而郑家庄大泉 GN12 的溶解性总固体为 2.33g/L,差别很大。通过对宽坪 GN14 与其他采样点地下水化学组分的相关性计算(表 3-7)可以看出,GN12 和 GN14 两者相关性差。

表 3-7 GN14 与周围采样点水化学的相关性

孔号	GN14	GN13	GN09	GN18	GN10	GN20	YR17	GN22	GN19	J95	GN12
相关系数	1	0.986	0.985	0.983	0.978	0.973	0.958	0.957	0.947	0.936	0.571
计算用指标	18	17	17	17	11	17	10	17	17	16	8

云雾山—稍沟湾以北水质均较差,溶解性总固体为 4.19～4.93g/L,水化学类型主要以 CSn 或 CSnm 为主,F^- 含量为 2.3～3.5mg/L。该地区岩溶含水层埋藏深,地下水主要在裂隙中储存运移,径流弱,含水层主要接受第四系黄土中潜水补给,而这一地区黄土、古近系和新近系中可溶盐含量高,大气降水溶滤其盐分,最后进入灰岩含水层,导致该系统水质差。

通过相关分析,太阳泉 GN17 与区内其他各点的相关系数如表 3-8 所示。从表中可看出,GN17 与 GN21(萌城的灰岩裂隙水)、向南沿线的灰岩水(马渠 J94、吕套 YR18、白家滩 J93、严湾 YR19、徐家堡子 YR20)、下马关盆地地表水(测 12)的相关性都很好。水化学平衡模拟计算结果表明,GN17、GN21 和 YR19 中萤石(CaF_2)达到了过饱和态(SI＞0),SI 值分别为0.08、0.03、0.08。这说明了它们在水文地球化学成因上具有相似性。

表 3-8 太阳泉水 GN17 与周围采样点水化学的相关性

孔号	GN17	YR19	YR20	GN21	测 15	J94	GN12	J93	测 12	GN14
相关系数	1.00	1.00	0.99	0.98	0.98	0.98	0.98	0.97	0.97	0.53
计算用指标	19	15	9	18	15	19	18	12	18	18

从 Piper 图(图 3-15)中也可以看出,GN14 和 GN12 是完全不同的,特别是在阴离子的含量方面;另外郑家大泉溶解性总固体和 F^- 含量相对较高,分别为 2.33g/L、2.4mg/L。在距它不远处的 GN13 点,溶解性总固体和 F^- 含量分别为 744.62mg/L、0.6mg/L。经分析初步认为,郑家大泉水质较差主要是西侧水质差的径流补给及上部古近系和新近系地下水参与所致。向北到吕家套,溶解性总固体逐渐升至 2.03g/L,水化学类型变为 SCnm。

将除 GN12(郑家庄)与 GN14(宽坪)外的点标在 Piper 图(图 3-16)上,可看出,除 J94(马渠)点有所偏离外,其余各点的化学组成很相似,其中 GN17 与 YR19(严湾)、YR20(徐家堡子)几乎是重合的。从严湾(YR19)到太阳泉(GN17),TDS 由 4.93g/L 降到 4.09g/L,而GN17 点的 TDS 与萌城的 GN21 点的 TDS(4.30g/L)较相近。基于上述水化学特征,认为太阳泉水是来自南部严湾方向的灰岩水,同时接受了少量垂直方向上的补给(如降水入渗)。

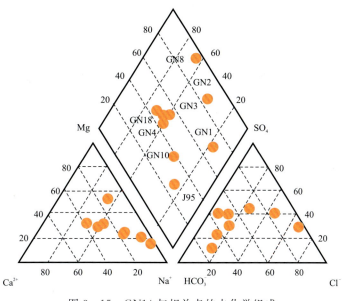

图 3-15　GN14 与相关点的水化学组成

图 3-16 中 J94(马渠)的偏离说明了局部地区(J94 点和 YR18 点)地下水径流条件不同,这和氢氧同位素所反映的情况是一致的。

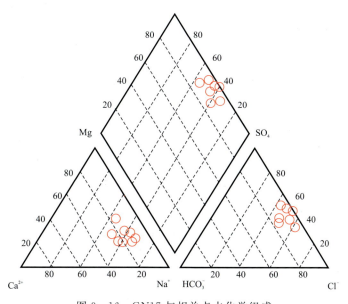

图 3-16　GN17 与相关点水化学组成

总之,本岩溶区云雾山—稍沟湾以南地下水中 K^+、Na^+、Cl^-、F^- 等易溶离子含量低,水温相对较低(9~17.5℃)。这说明了该区地下水补给来源相对较大、水流梯度大、交替运移速度快的特征,云雾山—稍沟湾以北,其上部大多为新生界地层覆盖,受其影响,水化学表现为易溶离子含量高,反映了地下水在含水层中滞留时间长、交替循环慢的特点。另外,该区地下水的水温相对较高(15.0~24.0℃),也说明了补给来源通过较深的运移,交替过程也较缓慢。

氢氧稳定同位素显示了本区地下水主要为大气降水,氚同位素显示了当地地下水可能是年龄较老的大气降水或近期水与古水的混合水,水化学与同位素资料表明,在本岩溶区的南部白垩系的砂岩水与深层岩溶水有一定的联系。溶解性总固体等化学组分的含量表明,吕套和严湾不属同一系统。

三、水质评价

(一)评价依据

调查区岩溶地下水水质评价,依据国家技术监督局 1993 年发布的《地下水质量标准》(GB/T 14848—1993),以地下水水质研究分析资料为基础,对离子单项组分进行评价。

(二)评价标准

根据《地下水质量标准》(GB/T 14848—1993)将地下水划分为 5 类:Ⅰ类,主要反映地下水水化学组分的天然低背景含量,适用于各种用途;Ⅱ类,主要反映地下水水化学组分的天然背景含量,适用于各种用途;Ⅲ类,以人体健康基准值为依据,主要适用于集中式生活饮用水水源及工、农业用水;Ⅳ类,以农业和工业用水要求为依据,除适用于农业和部分工业用水外,适当处理后可作生活饮用水;Ⅴ类,不宜饮用。其他用水可根据使用目的选用(表 3-9)。

表 3-9 地下水质量分类指标

序号	项目	Ⅰ类	Ⅱ类	Ⅲ类	Ⅳ类	Ⅴ类
1	色(度)	≤5	≤5	≤15	≤25	>25
2	嗅和味	无	无	无	无	有
3	浑浊度(度)	≤3	≤3	≤3	≤10	>10
4	肉眼可见物	无	无	无	无	有
5	pH值	6.5~8.5			5.5~6.5 8.5~9.0	<5.5 >9.0
6	总硬度(以 $CaCO_3$ 计)/(mg·L^{-1})	≤150	≤300	≤450	≤550	>550
7	溶解性总固体/(mg·L^{-1})	≤300	≤500	≤1000	≤2000	>2000
8	硫酸盐/(mg·L^{-1})	≤50	≤150	≤250	≤350	>350

续表 3-9

序号	项目	Ⅰ类	Ⅱ类	Ⅲ类	Ⅳ类	Ⅴ类
9	氯化物/(mg·L^{-1})	≤50	≤150	≤250	≤350	>350
10	铁(Fe)/(mg·L^{-1})	≤0.1	≤0.2	≤0.3	≤1.5	>1.5
11	硝酸盐(以N计)/(mg·L^{-1})	≤2.0	≤5.0	≤20	≤30	>30
12	亚硝酸盐(以N计)/(mg·L^{-1})	≤0.001	≤0.01	≤0.02	≤0.1	>0.1
13	氨氮(NH$_4$)/(mg·L^{-1})	≤0.02	≤0.02	≤0.2	≤0.5	>0.5
14	氟化物/(mg·L^{-1})	≤1.0	≤1.0	≤1.0	≤2.0	>2.0

(三)饮用水水质评价

依据《地下水质量标准》(GB 14848—1993)规定的各单项组分指标,对本岩溶区地下水质量进行评价。从上述评价结果看,本岩溶区云雾山南部水质较好,一般为Ⅲ类水,基本满足生活饮用水及工、农业用水要求,往北水质较差,一般为Ⅴ类水。从表中可以看出,大部孔溶解性总固体大于2g/L,总硬度大于550mg/L,不符合生活饮用水水质标准,但当地群众在本地区世世代代繁衍和从事生产活动,对不同水质的水具有一定的适应程度。通过研究了解到,2～3g/L的水,勉强可饮用,不影响健康。在严重缺水区,3～6g/L的水居民可饮用,5～10g/L的水畜羊可饮用。

(四)农田灌溉水质评价

农田灌溉水质评价,考虑水温、pH值、含盐量、盐分组成、Na$^+$与其他阴离子的相对比例等指标,采用灌溉系数、总矿化度、盐度及碱度为评价指标。工作区岩溶地下水由于资料较少,本次灌溉水水质评价,只作点上评价。

调查区岩溶地下水水温为9～24℃,pH值为7.38～8.2,适于灌溉。从GN14、GN13、YR17孔地下水长期灌溉对农作物生长和土壤无不良影响,地下水水质好,完全适于灌溉;GN12、YR18、J94孔地下水,长期灌溉或灌溉不当时,对土壤和主要农作物有影响,若合理浇灌,可避免,基本适于灌溉;GN21、GN17孔地下水,在无排水措施或排水不良时,灌溉对农作物及土壤有影响,但在有一定排水条件下,注意浇灌方法,合理灌溉,可使农作物生长较好,避免土壤盐渍化;YR20、YR19孔地下水,灌溉后迅速产生盐渍化,对农作物有较大影响,不适于灌溉,但在严重干旱时可适当少量灌溉,灌溉时必须注意排水措施。

四、地下水动态特征

(一)第四系中的水

第四系中的水分别在苦水河两岸韦州-下马关盆地及周围近山地段、黄土丘陵区、河谷川台地布置了地下水监测站(点),并对集中排泄地下水的泉域和冲沟分别进行枯、丰两期的水位及水量统测,局部对水质监测对比,资料结果显示,该含水层中,水位和水量随季节变化明显,雨季水位显著上升,泉增多;旱季水位大幅下降,贫水地段甚至干枯,泉水的数量和流量大幅度减少,为较为明显的气候型动点。据邻区甘肃省环县南湫取得的资料,水位年变幅0.1~0.2m,7—9月普遍出现一个潜水位升高和矿化度降低的过程,说明与集中降雨补给密切相关。地下水水质的变化,由于受取样时间等因素的制约,一般不能定论,但总体来说,水质一般是较稳定的。在有开采或灌溉条件的宽展河谷川台地,浅层水的地下水动态,主要受气象、水文、灌溉和人工开采等诸因素的控制。河谷平原区,由于开采期与枯水季节同步,一年内水位低峰值出现两次,即5—6月和12月至次年1月,低峰值过后,水位恢复原状。地下水动态与地表径流动态基本一致,雨季水位上升,到10月下旬,水位开始下降,12月至次年1月水位最低,3—4月开始融雪,地表径流增大,地下水水位相应有上升过程(图3-17)。

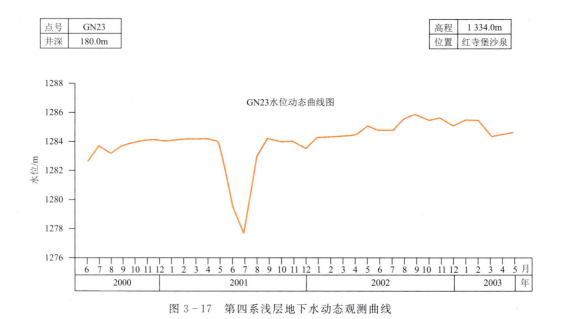

图3-17　第四系浅层地下水动态观测曲线

(二)白垩系砂岩中的水

观测资料表明,有集中开采的地段,地下水水位10月开始下降,次年1—2月最低,5—6月水位开始回升,8—9月达最高,年变幅0.6m。没有集中开采或开采少的地段,其动态为自然因素所控制,较稳定,年变幅0.5m。4—9月为高水位期,10月至次年3月为低水位期,于降水有一个滞后现象,而和地表径流过程基本一致,反映了地表水对地下水的补给一般呈现气候-水文型。个别孔资料显示,下白垩统砂岩地下水与揭露灰岩水的钻孔具有相似的动态,但由于资料延续时间短,并不能定论。砂岩中地下水的水质,通过年枯、丰两期及跨年度的资料对比,一般比较稳定(图3-18)。

图3-18 白垩系砂岩地下水动态观测曲线

(三)岩溶水

调查区属干旱半干旱大陆性气候,多年平均降水量为276.1mm,降水量年内分配不均,多集中在6—9月。岩溶水虽来自大气降水,但补给量不充足,径流途径远,水交替缓慢。因此,本次大多数深层水长观点,对降水补给反映不明显(图3-19),从图中看,本区岩溶地下水动态为深循环径流型。

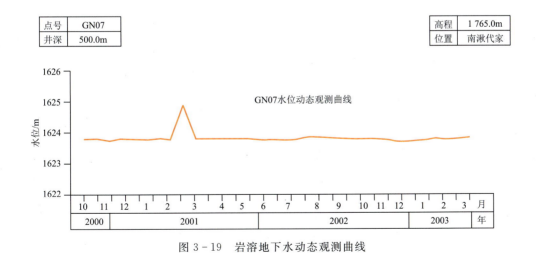

图3-19 岩溶地下水动态观测曲线

本次观测及统测的岩溶地下水水位(2000年7月—2001年6月)资料反映,地下水水位埋深为51.45~448.5m,平均年变幅为0.083~4.563m,变幅较大的为YR17孔(图3-19),该孔位于云雾山北东侧,地下水力坡度较大,受云雾山补给速度快,随季节变化较明显,从动态曲线上看,一年中8—10月水位开始上升,10—11月为相对稳定高水位期(最高水位395.2m),12月至次年2月水位开始下降,2—5月相对稳定(最低水位399.763m),6月水位开始回升。该点属气候-水文型。通过对观测孔资料的对比、分析认为岩溶区地下水动态属径流型、气候-水文型。

值得一提的是,本次所设的灰岩水的监测点,大多水位深,监测难度大,且委托监测,监测点多为供水急需井,不能作为专门的监测站(点),加之监测人员素质和监测延续时间短等因素,个别孔资料误差较大,不能真实反映深层地下水的动态。

本次岩溶区水质监测,各长观点每年取水质分析样两次,进行主要离子和溶解性总固体、F^-含量分析。从监测点水质分析结果看,地下水水质变化不大。如彭阳县红河宽坪GN14孔,1998年成井时溶解性总固体为742.6mg/L,F^-含量为1.0mg/L,2001年6月取样分析溶解性总固体为716.7mg/L,F^-含量为0.8mg/L,水质变化不大。分析认为3年的间断开采,对地下水的水质没有产生影响。

五、岩溶水的循环特征

(一)地下水的补给

岩溶裂隙水含水岩组的补给来源有大气降水、地表水和其他含水岩组中的地下水。

大气降水补给量的多少取决于大气降水量、降水形式、含水岩组的埋藏条件等因素。研究区降水量少、蒸发量大,降水年分配不均,多集中在6—9月,不利于向地下渗漏。降水量自南向北逐渐减少,南部蒿店—什字地区年降水量600～650mm,北部韦州—萌城一带年降水量300～400mm,南部地下水补给量大于北部。研究区岩溶裂隙含水岩组地表露头较少,大部分地区为埋藏型或覆盖型,不利于大气降水的渗入。所谓埋藏型是指岩溶含水岩组埋藏在第四系松散岩类和其他地层(区内主要是古近系、新近系和白垩系)之下;所谓覆盖型是指岩溶含水岩组上部有第四系松散岩类(主要是黄土和砂砾石)地层覆盖。沿青龙山—双庙—稍沟湾—云雾山一线,以及萌城、甘肃北天子、沟口、店洼水库等地有断续的露头,在其附近为覆盖型岩溶区,埋深一般小于100m,有利于降水的渗入,但面积较小,大部分地区为岩溶埋藏型区,埋深100～500m,降水很难补给岩溶裂隙水。大气降水的补给形式:一是通过岩溶露头区或浅埋覆盖区补给地下水;二是地表水径流汇入沟谷,通过沟谷中的岩溶露头补给地下水。大气降水直接通过黄土层下渗补给岩溶水的量是很小的。

(二)地下水的径流

地下水的径流受地貌、构造、含水层结构等因素的控制,调查区构造复杂,含水层埋藏条件多变,加之勘探钻孔少,岩溶地下水流场图大概反映了岩溶裂隙水运移趋势,有些地方地下水流向是推测的。岩溶裂隙含水岩组裂隙、溶孔、溶洞不发育,连续性差,地下水循环运移缓慢,且处于深循环运动之中,寨科—吕家套—徐家堡子—土炭沟一带岩溶裂隙水埋藏深度达182～397m,说明地下水交替难度是很大的。从同位素分析结果看,郑家大泉以南地下水形成时间较新,地下水循环较快,寨科以北地下水循环缓慢,地下水形成时代久远。

从岩溶地下水流场图看,严湾 YR19 孔水位较高(1 522.705m),为一北东向分水岭,将岩溶区分为两部分(北部为高台-太阳山泉子系统,南部为云雾山-西阳子系统),北部地下水向北流,南部地下水向南流。

高台-太阳山子系统,甘肃洪涝池 J119 孔水位最高(1 685.33m),推测附近有一南北向分水岭,大致沿青龙山向南。此分水岭将高台-太阳山子系统分为两个分系统:太阳山泉域分系统和萌城泉域分系统。太阳山泉域分系统东部地下水自东向西流动,水力坡度较大,西部自南向北流动,水力坡度较小,地下水最终流向太阳山泉排泄。萌城泉域分系统,控制水点较少,推测西部地下水自西向东流,东部自南向北流,最终流向萌城泉排泄。

云雾山-西阳子系统北部地下水自北向南流,中部自西向东流,南部自南西西向北东东流。汇水区和排泄区在郑家庄泉—西阳地区。

(三)地下水的排泄

岩溶裂隙水主要以泉水形式排泄,其次是顶托补给其他含水层和地表水及人工开采。当岩溶裂隙水含水岩组被沟谷切割或被断层断开时,地下水形成上升泉或下降泉流出地表。太阳山泉、萌城泉(GN21)、郑家庄泉三泉流量达 13 312m³/d,同时,还有一些小的泉水流出。太阳山泉域分系统以太阳山泉排泄,萌城泉域分系统以萌城泉排泄。云雾山-西阳子系统除郑家庄泉排泄外,还通过顶托补给白垩系含水岩组或第四系沟谷潜水,进而补给地表水。云雾山-西阳岩溶子系统东界-青龙山-彭阳断裂为阻水断裂,该系统在郑家庄、店洼水库、沟口以东形成地下水排泄区,岩溶水通过泉水或沟谷地表水排泄。

另外,还有少量的人工开采,初步研究年开采量约 33 000m³。

六、岩溶地下水系统

根据前述岩溶地下水的循环特征、埋藏条件、水质水量等水文地质特征,结合物探新技术、新方法组合运用的勘探结果,以及水化学同位素、地下水水流系统的综合理论分析,将云雾山—黑山地区岩溶裂隙地下水划分为 3 个岩溶水系统:平凉-彭阳岩溶地下水系统中的三关口-云雾山岩溶地下水子系统、太阳山岩溶地下水系统、黑山岩溶地下水系统。

(一)三关口-云雾山岩溶地下水子系统

该系统大致以云雾山—街街上(寨科)为界,以南为平凉-彭阳岩溶地下水系统,区内共包括三关口-云雾山岩溶地下水子系统,以北为太阳山岩溶地下水系统。此线亦为地表水分水岭。南、北两侧地下水的埋藏条件、水量、水质均不相同。三关口-云雾山岩溶地下水子系统的南界为沿颉河推断的一条北西西向断层,断层以南为岩溶深埋区,灰岩落差 426m 左右。子系统的西界为牛首山-六盘山大断裂(F_1),东界为青龙山-彭阳大断裂(F_7),二者均为阻水断裂(图 3-20)。

贺家川-古城断裂(F_6)将三关口-云雾山岩溶地下水子系统分为东、西两部。西部为河川-新集向斜。该向斜在 F_6、F_1 断裂带之间呈南北向展布,为古近系和新近系下白垩统构成的局部区域断陷向斜构造,西翼出露下白垩统马东山组,东翼为断层与奥陶系马家沟组直接

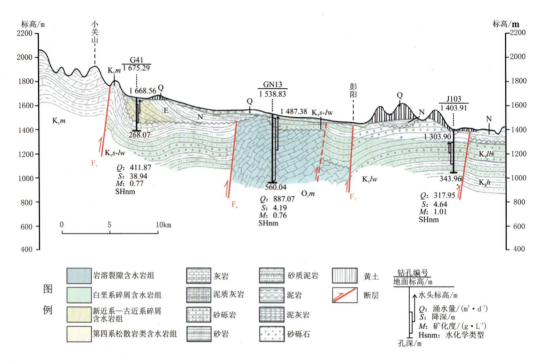

图 3-20 彭阳岩溶水系统水文地质综合剖面图

接触。向斜之内,古近系和新近系超覆在白垩系之上。河川以北碳酸盐岩埋深多小于 200m,南部苋麻湾附近马家沟组灰岩埋深 230.16m。中部古城附近 460m 的钻孔未揭穿下白垩系,分析马家沟组灰岩埋深在 800m 以内。

贺家川-古城断裂(F_6)以东以王洼-沟口断层(F_8)为界又分为东、西两部分,王洼-沟口断层以西至 F_6 断裂青白口系、寒武系、奥陶系碳酸盐岩隆起,埋深一般小于 200m,有的地方出露地表,王洼-沟口断层以东至 F_7 断裂灰岩埋深在 300m 以上。该地区大部分被下白垩系及古近系和新近系覆盖,下白垩统碎屑岩孔隙裂隙含水岩组往往与岩溶裂隙含水岩组构成统一的含水岩组。

三关口-云雾山岩溶地下水子系统岩溶裂隙水含水岩组富水性北部单井涌水量小于 500m³/d,南部大于 1000m³/d,中部不明。

(二)太阳山岩溶地下水系统

该系统南界西段与平凉-彭阳岩溶地下水系统相接,为地下水分水岭;南界东段,中、古生界碎屑岩超覆在岩溶之上或以断层相连。系统北部为中生界—古生界碎屑岩断褶带,以断层或地层超覆在奥陶系灰岩之上为子系统北界,灰岩埋深估计在 500m 以下,岩溶不发育,视为隔水边界。东部以阿色浪-车道断裂(F_3)为界,该断层为逆断层,推测为阻水断层,断层以东为下白垩统保安群碎屑岩。西部以牛首山-六盘山断裂(F_1)为界,断层以西为大厚度古近系和新近系黏土岩为主,基本不含水,且相对阻水(图 3-21)。

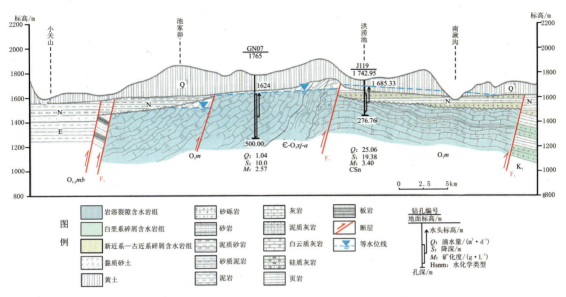

图 3-21 太阳山岩溶水系统水文地质综合剖面图

太阳山岩溶地下水系统 J119 孔水位最高,推测该孔西侧有一南北向地下分水岭,其位置大致与青龙山-平凉断裂(F_7)一致,该系统东、西两部分是否分属两个子系统,因缺少资料,尚不能下结论。

青龙山-平凉断裂以西沿其东侧有一狭长的青白口系、寒武系隆起,向西为奥陶系马家沟组灰岩。东部碳酸盐岩埋深较浅,小于 100m,为裸露型或覆盖型,向西埋深增大,推测为 100~500m。地下水水位埋深大,一般在 150~250m 之间,接近太阳山泉地下水水位变浅,J117 孔水位埋深 20.96m。地下水流向:东部沿青龙山向南为北西西向,西部自云雾山向北由南向北流,太阳山泉为地下水排泄通道。青龙山-彭阳断裂以西岩溶裂隙含水岩组富水性除太阳山泉附近为强富水外,其他地区均为弱富水或中等富水,单井涌水量小于 $600m^3/d$。岩溶裂隙水水质较差,矿化度为 4.03~5.07g/L。

青龙山-彭阳断裂以东含水岩组主要是奥陶系马家沟组灰岩,并有少量的青白口系和寒武系。岩溶含水岩组地表露头很少,在萌城以南、北天子地区埋深小于 100m,其他地区为 100~400m,大部分被古近系、新近系和第四系覆盖,为埋藏型。该地区地下水露头只有萌城泉和 YR22、J119 孔,再加上大面积岩溶被覆盖,其水文地质条件在很大程度上是推测的。水位埋深 29.96~57.62m。地下水流向:西部自西向东,东部自南向北,萌城泉为地下水的排泄通道。该地区含水岩组富水性极差,单井涌水量小于 $35m^3/d$,但是萌城泉流量较大,丰水期实测流量 $2308.5m^3/d$。矿化度为 3.16~4.53g/L。

(三)黑山岩溶地下水系统

黑山岩溶地下水系统与太阳山岩溶地下水系统被马家滩-石沟驿断褶带相隔,断褶带下部奥陶系顶面最大埋深约 4000m。该系统展布形态近三角形,形成局部的"断块",东南边界与上述断褶带相接,西界紧邻银川平原黄河大断裂,北界延入桌子山岩溶分布区(内蒙古自治区)。

该系统碳酸盐岩露头很少,仅在黑山有少量出露,面积不足 $1km^2$,地层为马家沟组灰岩,地表岩石裂隙较发育。其他地区均为新近系、古近系、白垩系覆盖,并且无岩溶裂隙水勘探孔。在黑山西 1km 处施工的钻孔(YR23),钻进 901.96m 未见灰岩。根据物探资料,黑山以东有些地方灰岩埋深 100~300m(图 3-22)。在灵武市以南,沿银川平原与灵盐台地边缘有一长条形马家沟组灰岩,上覆第四系与古近系和新近系,在灰岩的中南部以西,大泉大队以东古近系和新近系含水岩组水质好、水量大,地下水自流,有的钻孔自流高度达 6.67m,古近系和新近系含水岩组未揭穿,其地下水补给来源是否与马家沟组灰岩有关,有待今后研究。

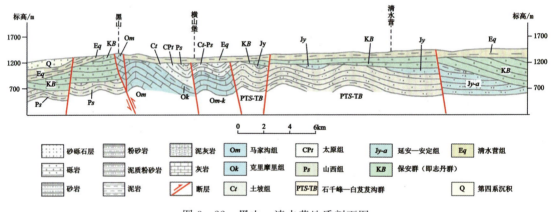

图 3-22 黑山—清水营地质剖面图

总之,该系统岩溶地下水资料很少,其面貌不清,今后需要加强勘查工作,后面章节亦不再述。

七、三大泉域系统

该区内有太阳山泉、郑家庄泉和萌城泉,泉水均与马家沟组岩溶裂隙水有关,且均为构造接触带上升泉群。通过对水化学同位素、含水岩组与地下水系统划分、地下水流场等水文地质条件的综合分析,认为三大泉基本上构成了岩溶水系统的排泄通道。

(一)太阳山泉域

太阳山泉位于青龙山北侧,泉口出露在一个低洼的戈壁滩上,地表为风积、坡积物(边缘堆积厚度小于50m),泉水具有上升性质。泉口标高 1 344.84m。前已述之,青龙山-平凉断裂(F_7)为逆断层,具阻水性质,构成了太阳山泉域和萌城泉域的边界。西边界为牛首山-罗山-崆峒山大断裂(F_1)。泉城东侧是青白口系、寒武系隆起的狭长地带,向西为奥陶系马家沟组灰岩。

为了解太阳泉的成因,本次在泉域内各水点均收集了水化学同位素分析样。太阳山泉氚同位素分析结果为 7.45TU,^{14}C 测年为 13 000a 左右,表明太阳泉水是古水与现代水混合的产物。从水质上看,泉水矿化度(4.19g/L)与水化学类型(CSn)和南部各钻孔(J93 白家滩 4.85g/L、SCn,YR20 预旺东 4.72g/L、CSn,YR19 甘城严湾 4.93g/L、CSn)基本一致,也说明泉水是由南部马家沟组岩溶裂隙水补给的。另外,太阳山泉南 1.3km 处 J117 孔含水层为马家沟组岩溶裂隙水,抽水一天后,太阳山泉水流量减少 181.44m³/d,证明泉水由岩溶裂隙水补给;从地下水流场图上看,地下水自南向北流,至太阳泉出露处,东、西、北三面均为碎屑岩沉积,透水性较差,同时东部又有逆断层(F_7)阻挡,太阳山泉成为岩溶裂隙水的排泄通道。丰水期实测流量 8504m³/d,枯水期 7400m³/d,在干旱地带泉水有如此稳定的流量,也说明泉水来自深部马家沟组岩溶裂隙水。

(二)萌城泉域

萌城泉域分布于萌城以南进入甘肃甜水镇一带,泉水出露地段为总体北西倾的奥陶系马家沟组灰岩单斜露头区,其上覆盖薄层第四系及古近系和新近系。东侧边界受 F_3 断裂控制,西侧以 F_7 和太阳泉域共享边界。出露标高 1 467.15m。萌城泉域地下水露头只有萌城泉和 YR22 孔、J119 孔,钻孔控制不足,水文地质条件不清。岩溶含水岩组在萌城以南、北天子地区埋深小于 100m,其他地区 100~400m,钻孔水位埋深 29.96~57.62m,地下水流向推测西部自西向东,东部由南向北,萌城泉为地下水排泄通道。

萌城泉为一泉群,有的直接从灰岩中流出,有的从上覆黄土及第四系中流出,为研究其成因,各取同位素化学样一组,两组水样 δD、$\delta^{18}O$ 含量非常接近,溶解性总固体也很接近(4.47g/L、4.30g/L),水化学类型均为 CSnm,泉流量也较为稳定,由此判断出露于第四系的泉水,其含水层亦为奥陶系马家沟组灰岩。

另外根据其水流大、流量稳定及水化学组分与岩溶勘探孔 YR22 一致,推测泉水补给含水层为马家沟组岩溶裂隙含水岩组。2001 年 6 月枯季测得稳定流量为 2 308.5m³/d,在此干旱带,上覆薄层的第四系、古近系和新近系不会有如此稳定的流量,也说明泉水来自马家沟组岩溶裂隙水。

(三)郑家庄泉域

郑家庄泉域分布于青龙山-彭阳断裂(F_7)与牛首山-六盘山断裂(F_1)之间,泉口出露在茹河支流(小河)的沟谷中,泉水直接经白垩系与灰岩接触带中流出,具有上升性质。泉水主要由马家沟组岩溶裂隙含水岩组补给。另外,还有下白垩统碎屑岩含水岩组地下水加入。地下水自北部、西部、西南方向呈区域的"扇形"流向泉水,成为当地地下水的排泄通道。枯季稳定流量 2500m³/d。泉口标高 1 486.32m,与相邻寨子沟钻孔(GN13)水位(1 487.48m)仅差 1.16m。

另外,从地下水同位素分析结果看,郑家庄泉及其以南宽坪地区的地下水 D、^{18}O 和 T 与中部马渠和吕套的 D、^{18}O 和 T 差别较大,说明郑家庄泉由云雾山以南地下水补给。从水质来看,郑家庄泉溶解性总固体(2.34g/L)和氟含量(2.5mg/L)相对较高,分析认为,该泉域虽然来自深层岩溶地下水,但泉水亦接受了北西侧六盘山群地下水的补给,致使泉水水质变差。虽然泉域附近构成相对的承压自流水区,露头处又为灰岩的相对隆起,但总体认为并不是岩溶水的"全排"泉。

第三节　车道-彭阳褶断带水文特征

地下水的赋存、形成、分布规律和控制因素很多,不但要受地域条件、降水等环境因素影响,而且受地貌、地层岩性、地质构造、古地理条件等因素的严格控制与影响。本地区地质构造条件相对复杂,地下水基本受构造控制,多为构造水,且地域分布极其不均。本区断裂构造发育,控制着地下水的分布、运移和富水程度。

一、地下水赋存分布规律

彭阳地区构造复杂,有"南北古脊梁"构造带和彭阳坳陷带,控制着本区的基岩山区和黄土丘陵地貌,其中"南北古脊梁"构造带主要由元古宇和下古生界碳酸盐岩组成,彭阳坳陷带形成白垩系碎屑岩类沉积盆地。

根据前文区域地质构造、地层岩性、地质发展诸方面条件的分析,本地区地下水的赋存、形成、分布规律与其区域地质构造(褶皱带、断陷盆地、断裂破碎带)、新构造运动产物(如阶地),以及地貌条件(如储水洼地)等基本相呼应。按照地下水含水介质、地质构造、地层岩性、地貌条件等特征,可归纳划分为基岩山区、古生界碎屑岩类区、第四系松散岩类区等地下水分布。各地区(构造单元)分布不同的地下水类型,且在空间位置上对接、叠置,补、径、蓄、排各具特征,水质条件和转化关系相对复杂,水力联系密切,构造及其控制因素较多,依据宁南地区地质构造条件及地区水文地质条件的综合分析,其区域地下水赋存条件及其分布规律,总体归纳为宁夏回族自治区南部黄土丘陵与河谷平原区和六盘山区(图3-23)。

(一)松散岩类孔隙水

1. 黄土类土含水岩组

黄土类土含水岩组分布在黄土丘陵地带,其表面切割强烈,当地年平均降水量约400mm,降水入渗补给黄土类土水,降水易流失而不能储存,因此在大面积的黄土中,主要赋存在降水容易汇集的丘间洼地和沟侧台地的地势低洼地带。赋存与黄土类土中的潜水连续性差,水交替较积极,其补给、径流和排泄自成独立的循环系统。其水位埋深一般小于50m,含水层厚一般小于5m,常以下降泉排出地表,转化为地表径流,单井涌水量一般仅1m³/d左右,矿化度一般小于1g/L,在川口东部一带,矿化度大于2g/L。

2. 清水河上游砂砾石层含水岩组

清水河上游穿越调查区的长约25km,其基底为新—古近系和白垩系所组成的向斜,周

第三章 鄂尔多斯西缘水文地质特征分析

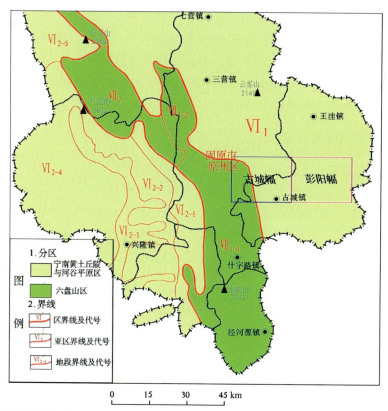

分区代号	分区名称	亚区代号		地段	
Ⅵ	宁南黄土丘陵与河谷平原区	Ⅵ₁		清水河河谷阶地亚区	
		Ⅵ₂	西吉梁峁黄土丘陵及河谷平原亚区	Ⅵ₂₋₁	六盘山西麓地段
				Ⅵ₂₋₂	葫芦河西部梁峁状黄土丘陵地段
				Ⅵ₂₋₃	葫芦河河谷平原地段
				Ⅵ₂₋₄	葫芦河东部梁峁状黄土丘陵地段
				Ⅵ₂₋₅	树台洼地地段
Ⅶ	六盘山区	Ⅶ₁	六盘山亚区	Ⅶ₁₋₁	大小关山和开城地段
				Ⅶ₁₋₂	马东山地段
		Ⅶ₂		月亮山亚区	

图 3-23 地下水系统分区图

边为新—古近系和白垩系组成的基岩山区,山区风化碎屑大量堆积于河谷之中,形成层厚度较大的第四系沉积物。河谷平原的山前地带以洪积物为主,地下水主要赋存于冲洪积所形成的砂砾石孔隙介质中。研究区内的清水河上游段,地下水主要为松散岩类孔隙潜水,其含水层厚度较大,粒度粗,泥质含量较小,富水性中等,单井涌水量大于 $500 m^3/d$,往两侧山边过渡,含水层逐渐变薄,泥质成分增加,富水性亦逐渐变贫乏,单井涌水量小于 $100 m^3/d$。矿化度基本在 $1 g/L$ 左右。

3. 茹河上游砂砾石层含水岩组

与清水河上游的赋存条件基本相似,其基底由新—古近系和白垩系组成。在古城以东段的两侧为白垩系基岩山区,古城以西至彭阳县城段的两侧为黄土地貌,基岩零星出露。茹河河谷具有明显的Ⅰ级、Ⅱ级阶地,宽1~2km,有较厚的第四系松散沉积物,含水层为砂砾石层,富水性中等,单井涌水量大于500m^3/d,矿化度小于1g/L。

4. 沟谷单一潜水含水岩组

调查区内的沟谷单一潜水含水岩组主要分布在清水河、茹河的支沟沟谷中。沟谷窄且长,底部第四系松散堆积物较薄,含水层岩性主要为砂砾石、粗砂等,泥质含量高,厚度为1~5m,富水性极贫乏,单井涌水量小于100m^3/d,矿化度大部分小于1g/L,局部地段大于1g/L,如小川河。

(二)碎屑岩类裂隙孔隙水

1. 新—古近系泥质砂岩含水岩组

新—古近系泥质砂岩含水岩组在研究区中分布较为广泛,为以陆相红色为主的碎屑岩,属断陷盆地的山麓、河流及湖泊相沉积,岩性、岩相厚度变化较大。在清水河西岸的新—古近系中,清水营组主要为泥质砂岩,寺口子组主要为含砾的泥质砂岩,富水性贫乏,单井涌水量约100m^3/d,矿化度大于1g/L。在黄峁山一带,新—古近系与下伏的白垩系呈不整合接触,在不整合接触面上,普遍存在一层粗砂岩,接受山区风化裂隙带中的水补给和大气降水补给,形成地下水赋存于该层之中,单井涌水量大于100m^3/d,矿化度普遍大于1g/L。从上台以南至磙沟,泥岩厚度增加,最终含水层变薄或消失,富水性极贫乏,单井涌水量小于100m^3/d,矿化度大于1g/L。

2. 白垩系砂(砾)岩夹页(泥)岩含水岩组

沿王洼—彭阳一线即"南北古脊梁"东部边界以西,受构造分割,形成了3个储水盆地构造:①河川-新集向斜储水构造。该向斜西依小关山—黄峁山,东与"南北古脊梁"相接,含水层在河川以南的向斜中均有分布,为承压含水层,单孔涌水量100~1000m^3/d,向斜西翼水质好,东翼水质较差。②"南北古脊梁"上部储水构造。灰岩基底上古侵蚀面为一凹槽,在凹槽中沉积了厚度较大的白垩系,岩性主要为砂岩,是该储水构造主要的含水岩组,富水性中等,单井涌水量大于500m^3/d,矿化度大于1g/L。③王洼-沟口断裂与王洼-彭阳断裂之间的断陷储水构造。由于两侧断层断裂,两断层之间的地层地堑式下陷,砂岩为主要的含水岩组,上部泥岩、砂质泥岩构成其隔水顶板,形成承压水,富水性丰富,单井涌水量大于1000m^3/d,矿化度小于1g/L。

王洼-彭阳断裂以东,是陕甘宁白垩系自流盆地的西缘部分,也是其补给区。地势西高东低,含水层岩性主要为砂砾岩、砂岩,富水性较贫乏,单井涌水量在100~1000m^3/d之间,矿化度大于1g/L。

清水河上游东部的挂马沟林场区,地貌类型为基岩中山区,地层主要由白垩系马东山组泥岩、页岩组成,表层风化裂隙接受大气降水的补给,赋存有潜水,富水性取决于大气降水量和风化裂隙带的发育程度。通过径流模数法计算得出,该区富水性贫乏,单井涌水量在10～200m³/d之间,矿化度大于1g/L。

(三)碳酸盐岩裂隙溶洞含水岩组

碳酸盐岩裂隙溶洞含水岩组分布在"南北古脊梁",上部多被黄土覆盖,部分地方零星出露。主要含水层为奥陶系碳酸盐岩。受多种岩溶发育因素影响,碳酸盐岩地层溶蚀程度较低,按溶蚀程度应属岩溶裂隙水,灰岩中岩溶不发育但有裂隙存在,比较细微的裂隙是灰岩中主要的含水空间,并且在灰岩中发育的断裂带为导水通道,也是灰岩中地下水存在的根本原因。碳酸盐岩含水岩组的特点是水位埋深变化大,富水性极不均一,地下径流、循环缓慢,其储存、运移受构造控制,主要以深循环为主,水质南好北坏、变化较大。单井涌水量大于500m³/d,矿化度为1～3g/L。

二、构造对含水层的控制

根据资料《地质构造控制地下水分布规律研究——以宁夏中南部地区为例》,调查区的含水层分布格局严格受构造,尤其是大地构造的控制。含水岩组的形成构造旋回演化(加里东旋回和喜马拉雅旋回)及当时的古沉积环境有着直接的因果关系。

碳酸盐岩类岩溶裂隙含水岩组的形成和加里东旋回息息相关。加里东运动早期,宁夏绝大部分地区上升为陆,使调查区西部形成祁连加里东褶皱带;东部隆起形成鄂尔多斯地块,其西缘从此一直处于强烈剥蚀状态,很难接受奥陶系以后地质时代的沉积,只是在晚更新世才覆盖了薄层黄土。自奥陶系后,鄂尔多斯地块又经历了几次较大的构造运动,而且它一直处于强烈剥蚀状态,因而在碳酸岩岩体内产生了许多断裂和构造裂隙,逐渐形成了碳酸盐岩岩溶裂隙含水岩组。通过上述分析认为,加里东旋回是研究区碳酸盐岩岩溶裂隙含水岩组形成的主控因素。

碎屑岩类裂隙孔隙含水岩组和松散层孔隙含水岩组的形成与喜马拉雅旋回有着直接的关系。六盘山山系在早白垩世为内陆盆地,沉积了巨厚的白垩系泥岩、砂岩,后经喜马拉雅运动抬升隆起,很难接受新—古近系及以后地质时代的沉积,而且白垩系泥岩、砂岩岩体不断风化侵蚀,岩体内形成了大量的裂隙,逐步形成了以白垩系泥岩、砂岩为主的碎屑岩类裂隙孔隙含水岩组。与此同时,与弧形山地共轭的山间盆地却在新—古近系沉积了巨厚的陆相红色碎屑岩、泥岩及含盐建造,为该区第四系地下水赋存提供了良好的隔水层,也是工作区第四系松散层孔隙含水岩组形成的必备条件之一;第四系沉积主要发生在山间断陷盆地及其他大地貌单元的沟谷和洼地中,形成了现今的松散层孔隙含水岩组。

三、水文地质概况

含水岩组是地下水赋存和运动的基本介质,因其含水空隙性质、固结程度、层次组合及化学成分不同,地下水水量、水质及循环条件也有所差异,因此,进行含水岩组的划分是研究地下水类型及其特征的基础。一般来说,同一时代不同时期沉积物或同一时代不同沉积相的岩石,其物质组成存在较大差异,故将岩性特征相近的一套岩层所构成的统一岩体划分为含水岩组;另外,在同一含水岩组内,含水介质特征的差异使其渗透性、富水性等水文地质属性特征在空间上明显不同,而不同含水岩组,由于含水介质相近,往往表现出相似的水文地质特征。基于这种认识,首先依据岩相岩性划分含水岩组,其次根据各含水岩组含水介质的差异归并地下水类型。

此次提及的含水岩组是个相对的概念。调查区内新—古近系碎屑岩一般以泥岩、泥质砂岩为主,通常构成隔水层,只在局部地区因为裂隙发育、补给条件较好而赋存地下水,古生界和中生界碎屑岩因含水能力较差一般成为弱透水层。严格来说,具有普遍意义的含水层只有第四系砂砾石含水层、奥陶系碳酸盐岩岩溶含水层和白垩系砂岩含水层。但由于在整个宁南地区,地下水资源极其缺乏,在部分地区,新—古近系碎屑岩裂隙孔隙水、黄土类孔隙水和中生界弱透水层中的地下水甚至成为人们赖以生存的主要水资源。因此,研究中未以渗透系数严格区分含水层和隔水层,而是把具有供水意义的岩层均作为含水岩组。

根据区域地下水系统分区,将图幅所在的水文地质单元划分为宁夏南部黄土丘陵与河谷平原区和六盘山区。

按照地下水含水介质特征,该区地下水类型可划分为松散岩类孔隙水、碎屑岩类裂隙孔隙水和碳酸盐岩岩溶裂隙水。各地下水类型之间在空间位置上对接、叠置,补、径、蓄、排各具特征。

(一)松散岩类孔隙水

1. 黄土类土含水岩组

黄土类土含水岩组主要分布在黄土丘陵区的梁间洼地、沟脑掌形地、沟侧黄土坪、黄土缓坡和黄土梁的鞍部等地势比较低洼的地带。含水层主要是下更新统下部的黄灰色、灰黑色黄土状黏土。当补给水源,通过上部黄土孔隙、洞穴下渗至下部黏砂土层后,由于透水性变差,起相对隔水作用,在其孔隙中赋存形成潜水。因补给量有限,上部黄土层仅在赋水区后缘可能形成含水层,一般为透水不含水层(图3-24,图3-25)。

水位一般略高于近代冲沟沟底。水位浸润曲线,大致与地形线平行。洼地周边和沟侧台地后缘,水位埋藏较深,含水层较薄。洼地中心和沟侧台地中部,水位埋藏较浅,含水层较厚。一般涌水量在$10\sim30m^3/d$之间,局部地段大于$30m^3/d$。水位埋深一般为$30\sim50m$,含水层厚度一般小于$5m$,矿化度小于$1g/L$。PY102-J显示,水位埋深$49.8m$,矿化度为$0.5g/L$。

该类地下水是目前广大丘陵区主要的人畜饮用水和生态建设的重要水源。

2. 清水河上游砂砾石层含水岩组

清水河上游砂砾石层含水岩组分布在古城幅西边界,呈南北向条带状。以潜水为主,局部微承压,含水层岩性为砂砾石、含砾中细砂层,厚度一般为$10\sim65m$。地下水埋深变化大,

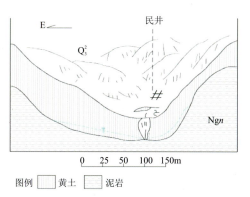

图 3-24　黄土类土孔隙水赋存特征

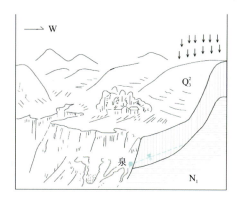

图 3-25　黄土类土泉的出露特征素描
（摘自《宁南水资源综合评价与合理开发利用》）

由南向北，水位依次增大，一般为 1～10m。本次研究的 GC91-J 显示，水位埋深为 0.93m，矿化度为 0.525g/L；GC103-J 显示，水位埋深为 9.7m，矿化度为 0.432g/L。收集的前人钻孔 G35 显示，单孔实际涌水量为 147.042m³/d，水位埋深为 9.3m，矿化度为 0.64g/L（图 3-26）。

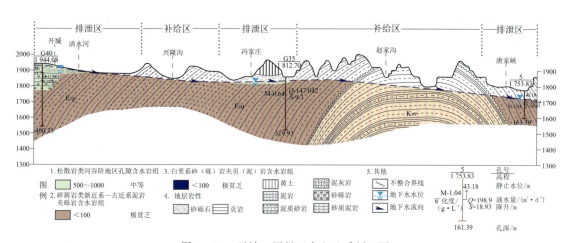

图 3-26　开城—原州区水文地质剖面图

3. 茹河上游砂砾石层含水岩组

该类型地下水主要分布于茹河流域，径流方向由西至东。含水层岩性主要为砂砾石、泥质砂砾石，部分地段有小粒径卵石，含水岩组较为连续。其厚度较薄，为 5～10m，富水性中等，涌水量为 500～1000m³/d，水位埋深为 10～25m，茹河流域矿化度小于 1g/L。PY03-J 民井显示，地下水水位埋深为 17.31m，矿化度为 0.75g/L。收集的前人钻孔 G12 显示，单孔实际涌水量为 765.763m³/d，水位埋深为 17.08m，矿化度为 0.714g/L（图 3-27）。

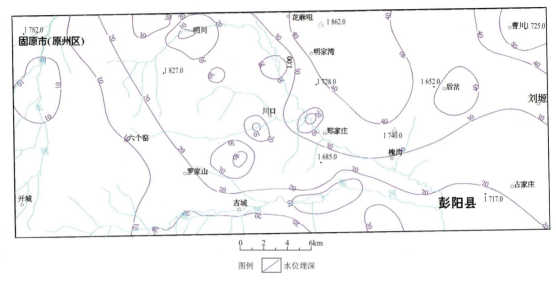

图 3-27 古城、彭阳幅潜水水位埋深图

4. 沟谷单一潜水含水岩组

沟谷单一潜水含水岩组分布在狭窄的沟谷底部,在图幅内主要分布于小河及其上游支沟,在丰水期降水入渗形成沟谷潜流,一般水量较小,地下水径流方向与沟谷发育方向基本一致。

小河流域含水层岩性主要为砂砾石、泥质砂砾石,含水岩组相对连续。其厚度由西北往东南逐渐增加,底板深度为 0~20m,富水性极贫乏,涌水量小于 100m³/d,地下水水位埋深为 5~20m,矿化度一般小于 1g/L,在小河流域郑家庄至彭阳县一带矿化度大于 1g/L。

井沟含水层岩性主要为黏砂土,沟底含水层相对连续。厚度由北向南增加,底板深度为 40~50m,富水性极贫乏,涌水量小于 100m³/d,矿化度在井沟上游小于 1g/L。PY77-J 民井研究显示,地下水水位埋深为 42m,实际涌水量为 10m³/d,矿化度为 0.50g/L。

茹河一级支流任山河沟谷含水层岩性主要为砂砾石,沟底含水层相对连续。厚度由北向南增加,底板深度为 30~40m,富水性极贫乏,涌水量小于 100m³/d,矿化度小于 1g/L。GC68-J 民井研究显示,地下水水位埋深为 16.64m,实际涌水量约 50m³/d,矿化度为 0.76g/L。

(二)碎屑岩类裂隙孔隙水

1. 新—古近系泥质砂岩含水岩组

该含水岩组主要分布在河川-新集向斜之中,新—古近系地层与下伏的白垩系不整合接触,在不整合接触面上发育一层粗砂岩,即为含水层,厚度 10~170m 不等,差异大。在清水河西侧及黄卯山一带单井涌水量为 100~300m³/d,矿化度多小于 1.0g/L。例如:明川 G30 号井,实际涌水量为 157.94m³/d,水位埋深为 96.04m,矿化度为 0.87g/L。

川口以南至古城,地层中泥质成分含量增加,该含水岩组大多下伏于第四系黄土层,局部出露地表,岩性主要为细砂岩、泥岩夹砂岩。含水层富水性极贫乏,涌水量多小于100m³/d。

2. 白垩系砂(砾)岩夹页岩(泥)岩含水岩组

该含水岩组根据地貌特征、构造发育特征等一些因素可划分为5个片区(图3-28),即黄峁山-小关山片区、河川-新集向斜片区、"南北古脊梁"片区、王洼-沟口断裂与王洼-彭阳断裂之间片区、王洼-彭阳断裂以东片区。

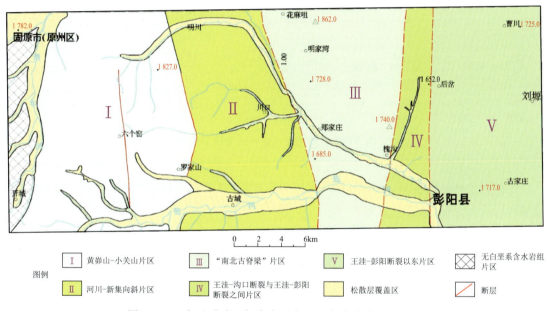

图3-28 白垩系砂(砾)岩夹页岩(泥)岩含水岩组分区图

1)黄峁山-小关山片区

该片区主要分布在黄峁山至小关山一带。山体由白垩系马东山组及小面积的乃家河组构成。含水层主要为山体表层的风化裂隙带,因而仅地表一定深度内含水。含水层分布地区的沟谷几乎都有地表径流。该含水层中的单井涌水量一般在100m³/d左右。其富水性与降水量大小及风化裂隙带发育程度有关,黄峁山至小关山东部,由于受构造变动及风化的复合作用,表层构造及风化裂隙发育,因而富水性相对较好一些,径流模数大于100m³/(d·km²);其西部地段径流模数较小,约50m³/(d·km²)。该片区地下水水质一般,矿化度在1g/L左右。

2)河川-新集向斜片区

在河川-新集向斜构造中的河川以南地段,含水层岩性为砂岩、砂砾岩。河川一带本层遭受剥蚀,在白垩系马东山组与下部奥陶系灰岩之间仅存5.82m厚的砂砾岩。向南到川口、古城一带,该层变厚,被钻孔揭露的厚度为100~200m,均未见底。古城以西靠近黄峁山地段地层岩性变粗,砂砾岩厚度增加。含水层底板是白垩系马东山组、乃家河组的泥岩。水位埋深一般大于80m,但在川口深切沟谷中,水位埋深较浅,在25m左右(图3-29)。

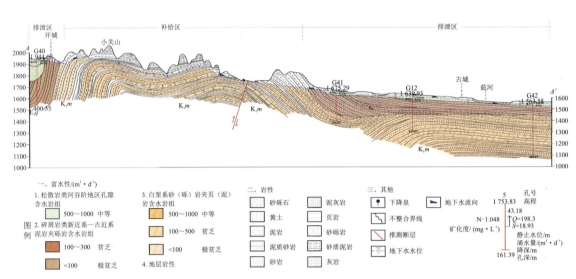

图3-29 开城至古城水文地质剖面图

根据收集的钻孔资料,茹河河谷及河川沟谷地段,单井涌水量在20~90 m³/d之间;在茹河及河川两谷之间,单井涌水量约80 m³/d(表3-10)。

表3-10 河川-新集向斜片区收集的钻孔一览表

孔号	水位埋深/m	降深/m	涌水量/(m³·d⁻¹)	矿化度/(g·L⁻¹)	F⁻含量/(g·L⁻¹)	水化学类型
G30	97.57	9.45	26.18	0.94	0.52	HCSnm
G34	23.81	16.95	82.08	2.54	1.4	SCnm
G12	135.58	1.03	57.89	1.31	0.88	SHn
G42	85.60	3.85	89.77	3.30	4.00	CSn

3)"南北古脊梁"片区

该片区是由黄家河-店洼断裂和王洼-沟口断裂所界定的南北向狭长地带。含水层为白垩系的砂岩。其上部覆有白垩系的泥质砂岩,相对隔水,下伏奥陶系的灰岩,为碳酸盐岩类裂隙水,与白垩系砂岩含水层之间没有相对的隔水层,具有统一的水力条件。根据区域资料,黄家河-店洼断裂与王洼沟口断裂之间的灰岩古侵蚀面为一南北向的凹槽,凹槽中沉积较厚的白垩系砂岩,局部地方灰岩裸露。上述沉积规律和断层的分割阻挡,使本区形成了一条南北向的"地下集水廊道"。地下水水位由北向南逐渐变浅(图3-30)。

根据收集的钻孔资料,地下水水位埋深为18.72~175.67m不等,单井涌水量为319.075~887.069 m³/d(表3-11)。

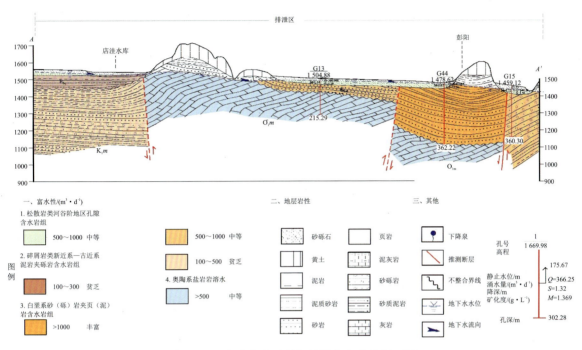

图 3-30 店洼水库至彭阳县城水文地质剖面图

表 3-11 "南北古脊梁"片区收集的钻孔一览表

孔号	水位埋深/m	降深/m	涌水量/(m³·d⁻¹)	矿化度/(g·L⁻¹)	F⁻含量/(g·L⁻¹)	水化学类型
G31	175.67	1.32	366.25	1.37	1.6	HSn
G13	18.72	5.2	507.77	2.14	1.20	SCn
12	159.45	1.298	319.075	1.13		
13	51.45	4.19	887.069	0.89		

4）王洼-沟口断裂与王洼-彭阳断裂之间片区

该片区为一南北狭长地带，由于两断层之间的地层地堑式下陷，砂岩、砂砾岩为含水层，上覆泥岩构成其隔水顶板，王洼-彭阳断裂又是一阻水断裂，组织地下水往东径流，故在此两断裂之间形成了承压水区。含水层厚度为100～150m，顶板埋深为112～155m（仅指河谷地段），水位埋深小于15m（仅指河谷地段）。

根据收集的钻孔资料，单井涌水量在2500～4000m³/d之间，矿化度在1g/L左右（表3-12）。

表 3-12 王洼-沟口断裂与王洼-彭阳断裂之间片区收集的钻孔一览表

孔号	水位埋深/m	降深/m	涌水量/(m³·d⁻¹)	矿化度/(g·L⁻¹)	F⁻含量/(g·L⁻¹)	水化学类型
3	7.58	23.857	2 598.37	1.12		
G44	+8.94	11.36	4 040.064	0.972		

5）王洼-彭阳断裂以东片区

该片区的主要含水层为白垩系的砂岩、砂砾岩及细砂岩，含水层厚度大于100m。该含水层地下水水位藏深，茹河河谷地下水水位低于现代河床70～130m，在黄土丘陵与黄土塬区，地下水水位埋深为200～300m。根据区域资料及本次研究结果，该片区的富水性由北往南相对逐渐变好，曹川至吴新庄段，富水性极贫乏，单井涌水量小于100m³/d，水位埋深大于200m，有资料显示在刘源一带，水位达到270m，矿化度小于1g/L。

彭阳县城以东的茹河河谷地段，根据收集的钻孔资料，水位埋深为98～130m，单井涌水量大于500m³/d，矿化度在1g/L左右（表3-13）。

表 3-13 王洼-彭阳断裂以东片区收集的钻孔一览表

孔号	水位埋深/m	降深/m	涌水量/(m³·d⁻¹)	矿化度/(g·L⁻¹)	F⁻含量/(g·L⁻¹)	水化学类型
G37	270.85	3.14	18.39	0.69	0.8	Hnm
G15	128.68	2.03	33.12	1.42	1.00	SCHnm
PY13	120.64	5.82	578.53	1.044		
PY05	98.88	6.48	809.90	0.89		

（三）碳酸盐岩类裂隙溶洞水

岩溶地下水的特点是水位埋深变化大，富水性极不均一，地下径流、循环缓慢，多为承压水，其储存、运移受构造控制，主要以深循环为主，水量较大，水质变化较大（图3-31）。

该含水岩组主要分布于郑家庄—店洼水库一带，含水层为奥陶系马家沟组灰岩，埋深小于100m，为覆盖型或裸露型岩溶区。富水性北部单井涌水量大于1000m³/d。地下水补给来源主要为地表水渗漏补给，总的流向自西向东，郑家庄泉、店洼水库以东为地下水排泄区，矿化度为1～3g/L（图3-32）。

该类含水岩组最具代表性的点就是郑家庄岩溶上升泉。郑家庄泉域分布于黄家河-店洼断裂与王洼-沟口断裂之间，泉口出露在茹河支流（小河）的沟谷中，泉水直接经白垩系与灰岩接触带中流出，具有上升性质。泉水主要由马家沟组岩溶裂隙含水岩组补给。另外，还有下白垩统碎屑岩含水岩组地下水加入。地下水自北部、西部、西南方向呈区域的"扇形"流向泉水，成为当地地下水的排泄通道。单泉实测流量为650m³/d，矿化度为2.42g/L。

四、地下水补给、径流、排泄条件

地下水的补给、径流与排泄条件是地下水形成的因素，主要受地质地貌条件的控制。现

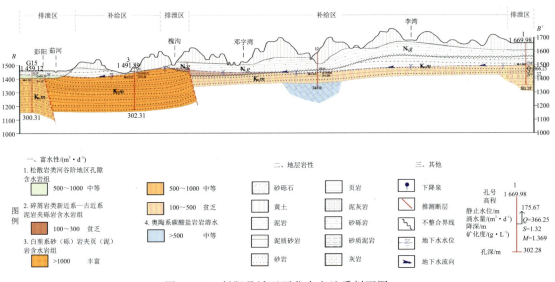

图 3-31 彭阳县城至石岔水文地质剖面图

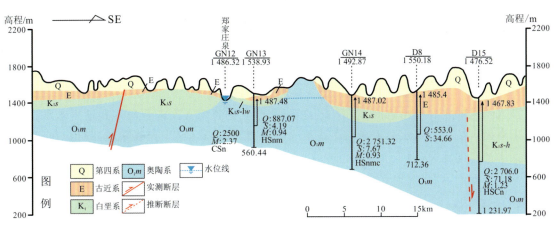

图 3-32 郑家庄岩溶上升泉形成条件示意图

(摘自《宁夏中南部严重缺水地区地下水勘查与供水安全示范成果报告》)

分山区、黄土丘陵和河谷(沟谷)三大地貌单元来论述其补、径、排条件。

(一)松散岩类孔隙水

1. 黄土类土含水岩组

黄土地区的洼地、斜坡或残塬自成水文地质单元,地下水分水岭与地表水分水岭一致,每一个单元都为独立的补、径、排系统。大气降水沿孔隙、垂直节理入渗,至古近系、新近系泥岩受阻,沿古地理面向地势低洼的沟脑、掌形地、沟侧台地径流,径流途径短,一般为1~2km,多以下降泉的形式在冲沟沟脑及两侧排泄。连片黄土洼地处可形成相对富水地段，但富水性不大（图 3-33）。

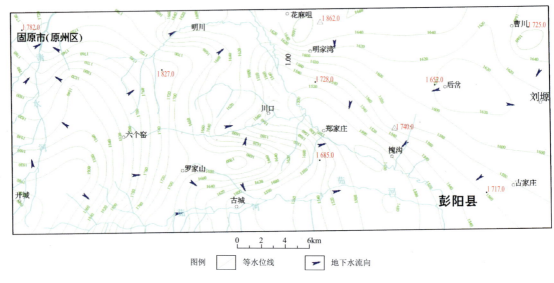

图 3-33 古城、彭阳幅潜水等水位线图

2. 清水河上游砂砾石层含水岩组

该含水层的主要补给来源：①南部山前洪积扇上的各个支沟沟谷底部比地下水水位高，因此来自山区的沟谷流水顺着松散层往下入渗，补给该含水层；②大气降水补给。在地下水水位低于河床的地段，地下水补给地表水；在地下水水位较高、河床或沟谷切割较深的地段，地下水排出地表，转化为地表水。

3. 茹河上游砂砾石层含水岩组

该组含水岩组的补给方式：一是地表水通过河床中砂砾石层渗透补给，这在茹河河谷上游尤为明显；二是大气降水入渗补给及山区的侧向补给。河谷阶地的阶面一般比较平坦，有利于降水入渗。地下水由上述几方面得到补给，由上游往下游径流，由于阶地下部的砂砾石层分选较好，一般为冲积物，泥质成分较少，透水性能较好，因而地下水径流强度大。其排泄主要是在地下水得到充分的补给后，水位上升，地下水在河床排泄出地表，转化为地表水；旱季地下水水位下降，则地表水又入渗补给地下水，在茹河阶地存在人工开采。

4. 沟谷单一潜水含水岩组

该含水岩组主要靠地表水入渗补给和降水入渗补给。地下水得到补给后，沿河谷向下游径流，受古地形和砂砾石层的厚度制约，时而排泄出地表，转化为地表水，时而吸收地表水，重新得到补给，地下水与地表水相互转化、相互依存。

(二)碎屑岩类裂隙孔隙水

1. 新—古近系泥质砂岩含水岩组

该含水层一般分布于山前单斜之中或山区边缘沉降带中,补给区多为山区碎屑岩类裂隙孔隙水。一般情况下,白垩系中的碎屑岩类裂隙孔隙水与本含水层侧向径流补给转化密切,含水层在山区丘陵区裸露部分也接受大气降水直接入渗补给。当穿越较大河流时,含水层上部的隔水顶板被侵蚀切穿时,地表水渗漏也补给地下水。地下水在山区或山前得到补给,依地势由不同方向径流。古城幅西侧的部分流向清水河,古城幅东北侧地下水流向川口河和小河川河,其余则消耗于洼地或碎屑岩类断陷盆地内部。地下水部分在深切沟谷中排泄,部分在补给区就地排泄,地下水径流条件较差。部分在地层接触带上以泉的形式排泄。

2. 白垩系砂(砾)岩夹页岩(泥)岩含水岩组

1)黄峁山-小关山片区

黄峁山至小关山基岩中山区,表层风化裂隙带接受降水入渗补给,形成了该片区的地下水。风化裂隙带透水性好,地形坡度大,横切沟谷发育,使得地下水径流途径短、水交替条件好,地下水以下降泉的形式排泄于山间沟谷之中,其循环过程是风化裂隙带接受降水入渗补给—沿山坡风化裂隙带畅通径流—在坡脚谷底排泄。

2)河川-新集向斜片区

向斜中该含水层顶板埋深为200~300m,因而得不到大气降水和地表水的直接补给,主要接受南部和西部山区的地下水侧向补给。其次在黄峁山前该片区的含水层可能通过断裂带及构造裂隙,得到古近系含水层的越流补给,地下水总体上由西向东径流(图3-34)。

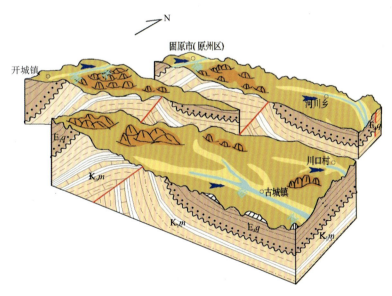

图3-34 古城幅立体水文地质结构示意图

3)"南北古脊梁"片区

该含水层主要埋藏于白垩系泥岩、砂质泥岩之下,其主要的补给来源有:河川-新集向斜构造中的承压水侧向补给,其次是地表水入渗补给,小河穿越"南北古脊梁"时,切穿白垩系含水层上覆地层,使得含水层直接接受地表水入渗补给。该含水层地下水由北向南径流,最终在茹河河谷排泄(图3-35)。

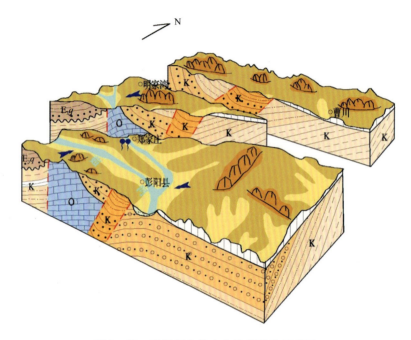

图3-35 彭阳幅立体水文地质结构示意图

4)王洼-沟口断裂与王洼-彭阳断裂之间片区

该片区主要接受河川-新集向斜南段和彭阳县南部白垩系砂岩含水层中的地下水侧向补给,在彭阳幅北部的深切沟谷中,白垩系砂岩切割出露,直接接受地表水入渗补给。地下水径流方向由北向南,最终汇集到两条断裂之间的凹陷中,又被东部的王洼-彭阳断裂阻水断层所阻拦,使得地下水水位升高,形成白垩系砂岩承压水含水层。

5)王洼-彭阳断裂以东片区

该片区地下水埋藏于新—古近系及白垩系泥岩之下,主要接受图幅外围以南的地表水补给,在茹河河谷,由于河流下切作用,上覆泥岩被切穿,白垩系砂岩在河谷中裸露,河谷中的地下水水位比地表水水位低,因此地表水大量补给地下水。该含水岩组中的地下水径流方向由西向东,由于含水层厚度大,岩石胶结较差,孔隙裂隙发育,地下水径流条件好。

(三)碳酸盐岩类裂隙溶洞水

碳酸盐岩类裂隙溶洞水位于郑家庄—店洼水库一带,该含水岩组受岩溶发育程度及构造控制,地下水补、径、排关系复杂多变。根据前人的研究,泉水主要接受大气降水及地表水渗漏补给,同时也接受了北西侧六盘山群地下水的补给。径流方向总体上与地势变化相同,自西向东流动。排泄方式主要以上升泉的形式排出地下水,如郑家泉通过奥陶系灰岩中形成的岩溶或裂隙通道形成上升泉,最终排向河流。

五、地下水水化学特征

地下水化学成分的形成,受区域地质、地貌、水文地质和地下水运动规律所控制;影响地下水水质的主要因素有地层岩性的化学成分,地下水补给、径流和排泄条件等。

从总体来看,古城幅和彭阳幅地下水水化学类型比较简单。大部分为重碳酸水,在古城幅的西部分布有重碳酸型—硫酸型水(图3-36、图3-37)。

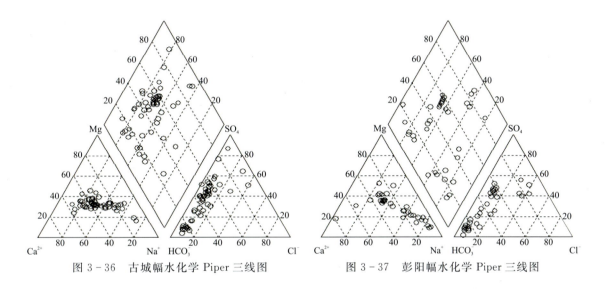

图3-36 古城幅水化学Piper三线图　　图3-37 彭阳幅水化学Piper三线图

(一)松散岩类孔隙水

1. 黄土类土含水岩组

该类潜水化学特征,主要受气象、地貌、地层的含盐量及地下水运动规律的控制,具有明显的水平和垂直分带规律。

彭阳、古城两个图幅属于宁夏彭阳县,年平均降水量为428.05mm,图幅内的黄土地貌属于微弱切割和中等切割的黄土丘陵。降水多、地势坡度小,有利于降水入渗,对地层盐分洗涤作用较强,因此地层含盐少,地下水溶解性总固体(TDS)一般小于1g/L,离子成分一般以 HCO_3^-、SO_4^{2-}、Cl^-、Na^+、Mg^{2+} 为主。地下水矿化度一般小于1g/L,水化学类型按舒卡列夫分类,多为Hnm、SCnm型水。该类潜水中 F^- 含量一般小于1g/L。

2. 清水河上游砂砾石层含水岩组

含水层的水化学特征是:开城南部溶解性总固体小于1g/L,离子成分一般以 HCO_3^-、

Na^+、Mg^{2+}为主,水化学类型多为 Hnm 型。开城以北至固原市原州区,水化学类型由 Hnm、Hmn 型转化为 HSnm、HSmn 型,在大马庄一带仍为 Hnm 型。溶解性总固体小于 1g/L,在兴隆沟一带,溶解性总固体大于 1g/L。该含水岩组中的地下水在径流过程中,接受两侧沟谷潜水或地表水的侧向补给,由于沟谷中的潜水及地表水水化学类型主要为 HSnm、HSmn 型,补给过程中,带入了大量的 SO_4^{2-},使得下游的地下水中 SO_4^{2-} 比重增加,HCO_3^- 比重相对降低,古下游水化学类型变为 HSnm、HSmn 型。

3. 茹河上游砂砾石层含水岩组

由于茹河上游第四系砂砾石层,透水性强,地下水径流畅通,一般不接受高矿化水源补给,因而水质较好。总的规律是上游水质较好,下游水质稍差。

含水层中地下水水化学特征是:上游溶解性总固体大于 1g/L,水化学类型主要为 HSnm、HSmn 型。从海口村往东至彭阳县城西边,溶解性总固体小于 1g/L,水化学类型依旧以 HSnm、HSmn 型为主导。形成上述水化学特征的主要原因是:含水层为砂砾石层,透水性好,水交替条件好,上游溶解性总固体较其他段高,是下伏基岩中较高矿化度水顶托补给的结果。

4. 沟谷单一潜水含水岩组

小河流域含水层岩性主要为泥质砂砾石,径流条件一般,上游的溶解性总固体小于 1g/L,水化学类型主要为 Hmn、Hnm 型。在郑家庄一带溶解性总固体大于 1g/L,水化学类型也转变为 SCmn、SCnm 型。郑家庄一带的岩溶泉出露,形成地表径流,补给该含水层中的地下水,使得溶解性总固体增大,水化学类型也发生了上述的变化。

(二)碎屑岩类裂隙孔隙水

1. 新—古近系泥质砂岩含水岩组

含水层主要分布于河川-新集向斜之中,地下水水化学特征总体为由北向南逐渐变好。在河川以南,矿化度小于 1g/L,水化学类型主要为 HSmn、SHncm 型。在河川以北,水质变差,矿化度大于 1g/L。造成上述水化学特征的主要因素是河川以南的含水层厚度大,较松散,含水层在沟谷中被切割出露,水径流条件好,且补给来源的水质好,故河川以南的该类地下水水质较好。河川以北的含水层埋深较大,水径流条件较差,地下水在含水层中滞留时间长,大量溶解地层中的 Na^+、Ca^{2+} 等离子,水质矿化度增大,以至于水质变差。

2. 白垩系砂(砾)岩夹页岩(泥)岩含水岩组

1)黄峁山-小关山片区

该类水主要赋存于风化裂隙带中,含水层由于长期风化淋虑作用,Na^+、Ca^{2+} 等离子含量低,地下水又直接接受大气降水补给,径流强,途径短,因而水质较好,矿化度一般小于 1g/L,水化学类型多为 HScnm、HScmn、Hmc 型。

2)河川-新集向斜片区

该片区含水层埋藏深,上部被新—古近系及白垩系的泥岩所覆盖,其水化学特征主要取决于补给来源的水质和径流条件。地下水的补给区主要在黄峁山山前地带和南部山区,由山区的侧向径流和新—古近系的含水层中地下水越流补给。这两种地下水水质较好,加之山前地带水力坡度大,径流强,故在向斜西翼水质较好,溶解性总固体小于 1g/L,水化学类型主要为 SHn 型。向东含水层埋藏逐渐加深,水力坡度变缓,径流弱,地下水充分溶解地层中的矿物质,使得矿化度升高,水质变差,其矿化度大于 1g/L,水化学类型主要为 SCn、SCnm 型。

3)"南北古脊梁"片区

该地下水水化学特征主要受补给源水质和下伏碳酸盐岩类裂隙水水化学特征的控制,在彭阳幅赵磨一带,由于灰岩抬升,受灰岩中较高矿化度水的影响,再受河川-新集向斜中侧向径流的高矿化水补给,该地段水质变差,矿化度大于 2g/L,水化学类型主要为 SCnm、SCn 型。北部含水层厚度大,较松散,径流强,周边侧向补给的地下水矿化度较低,故该段水质较好,矿化度小于 2g/L,水化学类型主要为 HSn 型。

4)王洼-沟口断裂与王洼-彭阳断裂之间片区

该含水层岩性主要为白垩系的砂岩,其厚度大,较松散,地下水径流强,由于南部侧向径流补给的水质较好,故本含水层中的水质较好,矿化度小于 1g/L,水化学类型主要为 HSnm 型。

5)王洼-彭阳断裂以东片区

该片区的地下水水化学特征的控制因素主要是径流条件和地下水补给源的水质情况。在茹河河谷中的地下水部分受河水补给,河水矿化度大于 1g/L,因此该地段地下水矿化度也大于 1g/L,水化学类型主要为 CSnm 型。其他地段受侧向径流补给,但径流条件较好,地下水矿化度小于 1g/L,水化学类型主要为 Hnm、HSnm 型。

(三)碳酸盐岩类裂隙溶洞水

该组地下水以上升泉的形式排泄,水化学类型较为单一,为硫酸氯化物型水,矿化度高。郑家泉地下水类型为硫酸氯-钠型水,矿化度为 2.4g/L,F^- 含量为 2.11mg/L,水质较差。

第四章 鄂尔多斯西缘地温场特征分析

地热异常是地壳深部热流在上移过程中相对集中,并在地表或近地表所形成的异常现象,包括地温异常、热流值异常、物理异常、化学异常、地震异常、岩浆及火山活动异常等。

第一节 地温异常特征

地温和热流值异常是地热异常区存在的最直接标志。地温异常在地表的表现形式极为普遍,其中最常见的是地表温泉。

一、地表温泉热异常

地表温泉是指泉口温度显著高于当地年平均气温而又低于或等于45℃的地热水露头。研究区自北向南依次分布太阳山、甘城乡双井和楼房沟3处温泉点。

(一)太阳山温泉点热显示特征

1. 地表特征分析

该温泉点位于吴忠市红寺堡区太阳山镇太阳山国家湿地公园内1号湖(图4-1)。

图4-1 太阳山温泉点

经实地踏勘,该温泉点四周地势平坦,为第四系覆盖区,有明显水涌。结合区域地质、水文地质资料来看,太阳山温泉位于鄂尔多斯西缘"南北古脊梁"带上,属于上升泉。湖内可见多处小泉眼,泉眼底部可见细砂流,无色无味(图4-2)。

图4-2 太阳山温泉点地表特征

分析认为,此温泉点地表热显示类型为天然热型温泉,为中型规模。结合前期对鄂尔多斯西缘北段地热成藏模式的研究及温泉点四周地层出露情况,推测热储层为奥陶系。该温泉点井口温度为21℃,出水量达6000m^3/d,矿化度为3.2g/L,水化学类型为$Cl·SO_4-Na$型。经研究,此温泉点已被利用,四周已被圈起保护。

2. 地质构造特征分析

结合太阳山温泉点剩余重力异常图及断裂展布叠合图分析,此温泉点构造上处于北东东向走滑断裂韦州北断裂及北北西向逆冲断层青龙山-平凉断裂的交会部位。另外,该温泉点处于青龙山隆起带东侧(图4-3)。

总结认为,该处构造控水类型为逆冲断层与走滑断层的结合部位,且位于凸起带内。

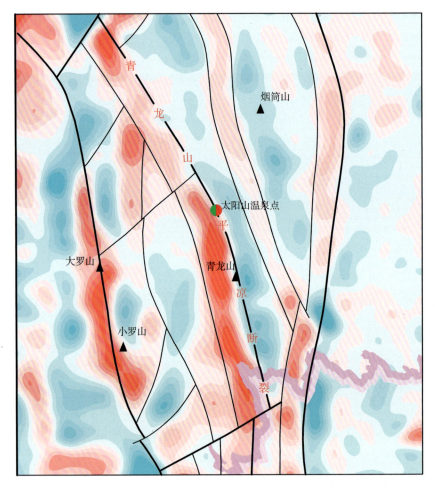

图4-3 太阳山温泉点剩余重力异常与断裂展布叠合图

(二)甘城乡双井温泉点热显示特征

1. 地表特征分析

该温泉点位于中卫市海原县甘城乡双井村东南(图4-4)。

经实地踏勘,该温泉点位于地势洼处,地表出露可见下白垩统(图4-5),有明显水涌,属于上升泉,且伴有刺鼻的硫化氢气味(图4-6)。

综合分析,此温泉点地表热显示类型为天然热型温泉,规模较小。结合前期研究成果,推测此温泉点热储层为奥陶系。井口温度为27℃,高于中部太阳山温泉点,出水量为200m³/d,水量较小,水化学类型为$Cl·SO_4-Na$型。经研究,此温泉点目前已被利用,宁夏回族自治区地震局已在四周布设活动断裂监测点。

图 4-4 甘城乡双井温泉点位置

图 4-5 甘城乡双井温泉点四周地层出露情况

图 4-6 甘城乡温泉点硫化氢气体逸散

2. 地质构造特征分析

结合甘城乡双井温泉点剩余重力异常图及断裂展布叠合图分析,此温泉点处于南端北东东向走滑断层与近南北向逆冲断层的交会部位(图 4-7)。据实地踏勘,双井温泉点南段地表亦证实有北北东向走滑断层迹象,且规模较大,具有延伸远、走滑断距大等特征(图 4-8~图 4-10)。此外,分析认为,该温泉点处于七营凸起带内。

总结分析,该处构造控水类型与北部太阳山温泉点类似,亦为逆冲断层与走滑断层的结合处,且处于凸起部位。

(三)楼房沟温泉点热显示特征

1. 地表特征分析

此温泉点位于固原市泾源县黄花乡楼房沟村,其位置见图 4-11 黄色标记。

经实地踏勘,此温泉点四周出露六盘山群马东山组(图 4-12),有明显的水涌,属于上升泉,并伴有刺鼻的硫化氢气味(图 4-13)。

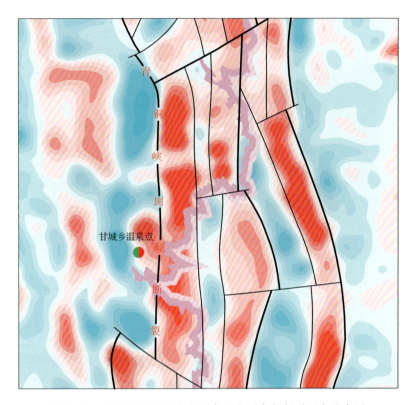

图 4-7 甘城乡双井温泉点剩余重力异常与断裂展布叠合图

图 4-8 走滑断层剖面图

图4-9 走滑断层(七营点)露头迹象

图4-10 走滑断层野外实景

图4-11 楼房沟温泉位置

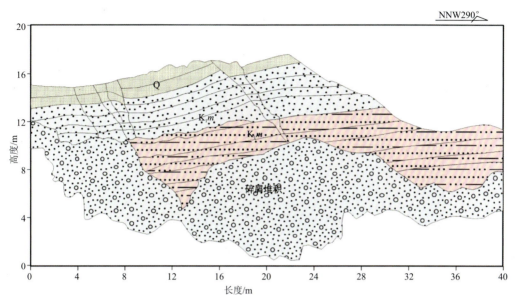

图 4-12 泾源县黄花乡楼房沟温泉点地层剖面图

图 4-13 楼房沟温泉点

经研究,此温泉点地表热显示类型为天然热型温泉,规模较小。结合前期研究成果,推测此温泉点热储层为奥陶系。此温泉点井口温度为 23.7℃,低于中部双井温泉点,出水量为 163.6 m^3/d,水量较小,矿化度为 6.44g/L,水化学类型为 $SO_4 \cdot HCO_3 - Na$ 型。经研究,此温泉点目前已被利用,宁夏回族自治区地震局已在温泉点处布设活动断裂监测点。

2. 地质构造特征分析

前人的研究表明,青铜峡-固原断裂作为华北板块和阿拉善微陆块两大构造板块的分界断裂,呈先张后逆的继承性展布特征。如图 4-14 所示,此温泉点处于青铜峡-固原断裂和北北西向走滑断裂的结合部位,同时分布于黄花凸起内。

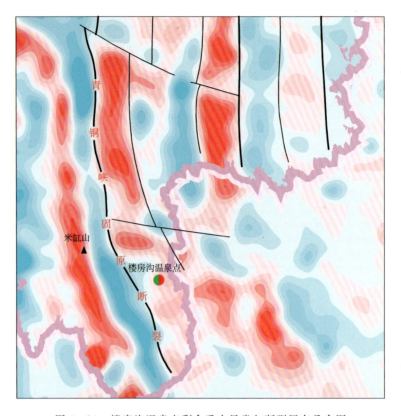

图 4-14 楼房沟温泉点剩余重力异常与断裂展布叠合图

因此,此温泉点同北段 2 处温度点具有相同的构造控水类型,即逆断层和走滑断层的交会处,且位于凸起区。

二、钻孔热异常

中国地温分布特征显示,鄂尔多斯盆地作为一个稳定的古地块,内部断裂构造不发育,构造活动较弱,其大地热流、地温梯度值整体偏低,而丰富的大地热流数据表明,鄂尔多斯周缘地区呈现出环状大地热流高值异常带,断裂构造比较发育,具备良好的地热资源背景(王钧等,1990;李清林等,1996;姜光政等,2016)。宁夏地处华北陆块和秦祁昆造山带的结合部位,属稳定块体与活动带之间的过渡地区。宁夏大地构造划分的 3 个三级构造单元(鄂尔多斯地块、腾格里早古生代增生楔和北祁连中元古代—早古生代弧盆系)对地热影响较大的构造为盆地和断裂,其中深大断裂往往是储存、传导、流通深部地热的主要载体和途径。

调查区内具有热异常显示钻孔主要为煤田钻孔及地热钻孔。以收集资料分析认为,研究区内钻孔热异常明显,且南、北部均有分布。

(一)调查区北部钻孔热异常

调查区北部,内蒙古格朔山地区 ZK1 钻孔(地理坐标东经 107°04′11.3″,北纬 39°01′36.7″)

孔深1500m,ZK1孔揭示地层情况:新近系中新统红柳沟组为0~184.91m;古近系渐新统清水营组为184.91~376.68m;下白垩统环河组为376.68~845.60m,洛河组为845.60~1113.17m,宜君组从1113.17m至1503.6m,未揭穿。钻探中孔内多次出现涌水现象,涌水量最大位置位于513~516m,涌水量为1019m³/d,孔口压力为0.45MPa;在986~988m位置为热水,涌水量为278m³/d,孔口水温为38℃。对513~516m段、986~988m段取水质全研究样,其总矿化度为7.1g/L和8.4g/L。

图4-15研究区北部热异常矿区位置及钻孔测温曲线表明,位于灵沙乡东侧三眼井勘探区18口煤炭钻孔,其第四系较薄,小于10m;古近系清水营组为400~600m;白垩系相对较薄,在120~250m之间;下伏二叠系—石炭系厚450~760m,未钻穿。钻孔中最高井底温度值为52.4℃,深度为1360m(表4-1)。

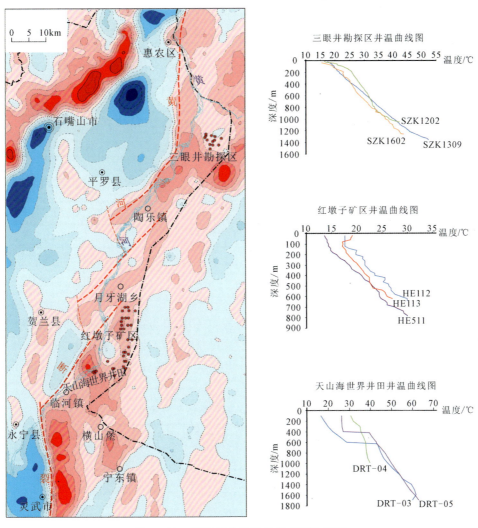

图4-15 研究区北部热异常矿区位置图

表 4-1 三眼井勘探区井温异常钻孔明细表

孔号	井底测量深度/m	井底测量温度/℃	地温梯度/(℃·100m^{-1})
SZK1402	1067	38.6	2.03
SZK1204	1433	46.5	2.04
SZK1406	1371	41.1	2.59
SZK1505	1448	49.3	2.21
SZK1705	1280	45.3	2.20
SZK2103	1455	47.2	2.06
SZK1309	1360	52.4	2.59
SZK1606	1367	45.8	2.09
SZK1707	1432	46.4	2.03
SZK1711	1494	48.6	2.09
SZK15-2	998	36.9	2.00
SZK1602	1054	42.3	2.40
SZK9-1	1298	43.5	2.03
SZK1701	1077	41.6	2.38
SZK1604	1180	44.6	2.32
SZK1202	673	32.4	2.33
SZK11-2	1255	38.7	1.71
SZK1404	999	39.0	2.20
井田平均地温梯度/(℃·100m^{-1})			2.18

月牙湖乡以南的红墩子矿区 32 口钻孔表明,第四系小于 30m;古近系清水营组变化较大,北段红一井田在 230~620m 之间,中段红二井田相对稳定,为 250~350m;二叠系—石炭系集中于 500~800m 之间,未钻至底部。北段红一井田煤炭勘察钻孔资料表明,深度在 1000m 左右,井底温度均在 50℃以上,最高可达 56.46℃(深度 1240m);中段红二井田温度稍低,最高温度为 39.08℃,孔深为 807m,进一步揭示了地热异常现象(表 4-2、表 4-3)。

表 4-2 红一井田井温异常钻孔明细表

孔号	井底测量深度/m	井底测量温度/℃	地温梯度/(℃·100m^{-1})
1601	1220	57.8	3.72
1802	1340	56.67	3.28
1003	1274	56.46	3.44
804	1294	55.31	4.34
802	1140	54.7	3.7

续表 4-2

孔号	井底测量深度/m	井底测量温度/℃	地温梯度/(℃·100m^{-1})
1002	1140	52.01	3.46
1805	1160	49.33	3.15
1204	1249	48.44	2.84
1202	1035	47.78	3.39
2601	995	47.7	3.53
701	976	45.42	3.36
702	1193	44.6	2.64
2404	929	43.75	3.35
1602	1085	43.47	2.81
1302	987	43.3	3.09
801	855	42.66	3.52
2403	1068	42.5	2.76
2002	1014	42.4	2.9
2204	1130	41.7	2.53
1001	850	41.55	3.4
1201	752	40.26	3.69
2402	1000	40.18	2.71
2202	807	38.15	3.14
1301	741	36.79	3.25
1101	720	30.42	2.38
井田平均地温梯度/(℃·100m^{-1})			3.22

表 4-3 红二井田井温异常钻孔明细表

孔号	井底测量深度/m	井底测量温度/℃	地温梯度/(℃·100m^{-1})
2212	823	32.6	2.36
HE113	746	33.19	2.71
HE212	635	24.54	1.72
HE112	640	31.38	2.9
HE511	786	32.02	2.4
2002	1014	43.44	3.03
2202	807	39.08	3.29
井田平均地温梯度/(℃·100m^{-1})			2.63

位于天山海世界实施的三口地热井,揭开了银川盆地边缘寻找优质地热资源的潜力。其中古生界奥陶系,为一套以碳酸盐岩为主的陆表海沉积,岩性主要为浅灰色—深灰色灰岩;石炭系—二叠系沉积较厚,平均厚度为1230m;古近系出露于山坡及沟谷两侧,上、中部为紫红色、橘黄色半胶结红土层,亚砂土、亚黏土层,夹砂及少量砾石。下部为棕红色亚砂土、亚黏土,底部为半胶结砂砾层。地层横向变化较大,厚200~800m,自南向北、自东向西逐渐变厚,与下伏地层呈角度不整合接触;上部第四系主要分布于研究区北部及东部,上部以黄土、风积沙为主,下部为亚砂土,底部为砾石层,局部呈半胶结状,碎石成分不一,厚度小于50m。DRT-03钻孔揭示,井深为1710m,最大出水量为114.42m³/h,出水温度为60.5℃,热储目的层为古生界奥陶系。井单位涌水量为0.96m³/(h·m),渗透系数K为0.59m/d,导水系数为33.93m²/d。地热井地热流体化学类型为$Cl·SO_4-Na$型,pH值为6.81,矿化度为6 510.40mg/L,总碱度(以$CaCO_3$计)为247.99mg/L;DRT-04钻孔地热显示特征相对较弱,井深为995m,最大出水量为200m³/h,出水温度为40℃,热储主要目的层为古生界奥陶系,其次为石炭系—二叠系。单位自流涌水量为4800m³/d。地热井地热流体化学类型亦为$Cl·SO_4-Na$型,pH值为7.10,矿化度为5 300.03mg/L,总碱度(以$CaCO_3$计)为298.90mg/L;DRT-05井则在深度1708m最大出水量为157.50m³/h,出水温度为52℃,单位自流涌水量为3780m³/d。地热流体化学类型同前两口井一致,pH值为7.30,矿化度为5 704.58mg/L,总碱度(以$CaCO_3$计)为254.56mg/L(表4-4)。根据水质检测报告,此三口地热井地热流体化学类型均为$Cl·SO_4-Na$型,且对钢结构具有强腐蚀性,没有生成碳酸钙垢、硫酸钙垢和硅酸盐垢的趋势。地热流体的氟含量达到了"有医疗价值浓度"和"命名矿水浓度"标准,偏硅酸、温度达到了"有医疗价值浓度"标准,被命名为"含偏硅酸的氟水温泉",适用于温泉洗浴、理疗。经研究,此三口地热井目前处于停采状态,恢复开采时间待定。

表4-4 天山海世界井温异常钻孔明细表

孔号	井底测量深度/m	井底测量温度/℃	地温梯度/(℃·100m⁻¹)
DRT-03	1690	64.03	3.12
DRT-04	987	39.8	1.43
DRT-05	1690	62.87	2.33
井田平均地温梯度/(℃·100m⁻¹)			2.29

(二)调查区中部钻孔热异常

调查区中部韦州-马家滩褶断带热异常钻孔主要集中于大罗山—小罗山及青龙山所围限的韦州向斜内,自北向南依次分布有韦五矿区、韦四矿区、韦三矿区及韦二矿区(图4-16)。

韦五矿区21口钻孔揭示,第四系较薄,小于100m,新近系厚度集中在150~300m之间,个别钻孔达到400m,下伏二叠系—石炭系含煤地层厚度较大,在800~2000m之间,未钻穿。本次仅收集到韦五4、韦五14和韦五19钻孔测温数据,钻孔深度在850m左右时,井

第四章 鄂尔多斯西缘地温场特征分析

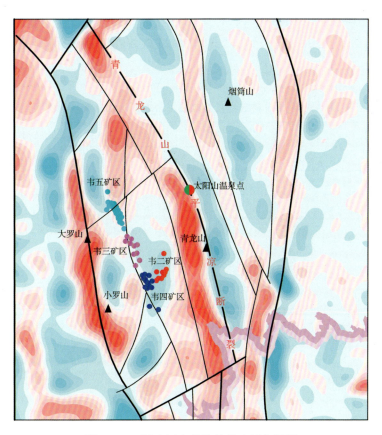

图 4-16 调查区中部热异常矿区位置图

底温度约 34℃（表 4-5）。

表 4-5 韦五矿区钻孔井底校正温度及地温梯度一览表

孔号	井底测量深度/m	井底测量温度/℃	井底校正温度/℃	地温梯度/(℃·100m^{-1})
韦五 4	880	33.5	35.0	2.51
韦五 14	865	33.2	34.7	2.52
韦五 19	850	32.72	34.2	2.51
井田平均地温梯度/(℃·100m^{-1})				2.51

韦四 14 钻孔表明，第四系厚度均小于 50m，缺失新近系，下伏古近系相对稳定，厚度在 250~350m 之间，二叠系—石炭系厚度变化较大，为 600~1200m，未钻至底部。笔者收集前人的研究成果，仅对韦四 10 孔进行了近似稳态测温，井底温度为 32.1℃（深度 860m），并推算出大约自 16 煤层底板标高-820m 以下各煤层均出现一级高温区，进一步揭示了地热异常现象。

韦三矿区位于向斜中部，两小规模断裂的交叉部位，其中 16 口钻孔揭示，第四系厚度小于 50m,下伏新近系厚度在 400m 之内,古生界二叠系—石炭系直接不整合接触于新生界,厚度变化区间为 800~1300m,未钻穿。钻孔中最高井底温度值为 32.71℃,对应深度为 773m(表 4-6)。

表 4-6 韦三矿区钻孔井底校正温度及地温梯度一览表

孔号	井底测量深度/m	井底测量温度/℃	井底校正温度/℃	地温梯度/(℃·100m^{-1})
301	476	22.29	23.07	2.09
302	443	20.90	21.64	1.89
303	773	31.60	32.71	2.58
304	600	24.36	25.22	2.01
401	602	25.73	26.64	2.26
801	409	21.50	22.26	2.26
802	482	24.50	25.36	2.61
804	760	28.37	29.37	2.14
805	517	22.30	23.08	1.90
806	501	24.56	25.42	2.51
1301	436	21.59	22.35	2.12
1302	473	22.34	23.13	2.12
1303	294	20.50	21.22	2.96
1304	664	26.85	27.80	2.22
3307-1	530	25.70	26.60	2.61
803	573	26.30	近稳态测温孔	2.33
1102	494	24.38		2.31
平均地温梯度(℃·100m^{-1})				2.29

夹持于两条北北东向断裂之间的韦二矿区,地层分布特征与其他矿区基本一致,9 口钻孔数据显示,第四系更薄,小于 20m,新近系厚度在 140~340m 之间,下伏二叠系—石炭系厚度较大,可达 1200~1700m,且未钻穿。大多数钻孔在 500m 深井底温度约 25℃以上,最高可达 37.35℃(深度 973m)(表 4-7)。

总体上,韦州矿区西翼靠近青铜峡-固原断裂的区域地温高于东翼。西翼为无烟煤,变质程度高;东翼为焦煤,变质程度较低。

表 4-7　韦二矿区钻孔井底校正温度及地温梯度一览表

孔号	井底测量深度/m	井底测量温度/℃	井底校正温度/℃	地温梯度/(℃·100m^{-1})
101	889	27.6	29.21	1.75
301	535	24.8	26.24	2.44
303	649	27.34	28.93	2.43
603	615	22.56	23.87	1.66
701	494	25.16	26.62	2.77
702	835	31.6	33.44	2.43
703	973	35.3	37.35	2.49
704	540	23.98	25.38	2.23
705	958	33.0	34.92	2.26
1001	651	29.2	30.90	2.75
1002	769	28.29	29.94	2.16
1003	923	33.9	35.87	2.46
1101	743	29.6	31.32	2.44
302	718	25.48	恒温孔	1.64
304	797	33.2		2.52
平均地温梯度/(℃·100m^{-1})				2.31

(三)调查区南部钻孔热异常

调查区南部钻孔热异常以收集的炭山煤矿、王洼矿区银洞沟井田及平凉一带钻孔测温数据为依据(图4-17)。北端炭山煤矿4口钻孔近似稳态孔底温度资料表明,孔深在1000m左右,井底温度在36℃之上,ZK1310孔在孔深1024m处最高地层温度可达41.2℃(表4-8)。

王洼矿区银洞沟井田4口钻孔资料揭示,孔深大于1000m,井底地层温度一般在31~37℃之间,局部钻孔大于37℃,最高可达38.4℃(K2110孔1194m处),整体钻孔地温低于北段炭山煤矿(表4-9)。

彭阳以南平凉市一带异常钻孔信息揭示,六盘山群含水岩系亦分布于平凉一带,岩性为六盘山群三桥组与和尚铺组砂岩、砂砾岩,地下热水温度在15.5~22.5℃之间,构成浅层地热异常区,古近系、新近系和第四系为盖层,由于盖层较薄,热储层埋深较浅(据钻探揭露仅有300~400m),因此,不可能形成具有利用价值的地下热水资源。深部地热异常主要见在平凉城西三天门施工的TC1孔和平凉广成山庄施工的地热勘探孔,其中TC1孔深1980m,井底温度48.4℃,钻孔穿透白垩系至中奥陶统平凉组砂质页岩,未达含岩溶水的奥陶系马家沟组灰岩,因设备能力所限而终孔;广成山庄钻孔深2568m,井底温度62℃,仅在奥陶系马家沟组见2层薄含水层,试抽水单井出水12m³/d。虽然钻孔显示奥陶系岩溶水发育一般,但它明确指出了在研究区寻找岩溶型地下热水的方向,并揭示出热储上部盖层地质结构,为下一步地热研究或开发提供了地质资料。

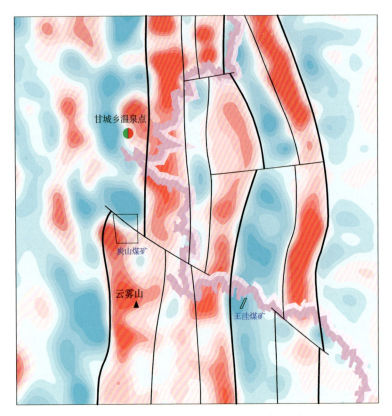

图 4-17 调查区南部热异常矿区位置图

表 4-8 炭山煤矿近似稳态孔底温度统计表

序号	孔号	孔底深度/m	孔底温度/℃
1	ZK1310	1024	41.2
2	ZK1706	1000	40.3
3	ZK1111	940	36.1
4	ZK1311	1015	36.4

表 4-9 银洞沟井田钻孔孔底温度统计表

序号	孔号	孔底深度/m	孔底温度/℃	地温梯度/(℃·100m^{-1})
1	K2008	1091	33.1	2.1
2	K2009	1146	34.4	2.2
3	K2110	1194	38.4	2.3
4	X706	1175	34.9	1.8
平均地温梯度/(℃·100m^{-1})				2.1

第二节 地温梯度特征

地温梯度又称地热梯度或地热增温率,它特指地球内部恒温带以下地温随深度的变化率。地温梯度异常对研究地热资源的形成与分布有着重要作用,它是地温随深度变化特征的另一种表达方式。决定地温梯度高低的基本因素是区域构造-热背景和地层岩石的热导率。本次分别从区域和钻孔两个方面进行分析论证。

一、区域地温梯度

(一)研究区地温梯度平面分布

本次对区域地温梯度的研究主要以前人研究的成果为依据,祁凯等(2018)根据 50 余口钻井计算的现今地温梯度,结合中国大陆地区大地热流数据汇编中记录的鄂尔多斯盆地地温场数据,绘制了鄂尔多斯盆地现今地温梯度平面分布图(图 4-18)。可以看出,鄂尔多斯盆地总体地温梯度呈现中—东部高、西部低,南、北两侧隆起区地温梯度相对较高的特点,地温梯度等值线在盆地内部呈北东—北北东向展布,在南部及北部呈东西向展布,就整个盆地来说,地温梯度分布在 2.2～3.1℃/100m 之间。其中天环坳陷与西缘逆冲带为整个盆地地温梯度的低值区,平均值约为 2.59℃/100m,等值线基本呈北北东向分布,除镇原地区外,地温梯度普遍小于 2.7℃/100m,最低值在 2.2℃/100m 左右,分布在西缘和西南缘。

(二)银川平原地温梯度平面分布

本次以"银川平原深部构造特征研究"项目为指导,利用高空航磁资料估算居里等温面方法,取平均磁化强度 3000×10^3 A/m,居里等温面平均深度 30km,对银川平原航磁资料上延高度 10km,得到银川平原地温梯度分布如图 4-19 所示。平面上,银川平原地温梯度异常以平罗南为中心呈北西向展布,东部隆起区地温梯度在 2～4.4℃/100m 之间,最高值位于银川盆地东缘隆起区的平罗南(4.4℃/100m),由此分析,银川盆地边缘黄河断裂以东地温梯度明显高于盆地内部。

二、钻孔地温梯度

(一)调查区北部钻孔地温梯度

北部三眼井勘探区 18 口煤炭钻孔地温梯度集中分布于 2.0～2.59℃/100m 之间,平均地温梯度为 2.18℃/100m;红一井田地温梯度整体较高,在 2.54～3.72℃/100m 之间,平均地温梯度可达 3.22℃/100m,相邻的红二井田地温梯度相对较低,范围为 1.72～3.29℃/100m,平均地温梯度约 2.63℃/100m;南段以天山海世界地热井田全井段地温梯度分布特征为例,纵向上,隆起区地温梯度变化直接受地层岩性控制。上部新生界中粗砂岩及泥岩地层中,地温

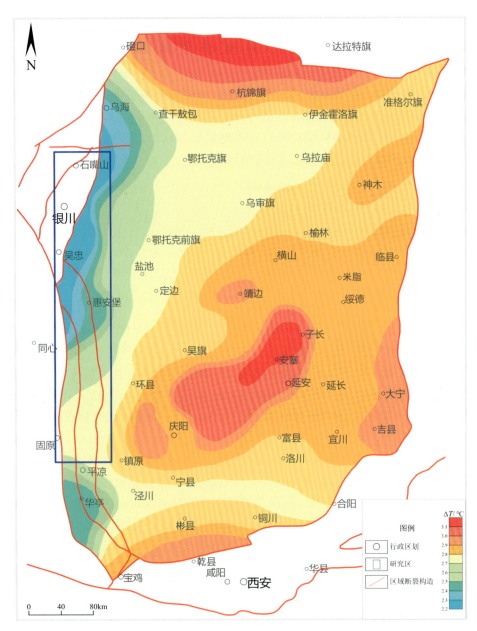

图 4-18　鄂尔多斯盆地西缘现今地温梯度分布平面

梯度由浅部向深部呈线性逐渐增大,但幅度不大;中部古生界石炭系—二叠系含煤地层中地温梯度随着深度明显陡增,最高可达 5.04℃/100m;于深部穿过煤系地层进入奥陶系浅灰色—深灰色灰岩后地温梯度则又逐渐变小,同上覆新生界变化幅度相比,幅度较大(图 4-20)。

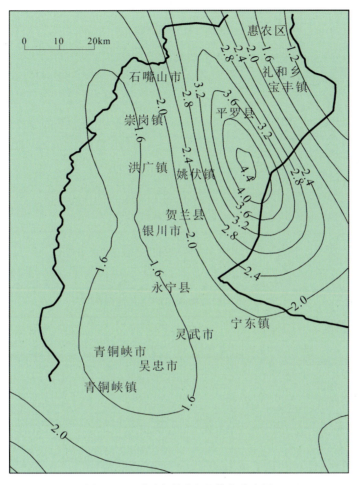

图 4-19 银川平原地温梯度分布图

(二) 调查区中部钻孔地温梯度

从不同矿区地温梯度平均值可以看出,整体上,韦五矿区3口钻孔地温梯度差别不大,均值为2.51℃/100m;韦三矿区地温梯度在1.89~2.96℃/100m之间,平均值为2.29℃/100m,略低于北部韦五矿区;韦二矿区地温梯度变化较大,在1.66~2.75℃/100m之间,平均值约为2.31℃/100m。

(三) 调查区南部钻孔地温梯度

炭山勘查区测温孔地温梯度结果揭示,除个别钻孔外,该区钻孔地温梯度集中分布于2.0~2.9℃/100m之间,平均值为2.3℃/100m(表4-10);南段银洞沟井田地温梯度相对较低,分布范围在1.8~2.3℃/100m之间,平均值约为2.1℃/100m(表4-9)。

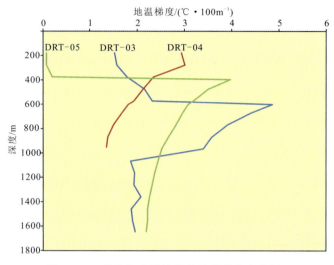

图 4-20 天山海世界地热井地温梯度变化图

表 4-10 炭山勘查区测温孔地温梯度

孔号	地温梯度/(℃·100m^{-1})	孔号	地温梯度/(℃·100m^{-1})
ZK1009	1.8	ZK912	1.1
ZK1310	2.9	ZK1008	1.3
ZK1604	2.3	ZK1110	2.3
ZK1706	2.8	ZK1208	2.4
ZK1111	2.5	ZK1309	2.2
ZK1311	2.4	ZK1505	2.0
ZK1602	2.1	ZK1605	2.3
ZK1802	2.9	ZK1804	2.9
ZK1509	2.5	平均地温梯度/(℃·100m^{-1})	2.3

第三节 大地热流特征

大地热流是地球内热在地表最为直接的标志,系指单位时间内以热传导方式通过单位面积流向地表的热量。

一、岩石热导率

岩石热导率是岩石本身传导热的能力及传热特性的表征,数值上等于在稳定热传导条件下,通过单位面积的能量流或热流密度 q(相当于大地热流值)除以一维导热体中的温度梯度(相当于地温梯度)所得的商。其物理意义是,沿热传导方向,在单位厚度岩石两侧的温度为1℃时,单位时间内所通过的热流量,单位为 W/(m·℃)。它与岩石的组分、结构、形成条件、含水状况、温度和压力等有关,是影响热流值和地温场分布的主要因素之一。

地壳中各种岩土类型实验室测定的热导率值一般在 0.8~5.8W/(m·℃)之间,图4-21对全球所测定数值进行了概况展示。总体来说,松散沉积物热导率最低,普遍小于 2.0W/(m·℃),其中干砂、干黏土和耕作土热导率甚至连 1.0W/(m·℃)都达不到,湿砂及黏质砂土热导率稍高一些,但也只是接近页岩、泥灰岩等泥质含量较高的部分低热导率坚硬岩石之值;沉积岩类热导率值跨度很大,煤层和油页岩基本上仅与热导率最低的干砂、干黏土相当,而石英岩、岩盐、石膏和钾盐的热导率在所有岩类中较高,大多高于 4.2W/(m·℃);其余岩类中,岩浆岩、变质岩热导率中等,除玄武岩热导率波动范围较大,一般介于 2.1~4.2W/(m·℃)之间以外,仅橄榄岩和辉石岩的值比一般火成岩高出许多,跨出了高热导率沉积岩类的行列。

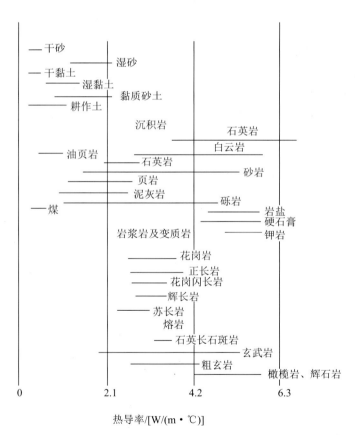

图 4-21　各类岩石的热导率范围图(据汪集旸等,1993;徐世光和郭延生,2009)

与岩石的电导率或磁化率等其他物理性质相比,各类岩石热导率的差异相对较小,但同类岩石的热导率则变幅较大,其中沉积岩类的碳酸盐岩、砂岩和砾岩尤为突出,主要由这些岩石的结构、成分有相当大的差异所致，因而不能以岩石热导率值作为区分岩石类别的标志。据研究，岩石的结构特征和成分是影响岩石热导率的主导因素，在致密岩石中，矿物的性质对热导率起主要控制作用，岩石的裂隙发育程度，对其也有显著影响；在疏松多孔的岩石中，孔隙率及空隙的大小、连通性、含水量及充填物等有关特性，对岩石热导率有较大的影响，温度、压力条件有时也构成影响岩石热导率的重要因素。

总体来说，岩石的热导率随地质年龄的增加而增加，古老的结晶基底及较古老的致密岩石热导率高、热阻小；上覆较新的沉积层，特别是新生界的半固结的或松散的沉积物热导率低、热阻大。岩石热导率具各向异性，平行层面（或片理、片麻理、叶理）的导热性好、热阻小，垂直层理的导热性差、热阻大。在成层岩石褶皱变形且倾角较大的条件下，岩层热导率在侧向有较大的变化，热流即沿热阻较低的部位集中。在正向构造的上部可以观测到较高的热流值，较大的地温梯度和等温面升高等情况。负向构造上部的情况正好相反（中国科学院地质研究所地热组，1978；王贵玲等，2004）。

分析认为，调查区热储层均为奥陶系，主要岩性为石灰岩、白云岩及碳酸盐岩等，石灰岩热导率一般在 $2.0 \sim 3.0 W/(m \cdot ℃)$ 之间，白云岩热导率变化较大，在 $2.3 \sim 6.0 W/(m \cdot ℃)$ 之间；本区盖层主要分为两套，其中石炭系—二叠系、三叠系、侏罗系及白垩系组成第一盖层，古近系、新近系与第四系构成第二盖层，岩性主要以砂岩、粉砂岩、泥岩、泥质砂岩、砂质泥岩、碳质泥岩细砂、砂黏土为主，此类岩石热导率较低，均小于 $2.3 W/(m \cdot ℃)$，石炭系—二叠系含煤地层热导率最低为 $0.61 W/(m \cdot ℃)$。

二、大地热流分布

大地热流密度，简称大地热流或热流，是指单位面积、单位时间内由地球内部传输至地表，而后散发到太空中去的热量。在一维稳态条件下，热流是岩石热导率和垂向地温梯度的乘积，单位为 mW/m^2。其中热流所描述的是稳态热传导所传输的热量，在非稳态或有对流参与的情况下，如存在水热活动的热异常区，地球的散热量可以用热流通量来表征，它包含了传导和对流热流分量的总和。

大地热流是岩层中最主要的普遍存在的热源，是地壳深部热特征的反映，是标志区域基本地热特征的热量参数。大地热流是一个综合性热参数，比其他更基础的地热参数（如温度、地温梯度）更能确切地反映一个地区地热场的特征，盆地地热场是一个动态变化因子，主要与岩层的热导率、热源及热传导方式有关。具体影响因素主要有莫霍面与居里等温面的深度、基底花岗岩层的厚度（或基底起伏）、岩层热导率及大地构造位置等。例如：高热导率岩石分布区，其地温梯度可能不高，但热流值却可能比较高。热流的测定和分析属于地热研究的一项基础性工作。在理论上，它对地壳的热状态与活动性、地壳与上地幔的热结构及其与某些地球物理场的关系等理论问题的研究具有重要意义；在应用上，它是区域热状况及地壳稳定性评定、矿山深部地温预测与热害防治、地热资源潜力与资源量评价、油气生成能力与生油过程分析等应用方面的一个基础性参数。

对大地热流的测定通常采用的方法并非直接测量，而是间接测量，具体可以归结为地温梯度和岩石热导率两个参数的测定。在陆地上，通常由钻井地温测量来获取垂向地温梯度，而岩石热导率则通常是选取测温段内有代表性的岩芯样品或地表露头样品在实验室进行测定。陆地热流测试一般是在钻井中测量地温和采集相应层段的岩样,然后分别确定其地温梯度和在实验室测定岩层热导率,有了这两个参数就可以获得热导率。

大地热流图是表征地表热流空间变化和识别区域性热流异常的重要图件,进行热流图编制的数据基础是传导型的热流数据。与热流图相对应的是热流通量图,热流通量图所表达的是地表单位面积和单位时间的散热量,它包含了传导和对流散热的总量,因此适宜在地热异常区或地表热显示比较强烈的地区使用。

国际上最早的热流测量始于1939年在南非开展的地热测量,海洋热流量于1952年获得首批可靠数据。我国热流测试工作始于20世纪50年代末,60年代初曾有过3个热流值的报道。1978年,中国科学院地质研究所地热组正式发表了在华北地区获得的首批17个数据。近半个世纪以来,在国家和各部门的大力支持下,许多单位和科学家为我国大地热流研究作出了贡献,取得了一大批测量数据。除中国科学院地质与地球物理研究所外,中国科学院南海海洋研究所、中国地质科学院地质力学所、国家地震局地质研究所、北京大学、南京大学、天津大学、吉林大学、西藏羊八井地热地质大队及中国石油天然气集团公司(以下简称中石油)、中国石油化工集团公司(以下简称中石化)、中国海洋石油总公司(以下简称中海油)等单位也开展了理论地热和应用地热研究。截至2001年,我国大陆地区已有862个大地热流数据(胡圣标等,2001),近几年又获得了一大批新的数据(徐明等,2010,2011;Liu,2015)。

鉴于发表热流数据的刊物相当分散,且数据质量参差不齐,不利于数据的有效利用和分析,中国科学院地质与地球物理研究所已经先后对我国热流数据进行了6次汇编(表4-11),其中只有第一次、第二次汇编的热流数据已分别以《中国大陆地区大地热流数据汇编》第一版和第二版的形式公布(汪集暘和黄少鹏,1988),其他几次汇编仅公布了统计结果,未发表汇编收录的具体热流数据。根据最后一次热流数据汇编结果,将自第二版数据公布以来新增热流数据汇编成《中国大陆地区大地热流数据汇编(第三版)》(胡圣标等,2001)。

表4-11 中国大陆地区历次热流数据汇编资料及统计结果

汇编次数	数量*	热流/(mW·m²)				汇编人与汇编时间
		范围	平均±SD	平均(去D类)	质量加权平均**	
1	167/—	26~84	63.3±19.0	—	61.5	汪集暘和黄少鹏(1988)
2	366/352	22~84	70.1±29.5	66.4±16.2	66.5(30~140)	汪集暘和黄少鹏(1990)
3	441/427	25~110	68.9±27.6	65.8±15.0	66.0(30~110)	Huang和Wang(1992)
4	485/469	20~319	68.4±26.8	65.6±16.0	66.1(30~140)	汪集暘等(1994)
5	681/653	20~319	65.6±25.5	63.2±15.7	63.7(30~140)	Xiong等(1995)
6	862/823	23~319	62.6±24.2	60.9±15.5	61.2(30~140)	胡圣标等(2001)

注:*热流数据总数/剔除"D"类热流数据后的数量;**括号内为剔除"D"类数据后的热流值范围,据胡圣标等,2001。

最后一次汇编的热流数据中,中国大陆地区实测热流值变化为 $23\sim319\mathrm{mW/m^2}$,算术平均值为 $(62.6\pm24.2)\mathrm{mW/m^2}$,较历次汇编的平均值有明显降低,原因是早期热流数据主要集中在热流较高的东部地区,而近些年西北低热流地区的数据已显著增加。除去 39 个 D 类热流数据后,热流平均值为 $(60.9\pm15.5)\mathrm{mW/m^2}$,热流变化范围为 $30\sim140\mathrm{mW/m^2}$。

在早期的中国大陆地区热流数据汇编和分析过程中,由于热流数据稀少,中国大陆地区热流图是以散点图和不同符号标识热流值高低,或以 1°×1°经纬网格的形式表达的。中国大陆地区热流分布格局的描述在早期虽然测点的数量和分布局限,但还是可以看出东高西低、南高北低的基本特征(Wang et al.,1996)。

Hu 等(2000)基于扩充的热流数据和同一区域构造-热单元具有相似热流特征的认知,通过热流测量空白区物理场内插的方式,编制了中国大陆地区以等值线方式表达的热流图。2011 年在《中国大陆地区大地热流数据汇编(第三版)》的基础上,汪集暘等(2011)补充了最近这些年在四川、塔里木、江汉和渤海湾盆地新测的数据,合计 921 个热流数据,编制了新版热流图。增加数据后相应的统计结果与最后一次汇编结果差异不大:中国大陆地区实测热流值变化为 $23\sim319\mathrm{mW/m^2}$,平均值为 $(63\pm24.2)\mathrm{mW/m^2}$;剔除与地表热异常相关的数据后,热流值变化范围为 $30\sim140\mathrm{mW/m^2}$,平均值为 $(61\pm15.5)\mathrm{mW/m^2}$。

随着热流测点的增加,中国各构造单元均有热流测点分布,测点的覆盖率已得明显改善,但测点的地理分布仍不均匀。中国大陆地区的区域热流分布格局可更精细地描述为东高中低,西南高,西北低。热流最高的地区为藏-滇地区,其次是我国东部地区,松辽盆地及周缘,环渤海湾盆地及东南沿海地区,而中部和西北部沿海地区以低热流为特征,这种区域性的热流分布格局主要受中、新生代岩石圈深部动力学过程控制。在中部和西北部低热流背景下,局部地区出现的较高热流正异常或许与新生代裂谷作用有关,如鄂尔多斯盆地东南沿的汾渭地堑、西侧的银川地堑中的热异常;而东部高热流背景下的热异常则可能与地下水对流系统的深循环地下水沿断裂系统的排泄有关,如漳州、福州地区的热异常(汪集暘,2015)。

李清林等(1996)对鄂尔多斯及周缘地热分布的某些特征进行了详细研究,并绘制了鄂尔多斯及其周缘大地热流分布图(图 4-22)。由图可明显看出,鄂尔多斯块体内大地热流值整体偏低,平均值为 $52\mathrm{mW/m^2}$,且其北部低于南部。究其原因,可能与其构造活动弱及断裂构造不发育有一定关系。鄂尔多斯周缘呈现出环状大地热流高值异常带。山西断陷盆地及银川、黄河谷地、渭河谷地等断陷盆地区均为高热流区,其大地热流分布各具特点,且与鄂尔多斯块体内部有着明显不同的分布规律。这些断陷盆地内高热流的存在对鄂尔多斯块体地温分布有明显的影响。鄂尔多斯西缘的宁夏平罗热流值为 $276\mathrm{mW/m^2}$,石嘴山热流值为 $84\mathrm{mW/m^2}$。

第四节 地温分布影响因素

地表所观测到的热流是由来自深部的区域背景热流在地壳浅部受到各种因素影响而叠加或再分配的结果,地表热流异常的规模取决于产生热异常的深部动力学过程的埋深、强度

第四章 鄂尔多斯西缘地温场特征分析

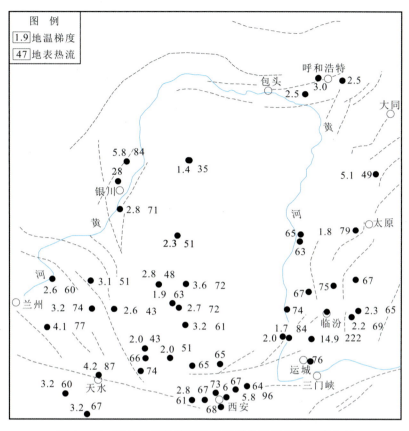

图 4-22 鄂尔多斯及其周缘地区低热流和地温梯度分布

则与这一热作用过程的类型,即热产生和传递的方式有关。因此地表热流的控制因素包括浅部因素和深部因素两类。地表热流异常的规模取决于产生热异常的深部动力学过程的埋深,强度则与这一过程的类型,即热生成和热传递的方式有关。通常,局部异常起因于浅部因素,区域异常源自深部因素。

一、地温控制因素

(一)深部结构

深部结构对地温场、区内大地热流分布具有强烈的控制作用。鄂尔多斯西缘在上地幔上隆、中下地壳流展、上地壳拉张减薄的深部热背景下,热储层将受到地幔热源更加强烈的烘烤,深部地幔物质上涌,沿深大控热断裂传递至浅部加热浅层沉积体,使得地温分布异常高。这种深部结构控制作用致使鄂尔多斯西缘表现出相对较高的地温异常,其中北部深大控热断裂以黄河断裂为代表,黄河断裂作为盆地边缘一张性断裂,具有规模大、切割深、延伸远等特征;中部及南部深大断裂则以青铜峡-固原断裂为典型,它作为继承性断裂,早期为张性断裂,切割深度直抵地壳以下,后期受到北东向挤压应力作用,逐步演变为逆冲断裂。两条深大断裂后缘发育的同性质次级断裂规模逐次降低,同主断裂共同构成了高地温异常聚集的主要通道(任文波,2019)。

此外,莫霍面(Moho)埋深(即地壳厚度)与区域地热分布也有着密切的关系,埋深越大(地壳越厚),地温越低。相反,埋深越浅(地壳越薄),地温越高。许英才等(2018)根据布设的119个台站下方的地壳结构参数,绘制了鄂尔多斯地块西缘的莫霍面深度空间分布(图4-23)。由图可见,鄂尔多斯地块西缘莫霍面深度的分区特征明显,莫霍面深度变化范围为36~58km,起伏变化较大,大体呈南厚北薄、西厚东薄的特征,这一特征可能是由华北克拉通西部与青藏高原东北缘接触的过程中,其南部主要为造山带,而其北部为稳定的克拉通这一构造原因所导致。本次研究区莫霍面深度集中在36~55km之间。研究区北部银川盆地东缘莫霍面深度在36~42km之间,灵武以北莫霍面埋深均在40km以下;中部韦州-马家滩褶断带内莫霍面深度在40~45km之间,莫霍面最浅处达到41km左右,相比较,此处莫霍面相对于北部陶乐-横山堡褶断带较厚,因此推断此处虽存在地热,但热源条件较北部地区稍差;南部莫霍面深度主要集中在46~50km之间,个别区域甚至可达52km左右,虽有地热存在的表征,但热源条件相对较差。

(二)区域大地构造

大地构造性质及所处构造部位,是决定盆地区域地温场基本背景的最重要的控制因素。研究区处于青藏高原东北缘的祁连地槽褶皱系与华北克拉通西部边缘接触所形成的过渡带(张培震等,2002;王伟涛等,2014)。自始新世以来,由于受到青藏高原东北缘北东向的挤压作用,华北克拉通地块内的二级地块——鄂尔多斯地块的西缘发生了新一轮的裂陷作用,燕山运动形成的古贺兰山隆起解体(张宏仁等,2013;刘保金等,2017),其中一部分陷落为银川地堑,鄂尔多斯西部的银川地堑以东部分则与鄂尔多斯台坳拼接,组成新的鄂尔多斯地块,而贺兰山隆起与银川地堑、吉兰泰盆地组成的盆岭构造,成为围绕鄂尔多斯地块断陷盆地的一部分(赵红格等,2007)。研究区南部以青藏地块与鄂尔多斯西缘的南北向构造为界,逐渐发展成一系列断裂带(张晓亮等,2011)。特殊的地质构造造成了该区域地震频发、强度大和灾害严重的基本特点,且地震频发点聚集于北部陶乐-横山堡陆缘褶断带,自1970年以来,先后发生过22次强震,包括银川-平罗M8级地震1次,M6级地震2次。小震集中区自北至南分为3段,3段之间有明显的空段:北段小震分布于兴庆区—永宁县一带,以望远凹陷为北段集中分布区,展布于银川隐伏断裂南段,并沿该断裂走向分布,带状性质明显,该密集带长约26km;中段以4级以下小震居多,集中分布于吴忠、灵武市范围灵武凹陷内,为银川平原地区吴忠-灵武地震活动密集区,且处于近南北向黄河断裂及北北西向吴忠断裂的交会部位;南段小震亦呈集中分布现象,数量较中段少,展布于北西向牛首山断裂及北东向白土岗-芒哈图断裂的交会处。

二、地温影响因素

区域地温场在深部结构、大地构造控制下分布,还受基底及其起伏形态、断裂结构分布、

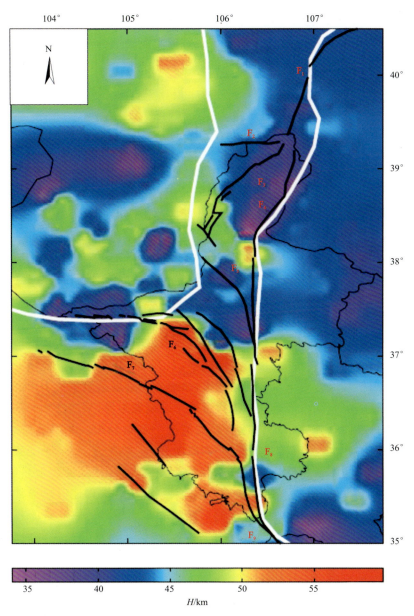

图4-23 鄂尔多斯西缘莫霍面深度图(据许英才等,2018)

岩石性质、地形及降水等因素影响。

(一)岩石性质

通常情况下热导率较高的都是比热容较低的金属单质或化合物、石英单质、岩盐、膏岩及结晶岩类等,石英含量较高的纯净砂岩、石英岩及其变质岩类和致密硬度较高的花岗岩、灰岩等也具有良好的热传导能力。相对松散又软弱的粉砂岩、泥岩等导热能力差,在不同地区组合方式多样的岩性变化使得区域地温产生差异,进而形成不同的地温分布特点。在鄂尔多斯西缘中,热导率较低的新生代—古生代石炭系—二叠系砂泥岩层组及煤系地层覆盖在古生代寒武系—奥陶系褶皱基底上,起到了良好的隔温盖层的效果,使得由深部传递而来的热量不易散失,聚集保存在盆地中盖层底部或基底顶部。

(二)基底性质及基底起伏

基底起伏形态对地温场的影响主要是不同的构造形态如隆起、坳陷使得岩石热物理性质在侧向上产生不均一性所导致的。这种影响的实质是深部地幔热流在基底形态的起伏下向隆起区聚集,在下凹区加速流动,在上覆的砂泥岩巨厚盖层遮挡下富集,因而隆起区通常显示地热场异常。如北段陶乐-横山堡陆缘褶断带基底在陶乐东、月牙湖、红墩子矿区及天山海世界等区域产生条带状凸起,故而在这些凸起区显示高温异常,而在三眼井煤矿区这类隆中凹区域地温相对较小;中段韦州-马家滩褶断带内太阳山温泉点则位于青龙山隆起带内,另对韦州矿区地温异常分析认为,西翼靠近深大断裂及隆起区的部位地温高于东翼;南段甘城乡双井村温泉点及泾源县楼房沟温泉点同样位于基底隆升较高的隆起区内。

(三)断裂结构

断裂结构对地温分布的影响主要表现在以下3个方面:①由于区域构造应力的影响,岩层发生错断,将产生大量的能量,或在断裂形成中,上下盘摩擦产生部分能量,一般的封闭性断层和压剪性断层不会成为地下水的循环通道,这部分能量逐渐聚集成为附加热源,从而导致地温的热异常。②研究区内部的次一级构造单元以断裂为界,呈凹凸相间的分布格局,这种格局导致深部传导的热能在浅层构造分异的情况下重新分配。北部黄河断裂及次级断裂、车道-阿色浪断裂,中段及南段的青铜峡-固原断裂、青龙山-平凉断裂、惠安堡-沙井子断裂等将鄂尔多斯西缘切割成凹凸相间的条带状构造样式,这种样式使得地热能在凸起区聚集,它所分配的热能大多数沿断裂传递或逸散,这也是沿断裂发育地区热异常显示较高,而其他地区相对较低的原因之一。③断裂带的活跃程度及规模是地热异常的直接显示,譬如在黄河断裂及青铜峡-固原断裂附近,因现今仍具有活动性,可能是与深部循环沟通的渠道而使得断裂带附近显示热异常。断裂可作为地下热流体循环对流的通道,往往深大控热断裂的延伸方向存在明显的呈带状地热异常显示。

(四)地形与降水

地形的起伏及频繁的降水过程会对地温分布产生一定的影响。山体会抬高山底等温面,使得地温梯度下降,地形起伏会产生侧向的散热,使得温度下降。频繁的降水过程产生的径流会使地温下降,一般来说,分布广阔的山区、丘陵多为低温分布区。例如:北段黄河东岸区域以平原区为主,而中、南段分布的山区较多,且南段降水量大于北段,推测中、南段地温相对于北段低可能与地形和降水有关,但这种影响因素所占权重相对较小。

第五章　鄂尔多斯西缘地热资源富集规律研究

第一节　地热资源类型

一、分类要素

地热系统是指地热能的富集程度足以构成能量资源的地质系统。关于地热系统的划分,国内外有多种划分方案,现择有代表性的方案简述如下。

(一)Rybach(1981)的方案

Rybach(1981)根据地热系统的地质环境和热量传递方式划分为两大类(表5-1,图5-1)。

表5-1　Rybach(1981)地热系统划分方案对流型地热系统

对流型地热系统	传导型地热系统
①与浅成年轻酸性侵入活动有关并出现在具高孔隙率和渗透率的地质环境中的水热系统。 ②出现在区域热流量高至正常区域内的低孔隙率—破碎带渗透率环境中的环流系统	①存在于热流量正常或略高于正常的区域内的高孔隙率和渗透沉积层(包括地压带)中的低温含水层。 ②高温低渗透率环境中的干热岩系统

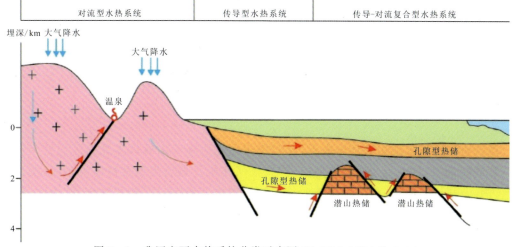

图5-1　我国主要水热系统分类示意图(据王贵玲和蔺文静,2020)

(二)黄尚瑶(1983)的方案

黄尚瑶在对我国热水型地热系统研究的基础上,分析我国地热资源形成与控制其分布的地质构造热背景和对典型地热田的剖析后,将我国热水型地热系统分为隆起山地对流型和沉积盆地传导型两大类地热资源,隆起山地对流型地热资源又可细分为板缘火山型、板缘非火山型和板内深循环型3类地热资源,沉积盆地传导型地热资源又可细分为断陷盆地型和坳陷盆地型2类地热资源,共两类五型。

(三)按热储温度划分的方案

目前我国现行的地热资源评价标准为《地热资源评价方法》(DZ 40—1985),它将地热资源按热储温度划分为5类,即冷水、低温、中低温、中温、高温(表5-2)。

表 5-2 地热资源划分标准

温度/℃	地热田类型
<20	冷水
≥20~40	低温
≥40~60	中低温
≥60~当地沸点	中温
≥当地沸点	高温

目前,宁夏回族自治区地热资源从大地热流分析及已有地热井、温泉等资料显示来看属于中低温地热资源,从热储温度划分地热资源的角度来讲意义不大。而影响地热资源成因及分布的因素主要有热源、热储层、盖层等,从地热资源形成与控制其分布的地质构造热背景来看,全区地热资源系统主要有两类,即盆地热传导型和隆起对流型。靠近鄂尔多斯地块一侧软流层、莫霍面均呈明显上隆形态,由于软流层和莫霍面上隆,深部热流上涌,高温熔融物质向上地壳侵位,结果是相应部位升温,并可能形成局部熔融,使地壳深部具有较高的温度,为一典型的"沉积盆地型地热资源"。隆起对流型地热系统中,深大断裂是局部控制地热异常的主导型构造,深大断裂形成大气降水、地表水等入渗,径流和深部热流上移、对流的通道,使热流在合适的部位形成地热异常。

二、类型归属

以调查区所在大地构造环境来看,它与银川盆地边缘天山海世界地热区均处于鄂尔多斯西缘冲断带内,具有相似地热地质条件,并以河北雄县地热类型及特征为参考,按照热量传递方式及热储温度划分,鄂尔多斯西缘地热应以中低温"传导-对流复合型"为主,依据构造成因,本区地热资源类型归属为盆地边缘"隆起断裂型"。

第二节 地热资源成藏地质条件

一、热源

热源是地热系统形成的基础。已有研究表明,位于地壳浅部 5km 以内的岩浆岩在 5～20Ma 期间可冷却至围岩温度,只有新近纪以来浅层次侵入的规模较大的岩浆岩体能对地热热源具有显著贡献(张朝锋等,2018)。对非岩浆型地热系统,主要以地球深部传热和放射性物质生热作为热源,较高的热背景值对地热系统的形成非常关键。

(一)利用航磁资料分析热源

深部温度界面又称居里等温面,是岩石中铁磁性矿物因温度升高达到居里点而失去铁磁性,变为顺磁性时的温度界面。20 世纪 70 年代末以来,国内外学者开始利用航磁资料来研究居里等温面,如在美国的黄石公园、亚利桑那州、犹他州,乌克兰地盾区,日本等。这些工作对地震成因、地热勘查、地壳动力学、内生金属矿床成矿作用、油气成因研究都具有重要的意义。

假设地壳岩石中出现的主要铁磁性相为纯磁铁矿(居里点为 578℃),根据不同地区的温度剖面资料,求得全球平均居里面深度为 20km。在正常的大陆地壳中,温度并未达到磁铁矿的居里点,尤其在低热流的地盾区,居里面可以位于莫霍面以下。而在超过正常热流值 1 倍的陆区,居里温度可在 25km 深处出现。在有巨大岩浆库的火山活动区,居里面的深度则更小一些。

由于地热流、化学成分与压力-温度-氧挥发度条件不同,世界各地的居里等温面深度相差很大。最浅的在美国黄石公园,仅 5～6km 深,并与火山口分布的中心位置吻合;最深的在乌克兰地盾区,深度为 55～120km,平均为 80km。在乌克兰地盾区以外的盆地及坳陷区,深度减少至 40～50km。

Mayher(1985,1988)提出了利用高空磁卫星资料反演磁性下界面的方法,该方法建立在球坐标系统,刘天佑(1987)将它推广为平面直角坐标系统并改用为航磁资料反演磁性下界面。

鄂尔多斯西缘断冲断带处于我国南北构造带上,这一特定的大地构造环境造就了该区良好的深部热源条件。从以银川平原航磁资料为基础估算的银川平原居里等温面可以看出(图 5-2),等温面隆起区以平罗为中心呈北西向展布,南东向居里面深度较浅,等深线逐渐圈闭。由此认为,银川盆地东缘居里等温面相对较浅,其软流层、莫霍面均呈明显上隆形态,由于软流层和莫霍面上隆,深部热流上涌,高温熔融物质向上地壳侵位,其结果是相应部位升温,并可能形成局部熔融,使地壳深部具有较高的温度。因此,大地热流为主要地热热源。

此外,从宁夏回族自治区 1∶20 万航磁异常图(图 5-3)可以看出,调查区北段陶乐、灵沙、礼和以东的陶利井北部分布一处大面积、近似圆形的高磁异常,异常中心磁异常极值能够达到 810nT,开展过地面磁测工作,计算平均埋深 5.5km。这可能是地壳深部磁性物质垂

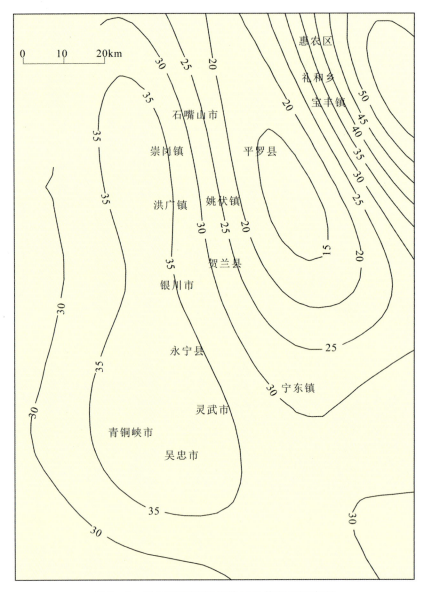

图 5-2 银川平原航磁估算居里等温面深度图

向上侵所引起,推测为巴音陶亥火成岩体;调查区中部位于马家滩镇南展布一处不规则三角形的高磁异常,异常极值为175nT,以60nT等值线圈定异常区面积786km²,切线法计算磁性体平均埋深3.8km,推断为与岩浆岩有关的异常(马家滩变质岩体),为古元古界变质岩基底隆起区;其西南侧位于大罗山呈椭圆状北北西向展布的高磁异常,规模和幅值均小于北部两处,异常极值大小为52nT,以20nT等值线圈定异常面积613km²,异常被南北向展布的断裂贯穿,断裂西侧出露条带状奥陶系米钵山组,推断可能与岩浆活动有关,为古元古界变质岩基底隆起区。

第五章 鄂尔多斯西缘地热资源富集规律研究

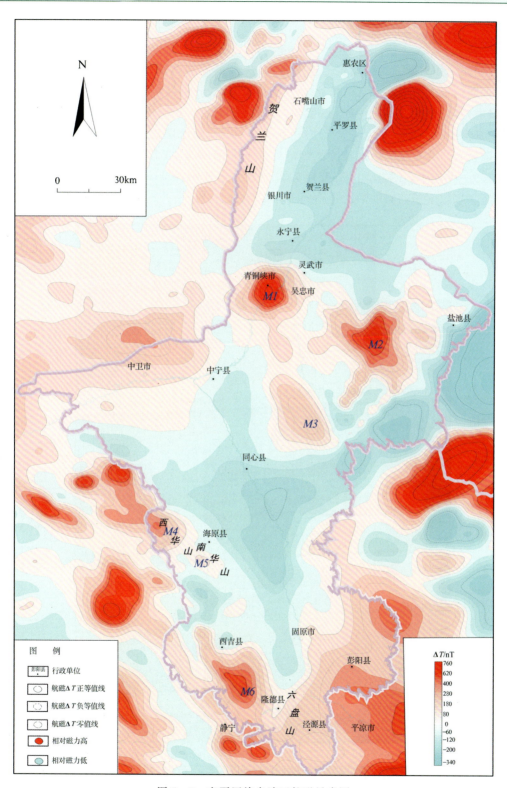

图 5-3 宁夏回族自治区航磁异常图

(二)泊松比分布

泊松比 σ 作为研究地壳结构的重要参数之一,其变化范围标志着岩石成分及种类的变化,且大陆地壳的物质组分与泊松比大小有关(Christensen,1996)。一般来说,随着 SiO_2 含量的增大,其泊松比变小。例如:长英质的酸性岩($\sigma \leqslant 0.26$)、中性岩($0.26 < \sigma \leqslant 0.28$)和铁镁质的基性岩($0.28 < \sigma \leqslant 0.30$),若泊松比大于 0.30,则说明该区域可能为破碎带(存在流体,孔隙度大),甚至是经历过较为强烈的蛇纹石化的断裂,或者发生了部分区域熔融(宫猛等,2015)。许英才等(2018)以宁夏回族自治区及周缘地区 119 个台站的泊松比分布为基础,绘制了鄂尔多斯西缘的泊松比空间分布图(图 5-4)。

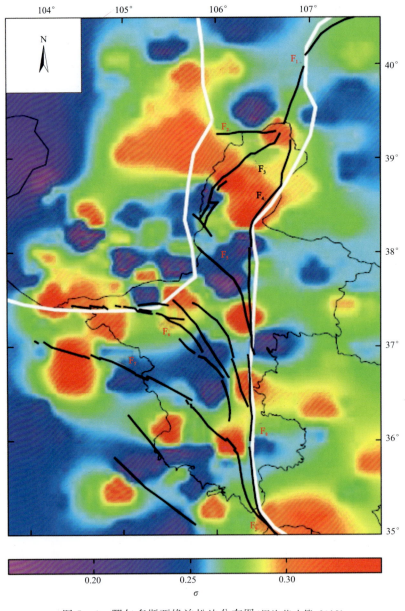

图 5-4　鄂尔多斯西缘泊松比分布图(据许英才等,2018)

从图 5-4 可以看出，调查区内泊松比整体较高，除吴忠、青铜峡地区外，大多数集中于 0.25～0.3 之间，北段陶乐-横山堡褶断带内泊松比大于 0.3，说明破碎带较发育，也暗示着陶乐-横山堡褶断带内中性岩含量和铁镁质基性岩含量相对较高；中段韦州-马家滩褶断带泊松比变化范围较大，在 0.15～0.35 之间，青铜峡-固原断裂北段泊松比普遍小于 0.25，中段分布于大、小罗山一线两侧泊松比甚至可达 0.3 以上，这也暗示着此处地壳底部可能存在局部熔融物质；南段车道-彭阳褶断带大多地区位于 0.25 以上，青铜峡-固原断裂南段两侧在彭阳、平凉等地泊松比甚至达到 0.3 以上，结合青铜峡-固原断裂先张后逆的特性，不排除青铜峡-固原断裂为超壳断裂的可能性，也进一步证实了南段亦可能存在地幔物质上涌的表征。

综合分析，调查区热源主要来自两个方面：一是地球深部正常增温的热能；二是可能与下地壳底部的局部熔融有关。

二、热储

热储指含有流体且地热能相对富集的地质体，该地质体中的能源或物质可通过直接开采地热流体而被人们所利用，它是地热资源天然的"仓库"。一定的热储形式，不仅与热水的成因有关，也指示了地热资源的潜在能量及对它的勘探方法(包括地球物理方法)。根据钻孔揭露的地层岩性特征分析，结合区域地层分区情况及地层出露特征分析，鄂尔多斯西缘地热储层为奥陶系。奥陶纪早期延续寒武纪的沉积特征，发育一套以碳酸盐岩为主的陆表海沉积地层，其厚度近千米(李雄，2015)。

(一)热储结构

热储结构对地热形成起着重要作用，与热水成因也有一定关系。正确地划分热储类型，能揭示地热资源的潜在能量和勘探方法。

根据热流的赋存形式，热储结构可划分为层状热储和带状热储。正常大地热流条件下形成的地热因靠充分吸收围岩热量、大面积交换热能，故其热储结构为层状热储；受断层影响，切穿上地幔，把深部热液带至地表的热储多沿断层线状分布，其热储结构为带状热储，多受深大断裂控制。

层控热储具一定层控性，由盖层系统、热储系统和基底系统组成。热储体赋存于一定层位，呈层状产出，有一定厚度且比较稳定。岩石破碎，热传导率高，渗透性高，有上覆隔热盖层，热储空间大，资源丰富。

(二)热储的岩性和埋藏条件

1. 调查区北段热储条件

1)重磁异常特征分析

由重磁对应分析的结果可知，天山海世界地热井 DRT-03 很好地落在了重力异常小波 2 阶细节的局部高重异常上，且位于黄河断裂附近，反映出该区域为奥陶系(O)热储层的隆升区(图5-5a)。对于磁异常,可见地热井位于局部高磁异常附近,推测本区深部磁性基底埋深相对较浅,为区域性深部热源的有利区(图5-5b)。

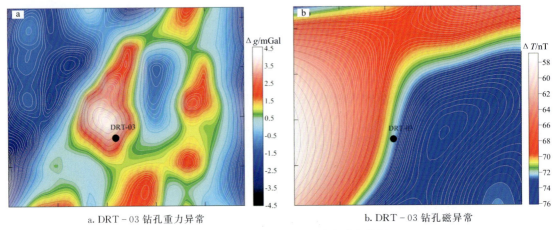

a. DRT-03钻孔重力异常　　　　b. DRT-03钻孔磁异常

图5-5　DRT-03钻孔重磁异常对应分析

2)奥陶系构造反演

奥陶系是本区地热赋存的重要地层,反演其构造形态,是研究地热赋存的基础。

调查区各地层间由浅至深存在2个密度界面,分别为新近系—古近系与石炭系—二叠系之间密度界面和石炭系—二叠系与奥陶系之间密度界面[第2密度界面($\Delta\sigma_{2,3}$)]。具体地,新生界密度整体偏低,平均值为$1.91g/cm^3$,与下伏的石炭系—二叠系形成了密度差为$0.68g/cm^3$的第1密度界面($\Delta\sigma_{1,2}$),深部奥陶系密度明显增大,平均值为$2.71g/cm^3$,与上覆的石炭系—二叠系形成了密度差为$0.12g/cm^3$的第2密度界面($\Delta\sigma_{2,3}$),上述两个密度界面直接影响了本区重力异常分布,其中第2密度界面对奥陶系基底顶面起伏形态起着决定性作用,为奥陶系基底顶面构造反演提供了密度物性前提。

基于1∶5万重力资料,利用平面帕克法密度界面反演银川断陷盆地南部奥陶系顶面构造。已知DRT-03、LS01和Ren1三口钻孔钻遇的奥陶系顶面深度分别为791m、800m、788m,与实钻深度对比,反演深度偏差小于50m,二者吻合,从侧面印证了奥陶系储热层顶面反演结果的可靠性(表5-3)。

表5-3　奥陶系顶面深度对比

钻孔	DRT-03	LS01	Ren1
实钻深度/m	791	800	788
反演深度/m	812	833	818
偏差/m	21	33	30

由图5-6可知,陶乐-横山堡褶断带内奥陶系隆升区域呈明显的长条状分布,南部灵武东部基本呈单一条带南北向展布,钻孔 LS01 位于该条带中部西侧斜坡部位,隆升幅度比较大,最高区域埋深为 247m;延伸至临河镇西南处分为两个北北东向隆升带,相较于南部隆起条带,幅度有所下降;到钻孔 DRT-03 西北处,两条隆起条带合二为一,并再次隆升明显,通贵乡东侧达到最高区域,埋深为 485m。上述奥陶系的隆升条带平面展布严格受黄河主断裂及其次级附属断裂的控制,是寻找天山海世界"传导-对流复合型"地热的潜力区(虎新军等,2022)。

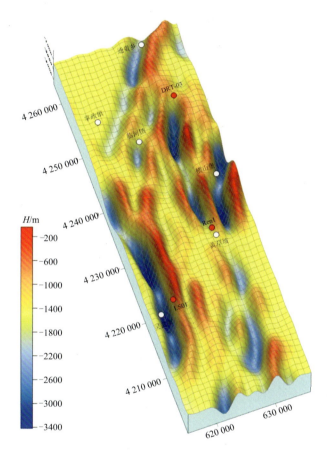

图 5-6 帕克法密度界面反演古生界基底深度图

整体上,受基底构造控制,本区奥陶系热储层顶板埋深 700～1050m,厚度近千米。岩性主要为泥质灰岩、泥灰岩、白云岩、页岩互层,岩层裂隙发育,裂隙率为 2.70%～20%,渗透率为 0.01～115.4μm²。测井温度、地温梯度数据显示(图5-7),该段井温较高,为 38～64℃,地温梯度变化缓慢且随深度增加而逐渐减小。即该层段富水性好、裂隙发育、地层厚度大,可作为有利的热储层。

2. 调查区中段热储条件

以调查区中段 1:20 万布格重力数据为基础,采用小波变换方法对此数据进行多尺度

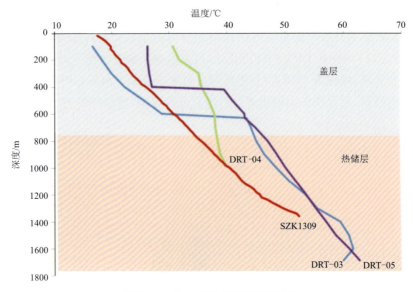

图 5-7　地热井地层温度变化图

分解,将分解的各阶次重力场与钻孔分层数据对比,2阶细节场功率谱分析场源似深度约2248m,可作为奥陶系褶皱基底顶面起伏产生的场。依据上述分析结果,利用平面帕克法密度界面反演研究区奥陶系基底深度,根据物性资料选取界面密度0.15g/cm³、迭代次数20、正则化因子30。区内钻孔资料显示,仅有鸳探2井钻遇奥陶系在1981m,平面帕克法密度界面反演的结果显示的鸳探2井的界面深度为1765m,数据吻合、接近,以界面深度反演结果作为奥陶系上界面深度是相对可靠的。

结果表明,奥陶系顶界面起伏形态整体表现为明显的"高低相间"的长条状特征,暖泉—庙山一线北部以北东向展布为主,以南区域呈北北西向及近南北向展布。总体上,奥陶系顶面埋深在700～3350m之间,隆升最高区域位于大、小罗山与青龙山一带,最高区域埋深为820m;北部任一井揭示,奥陶系厚度应在1000m左右(图5-8)。

依据韦州井田煤炭勘查报告,奥陶系岩性以灰色、深灰色中厚层状石灰岩、泥质灰岩、白云质灰岩为主,局部有灰绿色、暗黄绿色、紫红色板状细砂岩与粉砂岩互层,夹中粗粒砂岩。据银1钻孔和银2钻孔资料,奥陶系灰岩进尺分别为268.51m和85.28m,银1钻孔31.58m处发生漏水,最大漏失量为10.2m³/h。抽水试验,水位降低0.073m,单位涌水量达60.48L/(s·m),渗透系数为42m/d。由此可见,此地层富水性及渗透性均极强,可作为有利的热储层。

3. 调查区南段热储条件

调查区南部储层刻画以收集的资料为基础,2005年在平凉地热勘查中完成的3条可控源音频大地电磁测深(CSAMT)剖面(图5-9)显示,电性层呈高低相间近水平层状展布连续性较好,曲线类型基本相同,以HKHA6层电性结构为主,上5层对应着盖层,第6层为热储

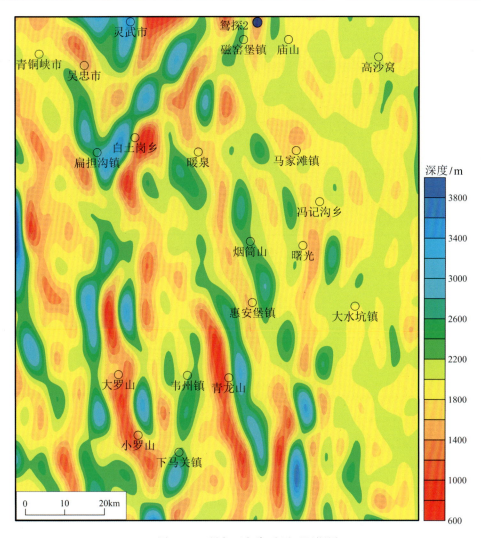

图 5-8 研究区奥陶系顶面埋深图

层,对应着奥陶系平凉组和马家沟组。其中第 6 电性层为底部高阻层,电阻率大于 600Ω·m,厚度未见底,是奥陶系平凉组页岩、砂质页岩与下部马家沟组的厚层灰岩、白云质灰岩,夹硅质灰岩及泥灰岩的综合反映。中南部整体为混合斜坡环境。

从平凉施工的 TC1 测井温度(图 5-10)来看,热储层发育奥陶系碳酸盐岩,岩性主要为白云质灰岩,该段井温为 48℃,平均地温梯度为 1.3℃/100m,地温梯度变化缓慢且随深度增加而逐渐减小,岩石导热率高,可作为有利热储层。

整体上,由北向南中奥陶统碎屑含量增多,朝混合台地-斜坡亚相过渡。早奥陶世—中奥陶世水体突然加深及南部露头中奥陶统凝灰岩的较普遍发育指示了中奥陶世末可能存在一次构造运动或贺兰山—六盘山地区的拉张作用。寒武系—奥陶系以海相沉积为主,呈现出水体逐渐变浅的趋势,表现为深水台地到滨海环境的转变。

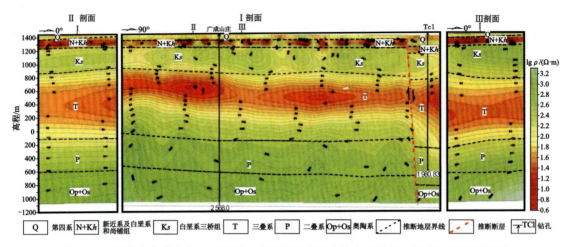

图 5-9　平凉市广成山庄—三天门一带可控源音频大地电磁测深电阻率及推断断面图

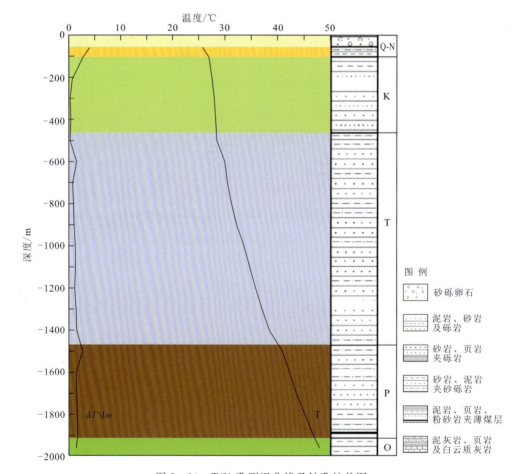

图 5-10　TC1孔测温曲线及钻孔柱状图

三、盖层

盖层是形成地热的有利条件,常见的盖层有第四系、新近系松散盖层,如银川盆地,其第四系及新近系、古近系覆盖层最深处厚达 3000m 以上。第二种类型为相对致密的盖层,如鄂尔多斯西缘奥陶系热储层上的石炭系—二叠系,以砂岩、粉砂岩、泥岩、碳质泥岩为主,总厚度变化较大,最厚可达上千米,基本不含水,是良好的隔水层和地热盖层。第三种类型为"无盖层",在有些温泉出露的地方,热储直接暴露在地表,如太阳山温泉,其奥陶系热储形成的温泉通过断层接触部位直接排泄,形成的温泉附近直接裸露奥陶系。

调查区钻孔资料及前白垩纪古地质图(李斌,2019)揭示,以青龙山-平凉断裂为界,西侧盖层主要为石炭系、二叠系—三叠系、新生界,东侧盖层除上述地层外,存在侏罗系,个别地区发育白垩系。

(一)调查区北段

基于可控源大地电磁测量剖面 WL-01(CSAMT)对储、盖层叠置关系与特征进行了分析。它纵向上分为 4 个明显的电阻率层,依次为高阻层(>100Ω·m)、中高阻层(25~100Ω·m)、中低阻层(10~25Ω·m)和低阻层(1~10Ω·m)。高阻层无钻孔钻遇,根据区域地质特征推测为贺兰山岩群的变质岩系。经与钻孔 DRT-03 对比:中高阻层与储热层奥陶系相对应,为一套陆表海相沉积的含泥质灰岩;中低阻层与隔热盖层石炭系—二叠系对应,是泥岩、泥质粉砂岩、砂岩互层夹煤层沉积;低阻层对应保温盖层古近系—新近系的红色亚砂土、亚黏土沉积层,泥质成分含量高,此类岩石热导率较低,均小于 2.3W/(m·℃),煤系地层热导率最低,为 0.61W/(m·℃)(图 5-11)。此外,如图 4-20 所示,此岩段地温梯度变化较快,最大值与最小值相差 4.03℃/100m。

盖层的分布特征决定了其保温效率,是地热成藏的关键因素之一。分析 DRT-03 井区微动测量剖面,与钻孔分层数据对比,存在 3 个明显的 S 波速度层,深部(450~800m)的弱低速层(1600~2400m/s)为石炭系—二叠系,P 波速度相对较快,层内横向波速稍有变化,推测是同层系岩性差异所致;浅部(180~450m)的低速层(1000~1600m/s)为古近系,层内速度变化不大,存在明显的局部低速异常区(带),推测是砂岩与泥岩互层的表征;表层(180m以浅)为极低速区(<1000m/s),地层平坦,表明在古近系上段为胶结程度较低的松软沉积层。DRT-03 井区盖层发育完整,厚度稳定,横向变化较小,具有良好的隔热保温效果(图 5-12)。

综上所述,综合运用 1:5 万重力、可控源大地电磁测深、微动测量资料,分析银川盆地东缘天山海地热田传导-对流复合型地热的成藏地质条件,效果良好。

(二)调查区中段

此段由于分布的钻孔均未钻穿石炭系底,但从奥陶系顶面埋深图看,盖层厚度为 700~3000m。岩性以砂岩、粉砂岩、泥岩、砂质泥岩、碳质泥岩、煤层、钙质粉砂岩及砂质黏土为主,岩石热导率小于 2.3W/(m·℃)。依据煤炭报告及前人的研究成果,新近系土质结实紧密,且裂隙多被石膏充填,并处于半胶结状态,孔隙—裂隙不发育,透水性较差;二叠系砂岩

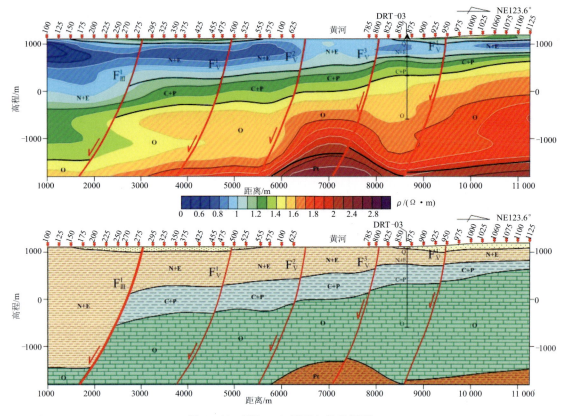

图 5-11 WL-01 剖面电性特征图

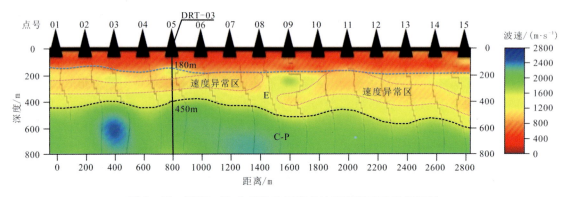

图 5-12 DRT-03 井区微动反演 S 波速度剖面地质解译图

裂隙比较发育,但裂隙多具承压性,渗水性差;石炭系—二叠系裂隙发育多具擦痕及滑面,渗透系数为 0.030 26m/d,渗透性差。综上所述,中段第一盖层为石炭系—二叠系,具有良好的隔热效果,上部新生界覆盖层,对深部地热能进行二次保温,韦州—惠安堡—冯记沟以南局部发育的三叠系—白垩系,也能作为局部地区第二盖层。

(三)调查区南段

根据图5-9中3条CSAMT剖面解释结果,盖层为第1～第5电性层,由上至下分别对应第四系、新近系及白垩系六盘山群和尚堡组、白垩系六盘山群三桥组、三叠系、二叠系,总厚度为1900m。

第1电性层高阻层,电阻率为150Ω·m,是第四系河床砂砾石层和表土层,厚度为40m;上部低阻层对应第2电性层,电阻率为10Ω·m,厚度为140m,是新近系砂质泥岩、粉细砂岩及白垩系六盘山群和尚堡组砂质泥岩、细砂岩夹泥岩的综合反映;中间厚层高阻层对应第3电性层,电阻率为450Ω·m,厚度为220m,是白垩系六盘山群三桥组山麓堆积相砾岩、砂砾岩的反映;第4电性层对应厚层低阻层,电阻率为45～180Ω·m,厚度为970m,是三叠系厚层细砂岩、砂砾岩、砂质泥岩、泥岩的总体反映;下部次高阻层对应第5电性层,电阻率为250Ω·m,厚度为450m,是二叠系砂岩、砂砾岩、泥质粉砂岩、细砂岩的反映。

综合分析,冲断带发育的区域性石炭系—二叠系,岩性以砂岩、粉砂岩、泥岩、碳质泥岩为主,具有良好的隔热效果,其上覆盖的各套地层对深部热能进行二次保护,具有良好的保温作用。不同区段盖层沉积组合存在差异,北段盖层由石炭系—二叠系与"西厚东薄"的古近系、新近系构成;中段盖层主要由石炭系—二叠系与新生界组成,局部区域发育三叠系、侏罗系及白垩系,也能作为盖层;南段盖层除石炭系—二叠系外,由深至浅依次分布三叠系、白垩系六盘山群与薄层新生界盖层。

四、热通道

地热资源的形成往往与断裂相关,断裂是地下深部热和补给水的双向通道。因此,大型断裂具有更大的宽度和深度,可以更好地沟通热源和水源,有利于形成温度更高的水热型地热。断裂带宽度越大,越可以形成更大体积的水热对流通道和热储层,有利于形成规模更大的地热系统。张性断裂和张扭性断裂对地热系统的形成有利。

(一)调查区北段热通道

该区处于南北构造线上,形成了以南北向构造为主的构造格架。为证实黄河断裂是否具有超壳断裂的性质,本次收集褶断带北部横跨黄河断裂$P—P'$大地电磁测深剖面,结合前人布设的银川盆地深地震反射剖面解释成果(刘保金等,2017),如图5-13和图5-14所示。位于褶断带西界的黄河断裂以拉张性质为主,呈近南北—北北东向分布,长约150km,断层陡立,断层面向西倾,倾角约80°,浅部南段为裸露状,中北段表现为隐伏状。分析认为黄河主断裂具有规模大、切割深、延伸远等特征,断裂表现为西深东浅,断距2～3km,深部延伸长度大于30km,各个地壳结构面及莫霍面均被错断。其东侧上部同期发育的多条平行展布的次级配套断裂逐步归并于黄河主断裂,并在较深部位合成一条断裂,组成规模巨大的断裂系。此断裂力学性质表现为张性正断层,因此,黄河主断裂同浅部发育的多条小规模次级断裂组成的"黄河断裂系"可作为褶断带导热导水通道,使深部侧向径流沿这些通道上涌给凸起顶部,使其具有较高的温度和较丰富的水量。

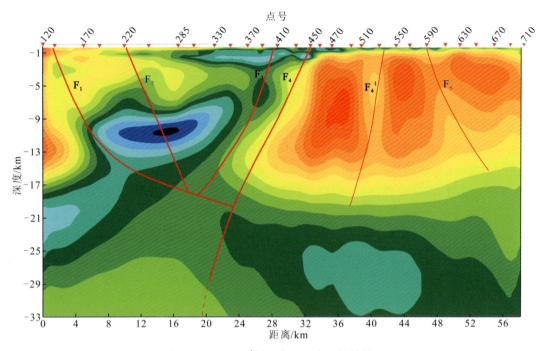

图 5-13　P—P′剖面中上地壳电性结构图

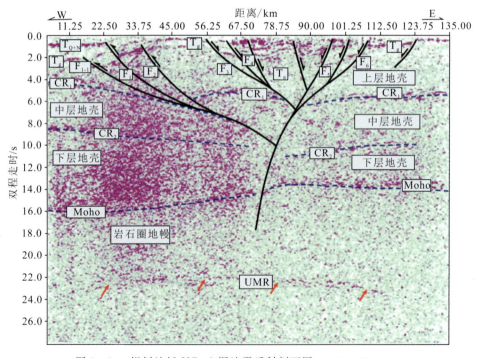

图 5-14　银川地堑 YC-2 深地震反射剖面图（据刘保金等，2017）

除此之外，前人将黄河断裂由北至南分为红崖子—陶乐段、陶乐—横城段和横城—大泉段，并对各段断裂的活动性进行了系统研究（李宁生等，2017；虎新军等，2021）。他们认为，红崖子—陶乐段应属于晚更新世中期以前的活动断层；陶乐—横城段即属于晚更新世末至全新世初期活动断层；横城—大泉段则为晚更新世活动断层。综上所述，黄河断裂在第四纪晚期以来活动强烈，错断了冲沟的Ⅰ、Ⅱ、Ⅲ级阶地，地貌上形成了不同高度的陡坎，断裂最新一次活动错断了距今 9.8ka 的地层，该断裂带在第四纪时期活动明显，为银川盆地形成的控制性断裂，并对第四系沉积环境及厚度有明显的控制作用。近期活动迹象表明，除切错第四系沉积物外，沿断裂带有 8 级地震发生，属多期活动的深断裂。

(二) 调查区中段热通道

该段内主要以北北西向平行展布的逆冲断裂为主，兼具近东西向分布的走滑断裂，以青铜峡-固原断裂系为典型，长度为 59～127km，地表主要形迹为大罗山—小罗山一线的青铜峡-固原断裂。结合前期所作大地电磁测深剖面（MT）得知，此组北北西向断裂系均表现为自西向东推覆的大型逆冲构造带。由 A—A′大地电磁测深剖面看出，在青铜峡-固原断裂下面发育一条切割地壳的深大断裂，推测在该区发育两套动力学系统，浅部地层依托青铜峡-固原断裂沿滑脱面向北东逆冲推覆，以东的青龙山-平凉断裂及暖泉-惠安堡断裂在深部交会于上地壳内以石炭系—二叠系煤系地层为主的滑脱层（图 5-15）。

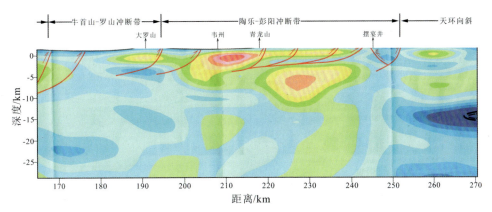

图 5-15　A—A′剖面中上地壳电性结构及断裂解析剖面图

该区域断裂活动强烈，青铜峡-固原断裂作为阿拉善微陆块与鄂尔多斯地块的分界断裂，表现为规模大、切割深的深大断裂，具有先张后逆的展布特性。此外，前人的研究结果表明，断裂系发育的交会部位往往是地热聚集的主要场所。研究区太阳山温泉点地热地质研究结果显示，该温泉点处于北北西向青龙山-平凉断裂及北东东向平移走滑断裂的结合部位。故推测北北西向逆冲断裂与近东西向走滑断裂组成的断裂系统，共同构成了本区地热流体良好的导热导水通道。

(三)调查区南段热通道

此段断裂发育性质与中段类似,是呈北北西—近南北走向平行展布的逆冲断裂,兼具北西西向走滑断裂为主要断裂格架,各级逆冲断裂延展距离较远,长度在150~200km之间。前人研究将该组断裂体系归并为六盘山断裂带,并根据重新定位、精度已改善的震源深度排列特征,结合地表活动断裂信息(图5-16),参考收集的MT电性结构剖面和地震探测剖面及其构造解释,得到六盘山断裂带及其两侧主要断裂的横剖面结构(图5-17)。六盘山活动断裂带在两个横剖面上均表现为自西向东推覆的大型逆冲构造带。在六盘山断裂带东、西两侧的鄂尔多斯块体和陇中盆地内,上地壳底部各自发育一个12~15km深的浅层滑脱带,这一浅部构造在区域地震、MT勘探资料里均有显示(图5-18、图5-19)。

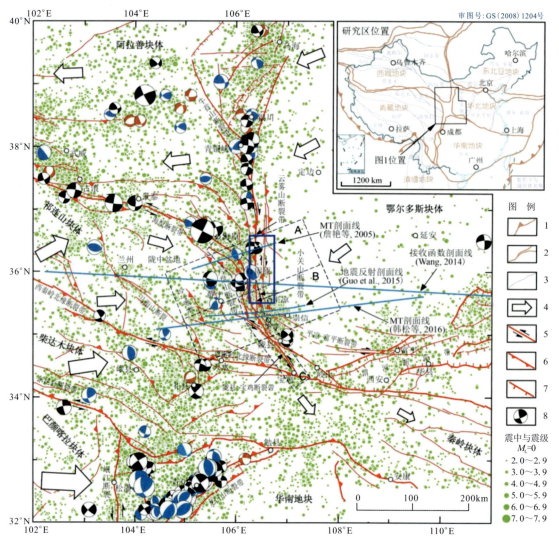

1.板块边界;2.一级地块边界;3.二级地块/块体边界;4.块体运动方向;5.走滑断层;6.逆冲断层;7.正断层;
8.震源机制解。黑色、蓝色、褐色的沙滩球分别表示以走滑、逆冲和正断为主的震源机制。

图5-16 调查区南段及其周边震源分布(蓝色框为研究区)

第五章　鄂尔多斯西缘地热资源富集规律研究

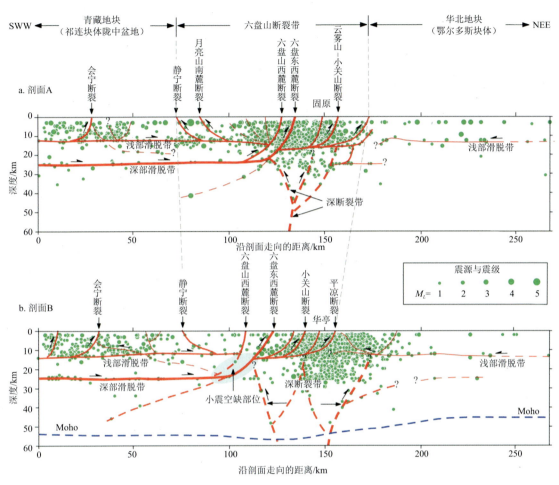

图 5-17　横跨六盘山断裂带的两个震源深度分布及地震构造解释剖面 A 和剖面 B

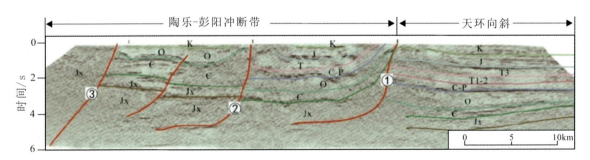

①惠安堡-沙井子断裂；②青龙山-平凉断裂；③安国断裂。

图 5-18　炭山—庙湾地区地震时间剖面

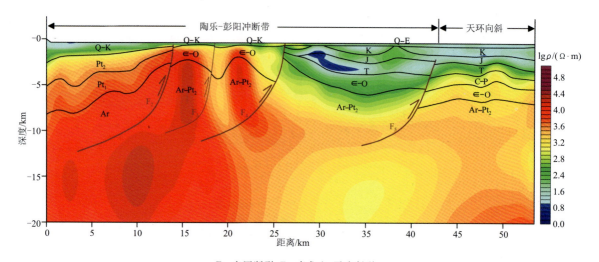

F_2. 安国断裂;F_4. 青龙山-平凉断裂。

图 5-19 固原东—孟塬地区 MT 反演解释剖面

研究结果表明,楼房沟温泉点与中段太阳山温泉点具有类似控热构造,故推断近南北向逆冲断裂与北西西向走滑断裂组成的断裂系统,亦是车道-彭阳褶断带内地热流体活动的有利通道。

综合分析,规模较大的张性断裂和张扭性断裂是深部热源向上运移的主要通道,北段黄河断裂直抵地幔,并具有较强的活动性,是陶乐-横山堡褶断带深部地热的主要运移通道;青铜峡-固原断裂深部为切割地壳的深大断裂,具有先张后逆的发育特性,与近东西向走滑断裂组成的断裂体系共同构成了中、南段地热流体良好的导热导水通道。

五、水循环

区域含水层水文地质特征已在前一章节进行了详细分析,本次仅对地下水的循环进行总结。

研究结果表明,不同区段奥陶系含水层地下水循环路径差别较大。具体地,北段陶乐-横山堡褶断带内深部奥陶系地热水水化学类型较为统一,表明该层地热水补、径、排条件较为单一,其热储层地热水补给径流距离相对较短,地热水主要补给源为东部高台区;中段韦州-马家滩褶断带内岩溶裂隙水含水岩组有一南北向分水岭,大致沿青龙山向南,地下水径流方向大致为由南向北,西侧通过太阳山泉溢出地表进行排泄,东侧最终流向萌城泉排泄;南段自青龙山—云雾山—彭阳茹河、红河,发育岩溶裂隙含水层,且水量可观。该含水岩组受岩溶发育程度及构造控制,地下水补、径、排关系复杂多变。根据前人的研究,泉水主要接受大气降水及地表水渗漏补给,同时也接受了北西侧六盘山群地下水的补给。径流方向总体上与地势变化相同,自西向东流动,排泄方式主要以上升泉的形式排出地下水,最终排向河流。

第三节 地热资源成藏模式

一、热能传递方式

鄂尔多斯西缘地热能的转运方式主要是热量的传导-对流复合型,并且受区域构造、热源、深部动力条件等因素的影响而发生变化。

(一)热传导

这种类型的热量转移一般有介质参与热量转运,但介质不运移,主要为纵向热传导。深部岩石圈地幔热流在巨大热能推动下向地壳释放热量,而持续地增热使得高热量梯度持续将热量传递至浅层,在遇到表层塑性巨厚泥岩时受到阻挡进行聚集。这种传递方式使得鄂尔多斯西缘富集大量的地热资源,且分布范围广泛。同时浅层高地温梯度分布区与莫霍面隆起区的一致性说明了热量主要源于深部。研究区内水化学特征说明了地幔热流在转移过程中与浅部低温层基本不发生物质交换,借助坚硬致密的岩石或热流体向基底持续释放热能,进而使得局部地温梯度升高、大地热流高值异常。

(二)热对流

这种类型的热量转移会有介质参与并运移,一般有纵向和横向对流两种情况。纵向热对流主要是在深大断裂带上,由于断裂的开放性,深部热源与液态或气态的介质进行热交换并借助其沿断裂带自下而上运移,当以液态介质为载体时,出露地表形成温泉。如罗山山前青铜峡-固原断裂带的持续性活动与深部保持良好的沟通性,地表径流及降水沿断裂某些部位向深部循环,在高温高压条件下,加热的流体被驱动并向地表运移形成温泉或者地温异常区,典型的代表有太阳山温泉。横向热对流主要分布在深大断裂的一侧或两侧,在热能沿断裂带纵向运移过程中受到阻挡或断裂旁有较大的裂缝空间如裂隙发育的水平岩层等,热流体在重力作用下优先选择横向对流形成深大断裂带附近一定区域的地热异常带,异常带的大小及延伸主要与断裂或裂缝空间的伸展范围有关,在平面上通常显示为沿断裂带呈串珠状或带状分布的地热异常区,如横山堡、黑梁、月牙湖、陶乐、礼和等地因热流体沿断裂带上移过程中重新选择横向对流方式形成串珠状分布的地热异常区,在天山海世界DRT-01井钻深600m,井口温度高达67.5℃,地温梯度大于10℃/100m,远远高于相邻地层地温梯度。

二、地热富集模式

鄂尔多斯西缘地热富集模式可总结为:来自地幔深处的热量通过深大断裂汇聚并富集到局部隆起区,通过传导加热岩溶水发育的奥陶系热储层,综合分析,规模较大的张性断裂和张扭性断裂是深部热源向上运移的主要通道,北段黄河断裂直抵地幔,并具有较强的活动性,是陶乐-横山堡褶断带深部地热的主要运移通道;青铜峡-固原断裂深部为切割地壳的深大断裂,具有先张后逆的发育特性,与近东西向走滑断裂组成的断裂体系共同构成了中、南段地热流体良好的导热导水通道。

(一)调查区北段

银川盆地东缘地热资源成藏模式如图5-20所示,具体可归纳为:由正常地温梯度增加所积累的热量聚集于银川断陷盆地东缘隆起区,黄河断裂系将高孔高渗的奥陶系热储层中富含的基岩孔隙水、碳酸盐岩裂隙岩溶水、碎屑岩裂隙孔隙水向上运移,在局部凸起部位富集,上覆大面积低热导率的石炭系—二叠系,对地热能的逸散进行首次阻隔,其上厚度较大的新生界对深部热能进行二次保护。

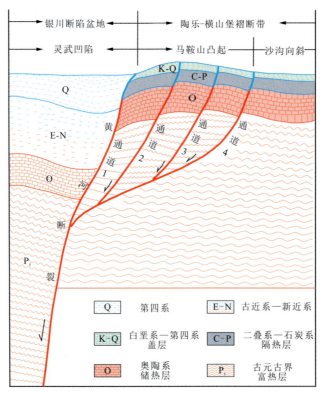

图5-20 研究区北段地热资源成藏模式图

综上所述,银川盆地东缘隆起区地热成藏必要条件有3个:①要有断裂体系作为导热导水通道,在银川盆地东缘,即黄河断裂系;②高孔高渗、裂隙发育的奥陶系灰岩为热储层;③大厚度、大面积、低热导率的石炭系—二叠系与新生界砂岩、泥岩、页岩为盖层。

(二)调查区中段

依据构造成因与热传递方式的不同,研究区地热资源类型可划分为隆起断裂型,其成藏模式可总结为:来自地幔的热量通过深大断裂或北西向逆冲断裂与近东西向走滑断裂的双重作用汇聚并富集到局部凸起,通过传导加热岩溶水、裂隙水发育的奥陶系热储层,其上部大面积低热导率的石炭系—二叠系为中段区域性盖层、上部发育的中生代三叠系—白垩系和新生界盖层为热储层起到双重保温效果,碳酸盐岩裂隙水是地下热水最主要的补给来源。露头区大气降水的入渗补给也是地下热水的来源之一。结合太阳山温泉点的出露情况来看,青铜峡-固原断裂、青龙山-平凉断裂等深大断裂是研究区形成较好地热资源的主控因素(图5-21)。

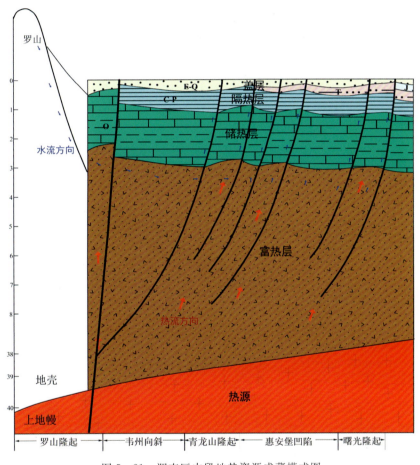

图5-21 调查区中段地热资源成藏模式图

(三)调查区南段

调查区南段成藏模式可总结为:来自地幔的热量通过深大断裂对流运移至热储层,隆起区聚集热流体形成高温异常区,通过传导加热岩溶水、裂隙水发育的奥陶系热储层,其上部的低热导率石炭系—二叠系、中生代三叠系—白垩系和新生界共同构成完整的盖层,处于活动期的深大断裂及次级构造提供持续的热补给和运移通道,共同构成完整的地热系统。其中,碳酸盐岩裂隙水是地下热水最主要的补给来源。结合双井村温泉点、楼房沟温泉点及平凉地热勘探井的结果来看,青铜峡-固原断裂、青龙山-平凉断裂是研究区形成较好地热资源的主要控制因素(图5-22)。

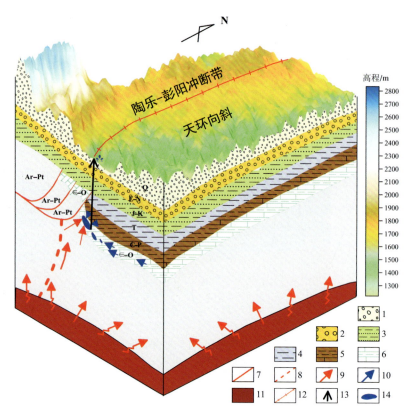

1.第四系;2.古近系—新近系;3.侏罗系—白垩系;4.三叠系;5.石炭系—二叠系;6.寒武系—奥陶系;7.逆冲断层;8.深部断裂;9.热传导方向;10.岩溶水补给方向;11.地幔;12.构造分区线;13.地热钻孔;14.奥陶系岩溶裂隙水。

图5-22 调查区南段地热资源成藏模式图

第六章　宁夏东部地热资源远景区预测

第一节　地热远景区预测原则

根据调查区地热成藏模式,结合地热主控因素分析,总结出鄂尔多斯西缘地热资源远景区预测原则:一是基底顶面隆起区;二是靠近深大张性断裂系或处于逆冲断裂系与走滑断裂的结合部位;三是上覆一定厚度的优质保温盖层,且此套地层需发育石炭系—二叠系。

一、基底顶面隆升

调查区深部纵向上存在两套基底,下部的元古宇变质岩基底为整个研究区的结晶基底,其顶界面的起伏形态影响着上覆地层的沉积状态,直接决定了研究区局部凸起与局部凹陷的形成。上部的寒武系—奥陶系褶皱基底为整个研究区的热储层,在基底隆起区,可产生局部相对高地温。由局部构造划分结果得知,研究区北段陶乐-横山堡褶断带局部隆起依次为拉僧庙凸起、惠农凸起、巴音陶亥凸起、礼和北凸起、灵沙东隆起、陶力井北隆起、陶乐凸起、月牙湖东隆起、月牙湖凸起、通贵东隆起、陶力井西隆起、横山堡隆起和灵武东隆起共13处。中部韦州-马家滩褶断带已发现的局部隆起构造有9个,即磁窑堡东隆起、磁窑堡西凸起、白土岗南凸起、暖泉东凸起、罗山隆起、下马关南凸起、青龙山背斜、惠安堡隆起、曙光-南湫隆起。南段车道-彭阳褶断带内分布马高庄隆起、预旺东隆起、甘城东隆起、小南沟隆起、云雾山隆起、小关山隆起、彭阳背斜、车道东隆起和孟塬隆起共9处。

二、断裂控制因素

前期诸多研究成果表明,深大断裂是鄂尔多斯西缘最主要的导热导水通道,调查区不同构造单元控热断裂性质不同。具体地,北段陶乐-横山堡褶断带内,黄河断裂及其后缘同期发育的多条次级配套断裂组成的"黄河断裂系",控制着北段地热资源的分布格局;中段及南段控热断裂以规模较大的逆冲断裂与走滑断裂双重作用为主,其中深大断裂以青铜峡-固原断裂、青龙山-平凉断裂为典型。

总结认为,靠近深大张性断裂或规模较大的逆冲断裂与走滑断裂的结合部位是此次地热远景区预测的最重要证据。

三、盖层覆盖特征

调查区盖层为奥陶系热储层之上各套地层,整体呈南北薄、中部厚的"脊形"特征,不同构造单元上覆盖层有所差异。具体地,调查区北段陶乐-横山堡褶断带内盖层相对完整,奥陶系出露区相对较少,仅在黑山地区有一小簇奥陶系天景山组,盖层整体厚度为500～1500m,其中下部石炭系—二叠系隔热层厚度为200～1400m;中段韦州-马家滩褶断带元古宙地层出露区贯穿于青龙山及南段,呈窄长条状展布,长度为23km。奥陶系呈两条规模较大的长条状出露于罗山及青龙山地区,西侧罗山地区出露面积可达103km²,东侧青龙山地区米钵山组和克里摩里组沿山展布,延伸距离较远,约40km。此外,罗山东侧的赵家庙地区及甜水堡地区亦存在小范围奥陶系出露区;南段车道-彭阳褶断带内元古宙老地层出露点相对较多,汪阳洼地区以两零星出露的点状特征为主,炭山东侧则呈多处树枝状分布,云雾山地区以两处片状出露区为主。上覆奥陶系均以零星点状出露为主,自北向南依次分布于汪家塬南、严湾北、严湾南、高台北、崾岘西、彭阳南、沟口等地区,约有20处,主要为天景山组。

第二节 地热远景区圈定

依据地热远景区预测原则,本次根据远景区优劣等级划定3类远景区,共圈定46处(图6-1)。

一、Ⅰ类远景区

Ⅰ类远景区整体划定需同时满足3个条件:一是靠近深大张性断裂或位于规模较大的逆冲断裂与近东西向走滑断裂的结合部位;二是基底隆升程度较高;三是上覆一定厚度的优质保温盖层,且此套地层需有石炭系—二叠系。依据上述划定原则,共圈定出Ⅰ类远景区27处,为本次调查区划定的重点远景区。

(一)调查区北段

北段陶乐-横山堡褶断带共圈定出Ⅰ类远景区9处,均受黄河断裂(带)控制。具体地,北部I_1区呈北北东向不规则三角状展布,规模较大,面积为247km²,地表为新生界覆盖区,奥陶系储热层顶面埋深相对较浅,三眼井矿区位于热储层东侧,此外,异常区东部内蒙古自治区鄂托克前旗境内的巴音陶亥南部分布一处面积较大、形态规则的局部高磁异常,进一步证实了I_1远景区划定的可靠性;位于陶乐西侧的I_2区呈窄长条状展布,规模较小,面积为24km²,为第四系覆盖区,奥陶系储热层顶界面埋深相对于北部I_1区较深;I_3区规模、形态及热储层埋藏深度与北段I_2区一致,呈近南北向分布,面积为14km²;围限于月牙湖乡的I_4区呈北东东向豌豆状展布,面积为45km²,浅表被新生界所覆盖,奥陶系顶面埋藏最浅区位于月牙湖乡西南3.5km附近;此外,I_5区呈圆形展布于贺兰县东侧,规模极小,面积仅为5km²,基底埋深与北段相当。

受控于黄河断裂(临河—灵武段),自北向南依次分布4处Ⅰ类远景区,热储层顶面埋深较陶乐—月牙湖段远景区浅,I_6区呈北北东向似椭圆状展布,面积约17.5km²,出露古近系,位于区内的红一井田地温分布特征揭示,该区具备寻找地热资源的有利条件;中北段I_7区以

第六章 宁夏东部地热资源远景区预测

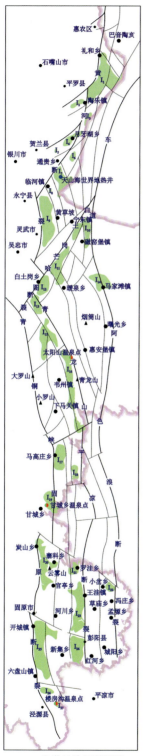

a. Ⅰ类远景区预测图

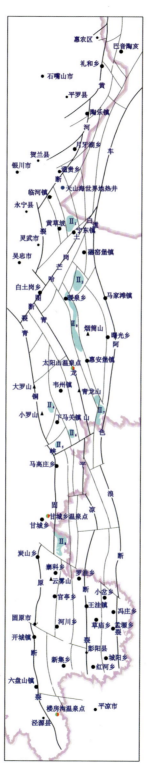

b. Ⅱ类远景区预测图

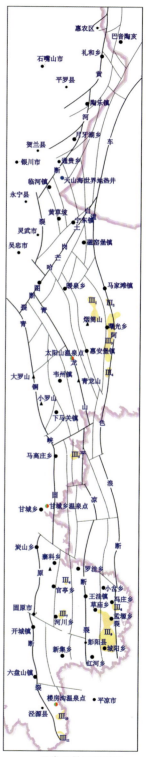

c. Ⅲ类远景区预测图

图 6-1 调查区地热资源远景区预测图

规模较大的近南北向倒三角状展布,面积为 87km²,为第四系覆盖区,基底埋藏最浅处为 DRT-03 钻孔西北侧 2km 附近,钻孔资料揭示其热储层顶面埋深应小于 700m,是银川盆地东缘寻找"隆起断裂型"地热资源的有利区(带);分布于临河南段的 I_8 区以规模极小的圆形展布,面积仅为 4km²;最南端位于灵武东山区域的 I_9 区呈北北西—近南北向不规则长条状分布,延伸距离较远,面积为 192km²,为白垩系覆盖区,基底埋藏相对较浅,但此处为白芨滩自然保护区,因此无法作为下一步地热资源开发区。

(二)调查区中段

中段韦州-马家滩褶断带圈定 I 类远景区 7 处,北段受白土岗-芒哈图正断裂控制的 4 处远景区规模较大。具体地,北端 I_{10} 区呈北北东向燕尾状分布于宁东—磁窑堡一线,面积约 109km²,北段被三叠系、侏罗系、白垩系所覆盖,南段除零星出露上述 3 套地层外,其余为第四系覆盖区,位于其内的鸳参 1 井揭示,奥陶系顶面埋深约 2000m;中部 I_{11} 区呈右旋"C"形分布于暖泉乡北,面积为 121km²,地表被白垩系及第四系所覆盖,深部热储层顶面埋深与 I_{10} 区相差不大;位于白土岗乡的 I_{12} 区呈似椭圆状分布,面积约 72km²,地表为第四系及三叠系覆盖区,为该段热储层顶面隆升程度最高区域;南端 I_{13} 区呈北北西向长条状展布,面积为 56km²,为三叠系及第四系覆盖区,周缘石沟驿地区忠 1 井表明,此处东侧三叠系厚度较厚,可达 3000m,石炭系—二叠系厚度为 1700m,但此区域基底隆升程度较高,且受白土岗-芒哈图断裂及青龙山-平凉断裂共同控制,是否作为开发区需通过更进一步研究进行有效性查证。

此外,位于马家滩地区的 I_{14} 区呈近南北向展布的不规则片状分布,面积为 92km²,除出露一小簇古近系外,整体为第四系覆盖区,以车道-阿色浪逆冲断裂与北北东向走滑断裂为主控构造,热储层埋藏最浅处分布于马家滩镇北部 4km 处,为 1850m。结合高磁高重异常特征,进一步证明此区域具备寻找"隆起断裂型"地热资源的潜力,仅热储层埋藏较西侧为有利区;I_{15} 区呈近南北向燕尾状分布于青龙山-平凉断裂与北东向走滑断裂的结合部位,面积为 132km²,为新生界及三叠系覆盖区,基底隆升幅度有所下降,韦五煤矿区位于远景区南侧;相比较,I_{16} 区呈北北西向长条状展布于青龙山西侧,规模较大,面积为 188km²,为第四系覆盖区,但其东侧出露高角度元古宇、古生界寒武系—奥陶系、石炭系—二叠系,受青龙山-平凉断裂与北东东向走滑断裂控制,此区域基底隆起程度较高,范围在 1310~2065m 之间,太阳山温泉点位于有利区东北侧,进一步证实了此有利区的可靠性。

(二)调查区南段

南段车道-彭阳褶断带共圈定 I 类远景区 11 处。围限于马高庄乡的 I_{17} 区呈南北向椭圆形展布,受青铜峡-固原断裂和北东向走滑断裂共同控制,此区面积为 98km²,为第四系覆盖区,构造处于古脊梁带上,基底隆升程度较高;以南北北西向 I_{19} 区形态与 I_{17} 区类似,规模相对较小,面积为 76km²,为第四系覆盖区,隆升程度相比较幅度有所下降,甘城乡温泉点位于异常区西侧,进一步揭示了此区域具有地热勘探的潜力;东侧以青龙山-平凉断裂与近南北向走滑断裂为主要控热断裂的 I_{18} 区由两处孤立的高重异常组合而成,面积为 32km²,为新生界覆盖区,远景区周缘有奥陶系出露,揭示此处盖层厚度应该不大。

位于炭山—云雾山—官亭一线的I_{20}区呈串珠状展布于青铜峡-固原断裂与北西西向走滑断裂的结合处,面积为148km^2,除个别区域零星出露侏罗系、白垩系外,大多为新生界覆盖区,基底隆升程度较高,但周缘出露的中元古界及奥陶系揭露,此处石炭系—二叠系隔热层可能厚度不大;罗洼西侧的I_{21}区由于受省界限制,呈近南北向"山"字形展布,范围约37km^2,为新生界覆盖区,青龙山-平凉断裂及北西向走滑断裂为此区域主要控热断裂,致使此区热储层埋藏较浅;东侧小岔乡以东I_{22}区受车道-阿色浪断裂与北西向走滑断裂双重作用,呈范围较小的圆形展布,面积约26km^2,除东侧出露树枝状白垩系外,其余为第四系覆盖区,相比较,由于靠近天环向斜,基底埋藏相对较深;展布于罗洼—王洼—彭阳一线的I_{23}区呈近南北向长条状分布,内部伴有两处极值区,延展范围较大,面积为167km^2,除南端出露两处点状奥陶系及元古宇外,其余为第四系覆盖区,基底隆升程度较高,结合周缘地层出露情况推测,此区盖层厚度较小;彭阳县西侧的I_{24}区同上述远景区具有类似的控热构造特征及基底埋藏深度,仅是范围缩小至119km^2,内部除零星分布点状奥陶系外,剩余区域被第四系所覆盖。

此外,受控于青铜峡-固原断裂南段的3处远景区呈串珠状排列,位于开城镇—六盘山镇一带的I_{25}区展布范围较广,面积可达264km^2,为白垩系覆盖区,基底隆升较高,但此区域作为六盘山自然保护区,无法作为下一步开发利用重点区域;南段I_{26}区具有类似特征,仅是范围较小,为28km^2;处于泾源县东侧的I_{27}区由于受省界限制,范围仅有8km^2,亦是白垩系覆盖区,热储层埋藏相比北段两处区域较深,但西侧楼房沟温泉点揭示此处具有良好的热储条件。

二、II类远景区

II类远景区的划定需满足:一是靠近深大断裂的次级断裂或规模较小的逆冲断裂与走滑断裂的结合部位;二是基底隆升程度较高;三是上覆一定厚度的石炭系—二叠系隔热层。依据上述原则,共圈定II类远景区8处,具体分析如下。

(一)调查区北段

北段陶乐-横山堡褶断带内仅分布1处II类远景区(II_1),呈近南北向不规则片状展布,为第四系覆盖区,其附近的红石湾井田揭示此区域地温梯度整体偏低,可能与离黄河主断裂距离较远有关。

(二)调查区中段

中段韦州-马家滩褶断带共圈定6处II类远景区。具体地,受控于惠安堡-暖泉断裂与北北东向走滑断裂,II_2区呈椭圆形展布,范围达65km^2,为白垩系覆盖区,基底隆升程度较高;分布于暖泉—惠安堡一线的II_3区以北北西向窄长条状展布,面积为109km^2,地表除零星出露2处三叠系外,其余为第四系覆盖区,基底顶面较平缓,并处于2条平行展布的北北西向逆冲断裂之间,北段存在北东向走滑断裂痕迹;位于韦三矿区西侧的II_4区呈不完整圆形展布,面积为18km²,为第四系覆盖区,基底隆升相对较浅,根据东侧寒武系及奥陶系出露特征分析,此区域存在石炭系—二叠系隔热层,但厚度不大;排列于田老庄—下马关一线以南的 II_5 区及 II_6 区规模较小,面积相当,为11~18km²,虽位于逆冲断裂与走滑断裂的结合部位,但 II_5 区周缘出露奥陶系,推测其上覆缺乏优质保温盖层, II_6 区基底埋藏相对较深;东侧 II_7 区呈北北西—近南北向串珠状展布,面积为56km²,除南端出露奥陶系外,其余为新生界覆盖区,虽基底隆升程度相对较高,但仅存在北北西向逆冲断裂控热,且保温盖层条件一般。

(三)调查区南段

南段车道-彭阳褶断带圈定Ⅱ类远景区1处,为甘城—炭山一线东侧 II_8 区,呈不规则长条状展布,受青铜峡-固原断裂与北北西向逆冲断裂控制,面积为54km²,被第四系所覆盖,作为长条状高重异常条带的倾末端,幅值有所下降,西侧周缘出露元古宇及奥陶系,推测上覆盖层厚度相对较薄。

三、Ⅲ类远景区

Ⅲ类远景区划定原则:一是远离深大张性断裂及规模较大的逆冲断裂与走滑断裂结合处;二是基底虽为上隆形态,但幅值不大;三是上覆一定厚度的石炭系—二叠系隔热层。依据上述原则,共划定Ⅲ类远景区11处,集中分布于研究区中段及南段。

(一)调查区中段

中段共圈定Ⅲ类远景区4处。处于烟筒山东侧的 III_1 区呈近南北向花生状展布,面积为57km²,为新生界覆盖区,基底较平缓;冯记沟北段 III_2 区范围较小,仅11km²; III_3 呈北北东向长条状展布,面积达136km²,热储层顶面埋藏相对较深;相比较,以南 III_4 区规模较小,面积仅为18km²。

(二)调查区南段

南段车道-彭阳褶断带共圈定Ⅲ类远景区7处。具体地,官亭乡东侧的 III_5 区呈规模较小的圆形展布,范围为6km²,第四系覆盖区,基底较平缓;何川乡东侧 III_7 区具备类似特征,但南端发育一条规模较大的北北西向走滑断裂,推测其地热地质条件优于 III_6 区;东侧冯庄乡附近的 III_8 区受车道-阿色浪断裂控制,面积为14km²,除中部出露树枝状白垩系外,其余为第四系覆盖;草庙—城阳一带 III_9 呈近南北向片状展布,面积为190km²,除东侧出露树枝状白垩系外,为新生界覆盖区,基底虽为隆起区,但靠近天环向斜,推测基底顶面埋藏较深;泾河镇东侧 III_{10} 区呈不规则片状展布,面积为21km²,除北段出露一定范围的三叠系及古近系外,其余为白垩系覆盖区,基底隆升程度不高,且仅有青铜峡-固原逆冲断裂控热;新民乡东侧 III_{11} 区呈不规则反月牙形分布,面积为15km²,出露新生界及白垩系,其周缘大范围元古宇及寒武系呈出露,推测此处保温盖层条件不理想。

第七章 鄂尔多斯西缘地热资源整体区划建议

第一节 地热资源开发利用概况

一、开发利用现状

宁夏回族自治区东部地区自北至南存在 3 处温泉,除太阳山泉(图 7-1)有开发史外,其余泉点均无开发利用历史,见表 7-1。目前围绕太阳山泉已建成宁夏太阳山国家湿地公园,由西区的温泉湖和东区的盐湖组成,规划面积为 2 447.5hm²(1hm²=0.01km²)。

图 7-1 太阳山国家湿地公园实景

表 7-1 鄂尔多斯西缘温泉露头一览表

泉点名称	所在地区	勘查程度	热储时代	水温/℃	流量/(m³·d⁻¹)	矿化度/(g·L⁻¹)	水化学类型	开发利用情况
太阳山泉	吴忠市红寺堡区	普查	奥陶纪	21	6000	4.099	Cl·SO₄-Na	已开发
双井温泉	中卫市海原县			27	200	24.32	Cl·SO₄-Na	未开发
楼房沟泉	固原市泾源县			23.7	163.6	1.942	SO₄·HCO₃-Na	未开发

宁夏回族自治区东部现有地热井3口(表7-2),分布于天山海世界地热田内,围绕地热井由天山集团打造的AAAA级四季恒温、以全民健身为主题的戏水乐园,地热资源利用方式主要是洗浴疗养,但由于采水证仍未办理,现有地热井处于封井状态。现阶段景区不断转型升级引进新业态,打造新场景,为满足多元化的旅游需求,在沙滩露营的基础上,开展更多定制化活动,增加沙滩BBQ、火锅、下午茶等餐品供应,同时开放戏水乐园夜场与夜间沙滩露营烧烤结合。

表7-2 鄂尔多斯西缘地热井一览表

孔名		DRT-3	DRT-4	DRT-5
位置		天山海水世界	天山海水世界	天山海水世界
pH值		6.81	7.1	7.3
溶解性总固体	mg/L	6 359.2	5 117.8	5 549.38
总硬度	mg/L	1 235.55	963.25	1 014.02
矿化度	mg/L	6 510.4	5 300.03	5 704.58
水化学类型		Cl·SO_4-Na	Cl·SO_4-Na	Cl·SO_4-Na
井深	m	1710	995	1708
最大出水量	m^3/d	2 740.8	4800	3780
出水温度	℃	60.5	40	52
平均地温梯度	℃/100m	2.05	1.34	2.33
取水段	m	1463~1710	450~995	850~1708
取水有效厚度	m	139.7	—	389.2
盖层		Q+N+E	Q+N+E	Q+N+E
盖层深度	m	0~790.95	0~531.55	850
热储层		O	O	O
			C+P	
储层深度	m	790.95~1710	788.55~995	1010~1708
			531.55~788.55	

二、开发利用存在的问题

经调查发现,宁夏回族自治区东部地热资源开发利用主要存在以下问题。

(一) 管理体制方面

1. 地热开发的盲目性

地热开发的盲目性比较大,缺少政府的宏观开发利用规划做指导,主要是施工企业和业主自发的市场商业行为,开发风险比较大。由于很多是企业自发进行开发应用,前期没有对地热能条件、水量平衡等进行充分的研究,部分项目出现了地下水不能有效回灌,或者系统总体利用效率低等问题,造成很多地热井已经废弃。

2. 产业扶持政策力度不够

地热资源对开发技术要求高,投资风险较大,需要政府有力的产业扶持政策,加强技术研发,推动地热资源开发的产业化发展。宁夏回族自治区目前虽然出台了《宁夏回族自治区能源发展"十四五"规划》,也提出"大力推动能源清洁高效利用,完善能耗双控制度,推进煤炭清洁高效利用,提升清洁能源利用水平,强化重点领域节能降耗,倡导绿色能源消费",但是关于地热资源开发利用具体规划还未推出,投入力度还明显不足。

(二) 技术方面

1. 资源勘查程度不高

目前地热资源勘查开发利用程度相对滞后。对鄂尔多斯西缘地热资源潜力的评价很多还处在粗略估算的水平,没有进行过全面系统的研究勘查工作,南北地热地质条件存在较大差异,地热资源开发利用整体上集中于北部,但开发规模不大,地热井利用率低,且开发利用形式单一,基本全部用于休闲洗浴用水,如天山海世界景区。地热相关研究滞后,论证不足,特别是对地下水回灌成井工艺、回灌影响因素等工程技术环节研究不深,在一定程度上制约了中深层地热能的开发。

2. 开发利用效率低

地热资源从高温到低温可以进行发电、建筑供热制冷、工农业生产,以及温泉洗浴,通过对地热资源进行充分的梯级利用,可以极大地提高地热能的转化利用效率,从而提高其使用价值。目前在鄂尔多斯西缘地区,地热能开发利用水平仍然较低,对地热资源的使用方式比较简单,进行梯级开发、综合利用较少。

第二节 地热资源开发利用区划

在鄂尔多斯西缘地热资源构造特征大区区划的基础上,依据地热资源特征分析,现有地热井开采程度、资源条件,物探资料圈定的地热有利区域及地区经济发展需要等因素,结合土地利用总体规划、旅游规划、自然保护区、城市总体规划、饮用水源保护地开展地热资源开发利用的地热亚区区划,将其按以下两类开采区进行划分,即建议禁止开发区、建议鼓励开发区,具体见图7-2a。

一、建议禁止开发区

建议禁止开发区主要是指依法设立的国家级自然保护区,共有5处,由北至南分别为贺兰山自然保护区、白芨滩自然保护区、大罗山自然保护区、云雾山自然保护区、六盘山自然保护区,总面积为2 865.5km^2。

二、建议鼓励开发区

建议鼓励开发区包括所有类别远景区,共40处,总面积为2 720.39km^2,其中Ⅰ类远景区23处,面积1 911.74km^2;Ⅱ类远景区10处,面积316.49km^2;Ⅲ类远景区7处,面积492.16km^2。根据不同类别地热远景区分布情况,进一步将鼓励开发区划分为地热开发靶区和地热开发远景区,下面对这两类予以具体说明。

(一)地热开发靶区

地热开发靶区是指具有丰富地热资源的地区,包括地下热水、地温差等潜在利用区域。从地理位置上看,依据区域1:20万重力资料在临河镇以北鄂尔多斯西缘地区共划分出8个Ⅰ类远景区,且天山海世界地热井成功实施反映了该区域具有良好的地热资源开发潜力,该区域毗邻银川大都市圈,周边核心城市经济实力与交通便捷度均较为突出,因而具有广阔的市场前景,故将该区域确定为地热开发靶区。为了提升地热评价工作的准确性,本次结合1:5万高精度重力资料进一步将地热开发地区划分为3个区域(图7-2b),由北至南分别为陶乐—礼和地区(R1)、月牙湖地区(R2)、临河—通贵地区(R3)。

1. 陶乐—礼和地区(R1)

该区域位于陶乐镇北至礼和乡北一带,面积约184.74km^2,由3个不规则重力高异常组成,其中分布于陶乐北部的一处椭圆状异常,异常幅值明显高于其相邻两侧异常,反映出深部基底凸起幅度为该区域最高点。位于该区域北部外围相对低异常值区域内的三眼井井田各钻孔地温梯度大多在2~2.6℃/100m之间,侧面反映西南侧陶乐凸起区相较于凹陷区具有地热开采优势。此远景区热储条件应与天山从海世界井出田类似。

2. 月牙湖地区(R2)

该区域位于月牙湖乡一带,面积约82.42km^2。重力显示为一串珠状重力高,走向北东,推测为下古生界隆起引起。通过邻区红墩子矿区测温钻孔可以看出,该区域1000m深度地温大致在38~47.5℃之间,平均地温梯度为3.23℃/100m,特别是804钻孔地温梯度值最大为4.34℃/100m。说明该区域地温、地温梯度均高于银川盆地内部,具有良好的地热资源开发潜力。

第七章 鄂尔多斯西缘地热资源整体区划建议

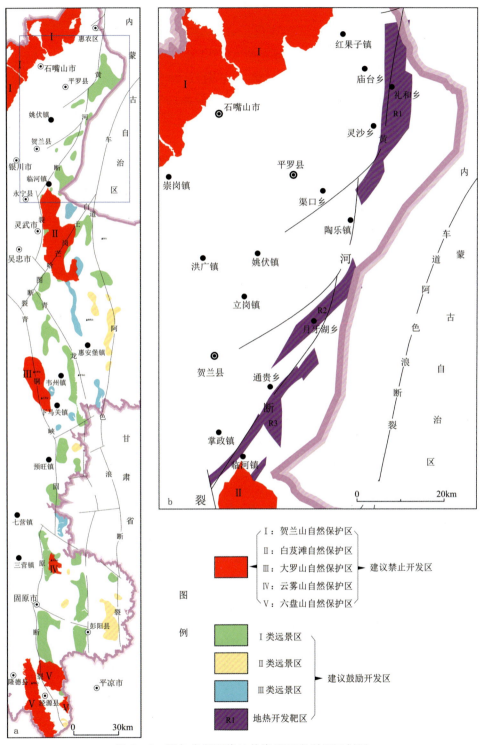

图 7-2 鄂尔多斯西缘地热资源开发利用区划图
a. 整体区划；b. 地热开发靶区，位于图 7-2a 中蓝色框区域

3. 临河—通贵地区(R3)

该区域位于临河镇至通贵乡一带,面积约 96.75km²。重力异常显示为不规则片状重力高,基底埋藏最浅处为 DRT-03 钻孔西北侧 2km 附近,钻孔资料揭示其热储层顶面埋深应小于 700m,是银川盆地东缘寻找"隆起断裂型"地热资源的有利区块。

(二)地热开发远景区

地热开发远景区主要指的是鄂尔多斯西缘中部、南部地区,其地热资源勘探程度、地热资源赋存条件、区域经济发展情况等均要弱于地热开发靶区。

1. 中部地区

该区域主要是指宁东镇、下马关镇至预旺镇一带,行政区划大部分属于吴忠市管辖。重力显示为一系列不规则重力高,近南北走向,推测为古生界隆起。该区域大地构造位置处于青铜峡-固原冲断带东,车道-阿色浪深大断裂为东侧控边断裂,中部出露有太阳山温泉点,周边分布着一些工业园区,如宁东、太阳山一带,具有一定的地热资源开发潜力。

2. 南部地区

该区域主要是指七营镇、固原市东至泾源县一带,行政区划大部分属于固原市管辖。重力显示为一系列不规则重力高,近南北走向,推测亦为古生界隆起。该区域大地构造位置亦处于青铜峡-固原冲断带东,车道-阿色浪深大断裂为东侧控边断裂,南部泾源县出露有楼房沟温泉点,周边存在较多的旅游景点,具有较好的地热资源开发潜力。

第三节　地热资源合理开发利用对策

不同开发模式对地热流体的温度要求不同,收集地热开发现有资料及根据国内外多年来针对地热利用的经验,提出不同地热流体温度所对应的不同开发利用模式。

根据《地热资源评价方法及估算规程》(DZ/T 0331—2020)对地热资源温度利用分级和利用方向、方式等(表7-3、表7-4),鄂尔多斯西缘目前已开发的地热资源主要是低温地热资源(温热水和热水),温热水、热水中的溶解性总固体、氯化物、氟超标(表7-5),不能直接用于农业灌溉及渔业,但可以用于供热、理疗洗浴。未来将充分利用鄂尔多斯西缘地热资源优势,全面开发利用,用于供热、理疗洗浴、种植养殖等方面。利用方式为直接利用或间接利用,直接利用处理后排放,间接利用后回灌。

表 7-3　地热资源温度利用分级

温度分级		温度/℃	主要用途
高温地热资源		≥150	发电、烘干、工业利用、采暖
中温地热资源		90～<150	烘干、发电、采暖
低温地热资源	热水	60～<90	采暖、理疗、洗浴、温室种植
	温热水	40～<60	理疗、洗浴、采暖、温室种植、养殖
	热水	25～<40	洗浴、温室种植、养殖、农业灌溉和利用热泵技术的制冷供热

表 7-4　不同质量地热流体的利用方向、方式和排放要求

溶解性总固体/(mg·L^{-1})	利用方向		利用方式		排放要求
	达到 GB 5749—2006 或 GB 8537—2018 的规定	达到理疗矿泉水水质标准	理疗洗浴	其他	
<1000	生活饮用水及饮用矿泉水	理疗洗浴、采暖、农业等	直接利用	直接利用	医用处理后排放，其他利用后回灌
1000～<3000		理疗洗浴、采暖等	直接利用	间接利用	直接利用处理后排放，间接利用后回灌
3000～<10 000		理疗洗浴、采暖等	直接利用	间接利用	
≥10 000		理疗洗浴、采暖等	直接利用	间接利用	

表 7-5　DRT-03 井地热流体水质检测项目实际值与理疗热矿水水质标准对照表

成分	GB/T 11615—2010				DRT-03 地热流体浓度/(mg·L^{-1})	与标准比对结果
	有医疗价值浓度/(mg·L^{-1})	矿水浓度/(mg·L^{-1})	命名矿水浓度/(mg·L^{-1})	矿水名称		
二氧化碳	250	250	1000	碳酸水	—	
总硫化氢	1	1	2	硫化氢水	—	
氟	1	2	2	氟立	3.16	命名矿水浓度达标
溴	5	5	25	溴水	—	
碘	1	1	5	碘水	—	
锶	10	10	10	锶水	—	
铁	10	10	10	铁水	5.07	
锂	1	1	5	锂水	—	
钡	5	5	5	钡水	—	

续表 7-5

成分	GB/T 11615—2010				DRT-03 地热流体浓度/(mg·L^{-1})	与标准比对结果
	有医疗价值浓度/(mg·L^{-1})	矿水浓度/(mg·L^{-1})	命名矿水浓度/(mg·L^{-1})	矿水名称		
锰	1	1		锰水	0.100	
偏硼酸	1.2	5	50	硼水	—	
偏硅酸	25	25	50	硅水	39.54	矿水浓度达标
氡	37	47.14	129.5	氡水	—	
温度	34℃			温水	60.5	
矿化度	<100			淡水	6510.4	

一、文旅项目利用

地热的开发不能只局限于对热能的利用,应该综合考虑地热流体的流量、地理位置等因素,做到能够将地热资源用得其所。针对一些交通便利、气候宜人并具有优美风景地区的地热资源应以开发旅游业为主。建议在临河—通贵地区(R3)、鄂尔多斯西缘南部地区加大针对地热资源的旅游业的开发,特别是地热流体中富含 F、Si 等多种微量元素(表 7-5),可修建公用浴池、游乐园、四季游泳池、疗养院等设施及供应居民家中洗浴,延伸第三产业服务领域,提高人民生活质量。

这里需要注意热水开采后不当排放会引起环境污染问题,因此,为建立绿色持续高效节能的地热开发模式,应注意深井地埋管开采和回灌开采的选取问题:回灌开采比深井地埋管单孔取热量更高,但需要回灌,调查区实际工程回灌率较低,需要克服的技术和工艺难题较多,砂岩型热储回灌成本较高。深井地埋管开采"取热不取水"对地层无扰动,无须回灌,直接提取地层热量,绿色环保可持续。建议在易回灌地区应采用回灌开采结合深井地埋管开采方式保证取热的稳定性和持续性。在不易回灌地区应采用深井地埋管方式开采,绿色节能环保,长期运行有一定的经济效益。

二、园区供暖利用

目前,我国供暖所采用的散热器形式主要包括暖气片、地热盘管和风机盘管 3 类。热流体的矿化度值大多较高,对供暖末端设备具有较强的腐蚀作用,会导致末端设备使用寿命短、经济效益低,所以大多采用地热流体先进入换热器中与供暖流体进行换热,然后再进入供暖末端的模式进行供暖。地热流体温度小于 45℃时就不可以直接进入供暖末端,此时可以采用热累技术进一步提热,将地热流体的温度进一步降低,最大限度地利用地热流体中的热量。流程如下:地热水与热泵蒸发器侧的循环水在板式换热器中进行换热,当循环水温升高到不大于蒸发器侧最大蒸发温度时,再利用热累提热。温度高于 45℃时,可以根据水温进行地热的梯级利用。经过地热资源的梯级利用后,将地热尾水排放温度控制在20℃左右,这样地热利用率能达到最高,且对自然资源的污染最小。

前期调研发现陶乐、月牙湖地区居民冬季取暖成本比较高。该地区深层地热资源富集,能够利用地热资源进行集中供暖。建议在陶乐—礼和地区(R1)、月牙湖地区(R2)利用深部地热资源供热,选取连片集中程度高的居民村为示范点,联合县镇两级政府,进行科研攻关,开展地热尾水回灌试验,系统性解决当地居民冬季供暖问题。

主要参考文献

包国栋,陈虹,胡建民,等,2019.银川盆地东缘黄河断裂第四纪活动与分段性研究[J].地球学报,40(4):1-15.

车自成,罗金海,刘良,2016.中国及邻区区域大地构造学[M].北京:科学出版社.

陈晓晶,虎新军,白亚东,等,2022.银川盆地南部灵武凹陷基底构造特征[J].物探与化探,46(4):862-867.

陈晓晶,虎新军,李宁生,等,2020.银川平原基于地球物理资料三维建模的深部地质构造研究[J].物探与化探,44(2):245-253.

陈晓晶,虎新军,李宁生,等,2021.银川盆地东缘地热成藏模式探讨[J].物探与化探,45(3):583-589.

程肯,2020.鄂尔多斯盆地马家滩地区构造特征与油气成藏研究[D].西安:西安石油大学.

方盛明,赵成彬,柴炽章,等,2009.银川断陷盆地地壳结构与构造的地震学证据[J].地球物理学报,52(7):1768-1775.

冯琦,2021.鄂尔多斯盆地西缘中南段构造特征及演化与油气赋存[D].西安:西北大学.

宫猛,李信富,张素欣,等,2015.利用接收函数研究河北及邻区地壳厚度与泊松比分布特征[J].地震,35(2):34-42.

关帅,2012.大庆市肇州地区地热资源潜力研究[D].大庆:东北石油大学.

郭祥云,蒋长胜,王晓山,等,2017.鄂尔多斯块体周缘中小地震震源机制及应力场特征[J].大地测量与地球动力学,37(7):675-685.

胡圣标,何丽娟,汪集暘,2001.中国大陆地区大地热流数据汇编(第三版)[J].地球物理学报,44(5):611-626.

虎新军,安娜,陈晓晶,2023.基于地球物理资料的银川盆地南部构造特征分析[J].工程地球物理学报,20(5):652-660.

虎新军,陈晓晶,曹园园,等,2021.固原硝口岩盐矿区及其周缘断裂体系与特征[J].工程地球物理学报,18(4):428-435.

虎新军,陈晓晶,李宁生,等,2021.银川盆地东缘黄河断裂展布特征新认识[J].物探与化探,45(4):913-922.

虎新军,陈晓晶,仵阳,等,2022.宁夏南部弧形构造带构造体系与演化[M].武汉:中国地质大学出版社.

虎新军,陈晓晶,仵阳,等,2022.综合地球物理技术在银川盆地东缘地热研究中的应用[J].物探与化探,46(4):845-853.

虎新军,李宁生,陈涛涛,等,2020.边界识别技术在内蒙金巴山铜矿区断裂划分中的应用[J].物探化探计算技术,42(2):277-284.

虎新军,李宁生,陈晓晶,等,2021.吴忠—灵武地区构造体系及断裂活动性研究[M].武汉:中国地质大学出版社.

虎新军,李宁生,周永康,等,2018.银川平原断裂体系划分与研究[J].矿产与地质,32(6):1075-1083.

黄富兴,施炜,李恒强,等,2013.银川盆地新生代构造演化:来自银川盆地主边界断裂运动学的约束[J].地学前缘,20(4):199-210.

黄尚瑶,王钧,汪集旸,1983.关于地热带分类及地热田模型[J].水文地质工程地质,(5):1-7.

姜光政,高堋,饶松,等,2016.中国大陆地区大地热流数据汇编(第四版)[J].地球物理学报,59(8):2892-2910.

金飞,赵常青,2009.地热尾水回灌技术研究[J].黑龙江科技信息(13):45.

雷启云,2016.青藏高原东北缘弧形构造带的扩展与华北西缘银川盆地的演化[D].北京:中国地震局地质研究所.

李斌,2019.鄂尔多斯盆地西部冲断带构造与控油气因素研究[D].西安:西北大学.

李莲花,张建斌,2004.地热水资源开发引起的环境问题分析[J].地下水(3):194-195.

李宁生,冯志民,朱秦,等,2017.宁夏区域重磁资料开发利用研究[M].北京:地质出版社.

李宁生,虎新军,杜鹏,等,2020.银川平原深部构造研究及断裂活动性研究[M].北京:地质出版社.

李清林,栗文山,张晓普,等,1996.鄂尔多斯及周缘地热分布的某些特征[J].西北地震学报,18(2):52-59.

李雄,2015.正常大地热流背景下层状热储的形成条件研究[D].昆明:昆明理工大学.

刘保金,酆少英,姬计法,等,2017.贺兰山和银川盆地的岩石圈结构和断裂特征——深地震反射剖面结果[J].中国科学:地球科学,47(2):179-190.

刘亢,曹代勇,徐浩,等,2014.鄂尔多斯煤盆地西缘古构造应力场演化分析[J].中国煤炭地质,26(8):87-90.

刘玲,2012.石人沟地区热储特征及地热资源评价[D].长春:吉林大学.

刘天佑,1987.一种连续模型的居里面反演方法[J].地球科学——武汉地质学院学报,12(6):647-656.

罗群,2008.鄂尔多斯盆地西缘马家滩地区冲断带断裂特征及其控藏模式[J].地球学报,29(5):619-627.

欧阳征健,冯娟萍,龚慧山,等,2021.鄂尔多斯盆地西缘横山堡地区构造特征与油气勘探目标优选[J].地质科学,56(1):19-27.

庞忠和,罗霁,程远,等,2020.中国深层地热能开采的地质条件评价[J].地学前缘,20(1):134-150.

祁凯,2018.鄂尔多斯盆地中—新生代热体制及岩石圈动力演化初探[D].西安:西北大学.

任文波,2019.渭河盆地中深层地热资源特征及开发利用[D].西安:西北大学.

申建梅,陈宗宇,张古彬,1998.地热开发利用过程中的环境效应及环境保护[J].地球学报(4):67-73.

申建梅,张宏达,陈宗宇,等,2000.地热资源管理与可持续发展[J].地球学报(2):140-141.

宋新华,张鹏川,程建华,等,2015.六盘山盆地时空演化与岩盐成矿[M].北京:地质出版社.

隋学文,孙希满,石凤娇,2011.黑龙江省地热能资源开发利用研究[J].应用能源术(2):1-3.

汤桦,白云来,房乃珍,等,2006.鄂尔多斯盆地西部"古陆梁"的形成和演化[J].甘肃地质,15(1):3-9.

汤锡元,郭忠铭,王定一,1988.鄂尔多斯盆地西部逆冲推覆构造带特征及其演化与油气勘探[J].石油与天然气地质,9(1):1-10.

汪集旸,2015.地热学及其应用[M].北京:科学出版社.

汪集旸,董少鹏,1990.中国大陆地区地热流数据汇编(第二版)[J].地震地质,12(4):351-363.

汪集旸,胡圣标,庞忠和,等,2012.中国大陆干热岩地热资源潜力评估[J].科技导报,30(32):25-31.

汪集旸,黄少鹏,1988.中国大陆地区大地热流数据汇编[J].地质科学(2):196-204.

汪集旸,熊亮萍,庞忠和,等,1993.中低温对流型地热系统[M].北京:科学出版社.

王贵玲,蔺文静,2020.我国主要水热型地热系统形成机制与成因模式[J].地质学报,94(7):1923-1937.

王贵玲,刘志明,蔺文静,2004.鄂尔多斯周缘地质构造对地热资源形成的控制作用[J].地质学报,78(1):44-51.

王钧,黄尚瑶,黄歌山,等,1990.中国地温分布的基本特征[M].北京:地震出版社.

王伟涛,张培震,郑德文,2014.青藏高原东北缘海原断裂带晚新生代构造变形[J].地学前缘,21(4):266-274.

徐世光,郭远生,2009.地热学基础[M].北京:科学出版社.

徐占海,李捍国,宋新华,等,2017.中国区域地质志·宁夏志[M].北京:地质出版社.

许英才,王琼,曾宪伟,2018.鄂尔多斯地块西缘莫霍面起伏及泊松比分布[J].地震学报,40(5):563-580.

杨会峰,张发旺,王贵玲,等,2009.宁夏南部地下水系统控制构造及其系统划分[J].干旱区地理,32(4):559-565.

尹秉喜,程建华,闵刚,等,2013.宁南弧形构造带甘肃靖远—宁夏盐池剖面中上地壳电性结构特征[J].地学前缘,20(4):332-339.

曾宪伟,莘海亮,陈春梅,等,2015.利用小震震源机制解研究宁夏南部及邻区构造应力场[J].地震研究,38(1):51-57.

詹艳,2008.青藏高原东北缘地区深部电性结构及构造涵义[D].北京:中国地震局地质研究所.

詹艳,赵国泽,王继军,等,2005.青藏高原东北缘海原弧形构造区地壳电性结构探测研究[J].地震学报,27(4):431-440.

张朝锋,史强林,张玲娟,2018.青藏高原新生代岩浆活动与地热关系探讨[J].中国地质调查,5(2):18-24.

张发旺,余秋生,郭建强,等,2013.宁南水资源评价与开发利用[M].北京:地质出版社.

张宏仁,张永康,蔡向民,等,2013.燕山运动的"绪动"——燕山事件[J].地质学报,87(12):1779-1790.

张培震,王琪,马宗晋,2002.中国大陆现今构造运动的GPS速度场与活动地块[J].地学前缘,9,(2):430-441.

张晓亮,师昭梦,蒋锋云,等,2011.海原-六盘山弧型断裂及其附近最新构造变形演化分析[J].大地测量与地球动力学,31(3):20-24.

张子平,2001.宁夏云雾山-彭阳岩溶水赋存规律及开发前景[J].中国煤田地质,13(2):39-40.

赵常青,2012.大庆市龙凤区地热资源热储分布特征及资源量评价[D].长春:吉林大学.

赵成彬,方盛明,刘保金,等,2009.银川盆地断裂构造深地震反射探测试验研究[J].大地测量与地球动力学,29(2):33-38.

赵红格,刘池洋,王锋,等,2007.贺兰山隆升时限及其演化[J].中国科学(D辑:地球科学),37(增刊Ⅰ):185-192.

赵知军,刘秀景,1990.宁夏及邻区地震活动带与小区域构造应力场[J].地震地质,12(1):31-46.

赵知军,刘秀景,康凌燕,2002.宁夏及邻近地区震源机制解特征[J].西北地震学报,24(2):162-173.

中国科学院地质研究所地热组,1978.地热研究论文集[A].北京:科学出版社.

RYBACH L,MUFFLER L J P,1981. Geothermal Systems:Principles and Case Histories[M]. New York:John Wiley & Sons Ltd.

内部参考资料

宁夏地质工程勘察院,2018.天山集团宁夏海世界地热井工程DRT-03孔成井报告[R].银川:宁夏地质工程勘察院.

宁夏回族自治区地质调查院,2004.宁夏云雾山—黑山地区岩溶地下水勘查报告[R].银川:宁夏回族自治区地质调查院.

宁夏回族自治区地球物理地球化学调查院(自治区深地探测中心),2023.吴忠南部地区深部地热资源成藏模式与有利区预测[R].银川:宁夏回族自治区地球物理地球化学调查院

(自治区深地探测中心).

宁夏回族自治区地球物理地球化学调查院,2021.吴忠—灵武地区活动断裂及地热资源调查研究[R].银川:宁夏回族自治区地球物理地球化学调查院.

宁夏回族自治区地球物理地球化学调查院,2021.银川都市圈黄河断裂构造特征及其与地热关系研究[R].银川:宁夏回族自治区地球物理地球化学调查院.

宁夏回族自治区地球物理地球化学勘查院,1993.宁夏回族自治区1∶20万区域重力调查工程成果报告[R].银川:宁夏回族自治区地球物理地球化学勘查院.

宁夏回族自治区地球物理地球化学勘查院,2010.宁夏全区物化探基础图件编制[R].银川:宁夏回族自治区地球物理地球化学勘查院.

宁夏回族自治区地球物理地球化学勘查院,2016.宁夏区域重磁资料开发利用研究报告[R].银川:宁夏回族自治区地球物理地球化学勘查院.

宁夏回族自治区地球物理地球化学勘查院,2018.银川平原深部地质构造研究——基于地球物理资料[R].银川:宁夏回族自治区地球物理地球化学勘查院.

宁夏回族自治区地质调查院,2013.宁夏大地电磁测深剖面测量报告[R].银川:宁夏回族自治区地质调查院.

宁夏回族自治区矿产地质调查院,2010.宁夏回族自治区吴忠市韦州矿区韦三井田煤炭勘探报告[R].银川:宁夏回族自治区矿产地质调查院.

宁夏回族自治区水文环境地质勘察院,2018.彭阳幅(J48I001019)、古城幅(J48I001018)1∶5万水文地质草测成果报告[R].银川:宁夏回族自治区水文环境地质勘察院.

宁夏煤炭勘察工程公司,2008.宁夏回族自治区韦州矿区韦二井田煤炭详查地质报告[R].银川:宁夏煤炭勘察工程公司.

陕西省煤炭地质局一八五队,2010.宁夏回族自治区吴忠市韦州矿区韦五井田煤炭详查报告[R].榆林:陕西省煤炭地质局一八五队.

吴忠市国资经营有限公司,2010.宁夏回族自治区吴忠市韦州矿区韦四井田煤炭详查地质报告[R].吴忠:吴忠市国资经营有限公司.

附表 1 陶乐-横山堡褶断带 1000m 构造层断裂属性列表

序号	断裂级别	断裂编号	断裂名称	断裂长度/km	断裂走向	断裂性质	地质意义
1	Ⅲ级	$F_{Ⅲ}^1-1$	黄河断裂灵武段	49.9	NE42°~NNW354°	正断层	银川断陷盆地与陶乐-横山堡褶断带的分界断裂,千金银滩北部被 F_V^1 分为两段
2	Ⅲ级	$F_{Ⅲ}^1-2$	黄河断裂临河段	48.2	NE42°	正断层	银川断陷盆地与陶乐-横山堡褶断带的分界断裂,被 F_V^{11}、F_V^{16} 分为两段
3	Ⅲ级	$F_{Ⅲ}^1-3$	黄河断裂月牙湖段	26.1	NE48°	走滑兼正断	银川断陷盆地与陶乐-横山堡褶断带的分界断裂,被 F_V^{22} 截断终止
4	Ⅲ级	$F_{Ⅲ}^1-4$	黄河断裂陶乐段	38.4	NE43°~NNW330°	正断兼走滑	银川断陷盆地与陶乐-横山堡褶断带的分界断裂,与黄河断裂礼和段 $F_{Ⅲ}^1-5$ 斜交
5	Ⅲ级	$F_{Ⅲ}^1-5$	黄河断裂礼和段	42.7	NE44°~SN2°	正断层	银川断陷盆地与陶乐-横山堡褶断带的分界断裂,与黄河断裂陶乐段 $F_{Ⅲ}^1-4$ 斜交
6	Ⅳ级	$F_{Ⅳ}^1$	白土岗断裂	37.7	NNE34°	走滑兼正断	陶乐-横山堡褶断带与韦州-马家滩褶断裂系的分界断裂
7	Ⅳ级	$F_{Ⅳ}^2$	马鞍山断裂	32.1	SN358°	逆断层	横山堡褶断带内黄河断裂系与横山堡断裂系的分界断裂
8	Ⅳ级	$F_{Ⅳ}^3$	黑梁断裂	44.9	SN357°	逆断层	陶乐-横山堡褶断带南段东部边界断裂,被黄河断裂临河段 $F_{Ⅳ}^3$ 斜交
9	Ⅳ级	$F_{Ⅳ}^4$	月牙湖东断裂	43.1	NNE32°	逆断层	陶乐-横山堡褶断带北段东部边界断裂,与黑梁断裂礼和段 $F_{Ⅲ}^1-5$ 斜交
10	Ⅳ级	$F_{Ⅳ}^5$	园艺断裂	12.7	NEE76°	走滑断裂	陶乐-横山堡褶断带北部内部边界,西端垂直交于黄河断裂
11	Ⅴ级	F_V^1	—	19.1	NNW330°	走滑断裂	陶乐-横山堡褶断带内部断裂,右行错断黄河断裂灵武段 $F_{Ⅲ}^1-1$

续附表 1

序号	断裂级别	断裂编号	断裂名称	断裂长度/km	断裂走向	断裂性质	地质意义
12	Ⅴ级	$F_Ⅴ^2$	—	6.3	NNW329°	走滑断裂	陶乐-横山堡褶断带内部断裂，截断了 $F_Ⅴ^3$ 断裂南端
13	Ⅴ级	$F_Ⅴ^3$	—	23.6	NNE33°	正断层	陶乐-横山堡褶断带内部断裂，斜交于马鞍山断裂 $F_Ⅳ^2$
14	Ⅴ级	$F_Ⅴ^4$	—	34.9	NNE8°～NNE30°	正断层	陶乐-横山堡褶断带内部断裂，与黄河断裂后缘断裂、与黄河断裂灵武段 $F_Ⅲ^1-1$ 斜交
15	Ⅴ级	$F_Ⅴ^5$	—	24.1	SN2°～NE42°	正断层	陶乐-横山堡褶断带内部断裂，与黄河断裂后缘断裂、与黄河断裂灵武段 $F_Ⅲ^1-1$ 斜交
16	Ⅴ级	$F_Ⅴ^6$	—	21.3	NNE37°	正断层	陶乐-横山堡褶断带内部断裂，与黄河断裂后缘断裂、与黄河断裂灵武段 $F_Ⅲ^1-1$ 斜交
17	Ⅴ级	$F_Ⅴ^7$	—	17.9	NE41°	正断层	陶乐-横山堡褶断带内部断裂，与黄河断裂后缘断裂系、与黄河断裂灵武段 $F_Ⅲ^1-1$ 斜交
18	Ⅴ级	$F_Ⅴ^8$	—	22.6	NNE12°	逆断层	陶乐-横山堡褶断带内部断裂，与马鞍山断裂 $F_Ⅳ^2$ 斜交
19	Ⅴ级	$F_Ⅴ^9$	—	15.5	NNE13°	逆断层	陶乐-横山堡褶断带内部断裂，与白土岗断裂 $F_Ⅳ^1$ 斜交
20	Ⅴ级	$F_Ⅴ^{10}$	—	13.1	NNE8°	逆断层	陶乐-横山堡褶断带内部断裂，与白土岗断裂 $F_Ⅳ^1$ 斜交
21	Ⅴ级	$F_Ⅴ^{11}$	—	26.3	NNW326°	走滑断层	陶乐-横山堡褶断带内部断裂，右行错断黄河断裂临河段 $F_Ⅲ^1-2$
22	Ⅴ级	$F_Ⅴ^{12}$	—	13.5	NNE37°	正断层	陶乐-横山堡褶断带内部断裂，黄河断裂系后缘断裂

续附表 1

序号	断裂级别	断裂编号	断裂名称	断裂长度/km	断裂走向	断裂性质	地质意义
23	V级	F_V^{13}	—	10.3	SN2°	正断层	陶乐-横山堡褶断带内部断裂,黄河断裂系后缘断裂,与断裂 F_V^{12} 斜交
24	V级	F_V^{14}	—	4.8	NWW295°	正断层	陶乐-横山堡褶断带内部断裂
25	V级	F_V^{15}	—	8.9	SN1°	逆断层	陶乐-横山堡褶断带内部断裂
26	V级	F_V^{16}	—	26.5	NNW355°	逆冲兼走滑	陶乐-横山堡褶断带内部断裂,右行错断黄河断裂临河段 F_{III}^1-2
27	V级	F_V^{17}	—	14.7	NNE27°	正断层	陶乐-横山堡褶断带内部断裂,黄河断裂系前缘断裂
28	V级	F_V^{18}	—	17.4	NNE29°	正断层	陶乐-横山堡褶断带内部断裂,黄河断裂系前缘断裂
29	V级	F_V^{19}	—	7.0	NNW335°	走滑断层	陶乐-横山堡褶断带内部断裂,黄河断裂系前缘断裂
30	V级	F_V^{20}	—	13.4	NE51°	正断层	陶乐-横山堡褶断带内部断裂,黄河断裂系前缘断裂
31	V级	F_V^{21}	—	11.5	NE50°	正断层	陶乐-横山堡褶断带内部断裂,黄河断裂系前缘断裂
32	V级	F_V^{22}	—	9.5	NNW343°	走滑断层	陶乐-横山堡褶断带内部断裂,左行错断黄河断裂月牙湖段 F_{III}^1-3
33	V级	F_V^{23}	—	16.0	NE44°	逆断层	陶乐-横山堡褶断带内部断裂,与月牙湖东断裂 F_{IV}^4 斜交
34	V级	F_V^{24}	—	32.1	NE43°	逆断层	陶乐-横山堡褶断带内部断裂,与黄河断裂陶乐段 F_{III}^1-4 斜交

续附表 1

序号	断裂级别	断裂编号	断裂名称	断裂长度/km	断裂走向	断裂性质	地质意义
35	Ⅴ级	F_V^{25}	—	22.2	NNE37°	正断层	陶乐-横山堡褶断带内部断裂，黄河断裂礼和段$F_{Ⅲ}^1$-5 后缘次级断裂
36	Ⅴ级	F_V^{26}	—	8.9	NNE34°	正断层	陶乐-横山堡褶断带内部断裂，黄河断裂礼和段$F_{Ⅲ}^1$-5 后缘次级断裂
37	Ⅴ级	F_V^{27}	—	10.6	NNE27°	正断层	陶乐-横山堡褶断带内部断裂，黄河断裂礼和段
38	Ⅴ级	F_V^{28}	—	9.1	NNW352°	走滑断层	陶乐-横山堡褶断带内部断裂，右行错断F_V^{26}、F_V^{31}断裂
39	Ⅴ级	F_V^{29}	—	13.3	NNW351°	逆断层	陶乐-横山堡褶断带内部断裂，与断裂F_V^{24}、F_V^{31}斜交
40	Ⅴ级	F_V^{30}	—	31.5	SN358°	逆断层	陶乐-横山堡褶断带内部断裂，被园艺断裂$F_{Ⅳ}^5$截断
41	Ⅴ级	F_V^{31}	—	21.0	NNE34°	正断层	陶乐-横山堡褶断带内部断裂，黄河断裂礼和段$F_{Ⅲ}^1$-5 后缘次级断裂
42	Ⅴ级	F_V^{32}	—	11.6	SN4°	正断层	陶乐-横山堡褶断带内部断裂，黄河断裂礼和段$F_{Ⅲ}^1$-5 后缘次级断裂
43	Ⅴ级	F_V^{33}	—	7.9	NWW351°	正断层	陶乐-横山堡褶断带内部断裂，截断了断裂F_V^{34}、F_V^{32}
44	Ⅴ级	F_V^{34}	—	10.9	SN5°	正断层	陶乐-横山堡褶断带内部断裂，黄河断裂礼和段$F_{Ⅲ}^1$-5 后缘次级断裂

附表 2 陶乐-横山堡褶断带 2000m 构造层断裂属性列表

序号	断裂级别	断裂编号	断裂名称	断裂长度/km	断裂走向	断裂性质	地质意义
1	Ⅲ级	$F_{Ⅲ}^1-1$	黄河断裂灵武段	49.9	NE41°～NNW355°	正断层	银川断陷盆地与陶乐-横山堡褶断带的分界断裂,干金银滩北部被 F_V^1 分为两段
2	Ⅲ级	$F_{Ⅲ}^1-2$	黄河断裂临河段	47.3	NE43°	正断层	银川断陷盆地与陶乐-横山堡褶断带的分界断裂,被 F_V^{16} 分为两段
3	Ⅲ级	$F_{Ⅲ}^1-3$	黄河断裂月牙湖段	26.5	NE49°	走滑兼正断	银川断陷盆地与陶乐-横山堡褶断带的分界断裂,被断裂 F_V^{22} 截断终止
4	Ⅲ级	$F_{Ⅲ}^1-4$	黄河断裂陶乐段	36.5	NE40°～NNW351°	正断兼走滑	银川断陷盆地与陶乐-横山堡褶断带的分界断裂,与黄河断裂陶乐礼和段 $F_{Ⅲ}^1-5$ 斜交
5	Ⅲ级	$F_{Ⅲ}^1-5$	黄河断裂礼和段	42.8	NE41°～SN2°	正断层	银川断陷盆地与陶乐-横山堡褶断带的分界断裂,与黄河断裂陶乐段 $F_{Ⅲ}^1-4$ 斜交
6	Ⅳ级	$F_{Ⅳ}^1$	白土岗断裂	36.6	NNE37°	走滑兼正断	陶乐-横山堡褶断带与韦州-马家滩褶断带的分界断裂
7	Ⅳ级	$F_{Ⅳ}^2$	马鞍山断裂	31.8	SN358°	逆断层	横山堡褶断带内黄河断裂系与横山堡断裂系的分界断裂,被断裂 F_V^{11} 截断终止
8	Ⅳ级	$F_{Ⅳ}^3$	黑梁断裂	51.6	SN359°	逆断层	陶乐-横山堡褶断带南段东部边界断裂,被黄河断裂临河段 $F_{Ⅲ}^1-2$ 截断终止
9	Ⅳ级	$F_{Ⅳ}^4$	月牙湖东断裂	42.7	NNE33°	逆断层	陶乐-横山堡褶断带北段东部边界断裂,与梁断裂 $F_{Ⅳ}^3$ 斜交
10	Ⅳ级	$F_{Ⅳ}^5$	园艺断裂	12.8	NEE78°	走滑断层	陶乐-横山堡褶断带北部边界,西端垂直交于黄河断裂礼和段 $F_{Ⅲ}^1-5$
11	Ⅴ级	F_V^1	—	19.1	NNW331°	走滑断裂	陶乐-横山堡褶断带内部断裂,右行断错黄河断裂灵武段 $F_{Ⅲ}^1-1$

续附表 2

序号	断裂级别	断裂编号	断裂名称	断裂长度/km	断裂走向	断裂性质	地质意义
12	V级	F_V^3	—	26.1	NEE56°~NNE13°	正断层	陶乐-横山堡褶断带内部断裂,斜交于马鞍山断裂 F_{IV}^2,被断裂 F_V^1 截断
14	V级	F_V^4	—	24.3	NNE24°	正断层	陶乐-横山堡褶断带内部断裂,黄河断裂灵武段 F_{III}^1-1 后缘次级断裂
15	V级	F_V^6	—	20.2	NNE31°	正断层	陶乐-横山堡褶断带内部断裂,黄河断裂临河段 F_{III}^1-2 后缘次级断裂
16	V级	F_V^8	—	12.4	NNE30°	逆断层	陶乐-横山堡褶断带内部断裂,与马鞍山断裂 F_{IV}^2 斜交,被断裂 F_V^{11} 截断
17	V级	F_V^9	—	15.6	SN357°~NNE33°	逆断层	陶乐-横山堡褶断带内部断裂,被断裂 F_V^{11} 截断
18	V级	F_V^{13}	—	14.9	NNE17°	正断层	陶乐-横山堡褶断带内部断裂,黄河断裂临河段 F_{III}^1-2 后缘次级断裂
19	V级	F_V^{14}	—	13.2	NNW350°	逆断层	陶乐-横山堡褶断带内部断裂,被断裂 F_V^{13} 截断
20	V级	F_V^{16}	—	26.3	SN359°~NW314°	逆冲兼走滑	陶乐-横山堡褶断带内部断裂,右行错断黄河断裂临河段 F_{III}^1-2
21	V级	F_V^{17}	—	14.7	NNE36°	正断层	陶乐-横山堡褶断带内部断裂,黄河断裂月牙湖段 F_{III}^1-3 前缘次级断裂
22	V级	F_V^{18}	—	18.2	NNE27°	正断层	陶乐-横山堡褶断带内部断裂,黄河断裂月牙湖段 F_{III}^1-3 前缘次级断裂
23	V级	F_V^{19}	—	5.8	NNW335°	走滑断层	陶乐-横山堡褶断带内部断裂,黄河断裂陶乐段 F_{III}^1-4 前缘次级断裂

续附表 2

序号	断裂级别	断裂编号	断裂名称	断裂长度/km	断裂走向	断裂性质	地质意义
24	V级	F_V^{20}	—	16.1	NEE59°	正断层	陶乐-横山堡褶断带内部断裂,黄河断裂陶乐段 F_{III}^1-4 前缘次级断裂
25	V级	F_V^{21}	—	14.1	NE50°	正断层	陶乐-横山堡褶断带内部断裂,黄河断裂陶乐段 F_{III}^1-4 前缘次级断裂
26	V级	F_V^{22}	—	9.7	NNW343°	走滑断层	陶乐-横山堡褶断带内部断裂,左行错断黄河断裂月牙湖段 F_{III}^1-3
27	V级	F_V^{23}	—	17.4	NNE39°	正断层	陶乐-横山堡褶断带内部断裂,与月牙湖东断裂 F_{IV}^4 斜交
28	V级	F_V^{24}	—	32.3	NE43°	正断层	陶乐-横山堡褶断带内部断裂,与黄河断裂陶乐段 F_{III}^1-4 斜交
29	V级	F_V^{25}	—	24.5	NNE34°	正断层	陶乐-横山堡褶断带内部断裂,黄河断裂陶乐段 F_{III}^1-5 后缘次级断裂
30	V级	F_V^{30}	—	16.6	NNW351°	正断层	陶乐-横山堡褶断带内部断裂,被断裂 F_V^{31} 截断
31	V级	F_V^{31}	—	23.6	NNE6°	正断层	陶乐-横山堡褶断带内部断裂,黄河断裂礼和段 F_{III}^1-5 后缘次级断裂
32	V级	F_V^{32}	—	22.1	SN2°	正断层	陶乐-横山堡褶断带内部断裂,黄河断裂礼和段 F_{III}^1-5 后缘次级断裂

附表3 陶乐-横山堡褶断带3000m构造层断裂属性列表

序号	断裂级别	断裂编号	断裂名称	断裂长度/km	断裂走向	断裂性质	地质意义
1	Ⅲ级	$F_{Ⅲ}^1-1$	黄河断裂灵武段	48.9	NE46°~NNW355°	正断层	银川断陷盆地与陶乐-横山堡褶断带的分界断裂,与黄河断裂临河段$F_{Ⅲ}^1-2$斜交
2	Ⅲ级	$F_{Ⅲ}^1-2$	黄河断裂临河段	47.3	NE44°	正断层	银川断陷盆地与陶乐-横山堡褶断带的分界断裂,与黄河断裂灵武段$F_{Ⅲ}^1-1$斜交,被F_V^{16}分为两段
3	Ⅲ级	$F_{Ⅲ}^1-3$	黄河断裂月牙湖段	33.7	NE48°	走滑兼正断	银川断陷盆地与陶乐-横山堡褶断带的分界断裂,被月牙湖东断裂$F_{Ⅳ}^4$截断终止
4	Ⅲ级	$F_{Ⅲ}^1-4$	黄河断裂陶乐段	39.2	NE49°~NNW343°	正断兼走滑	银川断陷盆地与陶乐-横山堡褶断带的分界断裂,与黄河断裂礼和段$F_{Ⅲ}^1-5$斜交
5	Ⅲ级	$F_{Ⅲ}^1-5$	黄河断裂礼和段	44.9	NE45°~SN3°	正断层	银川断陷盆地与陶乐-横山堡褶断带的分界断裂,与黄河断裂陶乐段$F_{Ⅲ}^1-4$斜交
6	Ⅳ级	$F_{Ⅳ}^1$	白土岗断裂	22.9	NE43°	走滑兼正断	陶乐-横山堡褶断带与韦州-马家滩断断带的分界断裂,陶乐-横山堡褶断带南部边界断裂
7	Ⅳ级	$F_{Ⅳ}^2$	马鞍山断裂	29.7	SN357°	逆断层	横山堡褶断带内黄河断裂系与横山堡断裂的分界断裂,被断裂$F_{Ⅳ}^{11}$截断终止
8	Ⅳ级	$F_{Ⅳ}^3$	黑梁断裂	40.2	SN3°	逆断层	陶乐-横山堡褶断带南段东部边界断裂,与月牙湖东断裂$F_{Ⅳ}^3$斜交
9	Ⅳ级	$F_{Ⅳ}^4$	月牙湖东断裂	48.5	NNE29°	逆断层	陶乐-横山堡褶断带北段东部边界断裂,与黑梁断裂$F_{Ⅲ}^1-5$斜交
10	Ⅳ级	$F_{Ⅳ}^5$	园艺断裂	12.7	NEE76°	走滑断层	陶乐-横山堡褶断带内部边界,西端垂直交于黄河断裂,被白土岗断裂$F_{Ⅳ}^1$截断终止
11	Ⅴ级	F_V^1	—	6.6	NWW304°	走滑断裂	陶乐-横山堡褶断带内部断裂,被白土岗断裂$F_{Ⅳ}^1$截断终止

续附表 3

序号	断裂级别	断裂编号	断裂名称	断裂长度/km	断裂走向	断裂性质	地质意义
12	V级	F_V^3	—	25.8	NEE32°	正断层	陶乐-横山堡褶断带内部断裂，斜交于马鞍山断裂F_{IV}^2，被断裂F_V^1截断
13	V级	F_V^9	—	15.4	SN357°~NNE33°	逆断层	陶乐-横山堡褶断带内部断裂，被断裂F_V^{11}截断
14	V级	F_V^{11}	—	21.2	NNW320°	走滑断裂	陶乐-横山堡褶断带内部断裂，被黄河断裂临河段F_{III}^1-2截断
15	V级	F_V^{14}	—	18.9	NNE9°~NNW318°	正断层	陶乐-横山堡褶断带内部断裂，被黄河断裂临河段F_{III}^1-2截断
16	V级	F_V^{16}	—	27.7	SN5°~NW315°	正断兼走滑	陶乐-横山堡褶断带内部断裂，右行错断黄河断裂临河段F_{III}^1-2
17	V级	F_V^{20}	—	12.4	NEE57°	正断层	陶乐-横山堡褶断带内部断裂，黄河断裂陶乐段F_{III}^1-4前缘次级断裂
18	V级	F_V^{21}	—	11.5	NE51°	正断层	陶乐-横山堡褶断带内部断裂，黄河断裂陶乐段F_{III}^1-4前缘次级断裂
19	V级	F_V^{31}	—	36.2	SN356°	正断层	陶乐-横山堡褶断带内部断裂，黄河断裂礼和段F_{III}^1-5后缘次级断裂

附表 4　陶乐-横山堡褶断带局部构造特征列表

序号	构造类型	构造名称	构造面积/km²	构造性状	构造走向	构造边界	构造性质
1	局部凸起	金银滩凸起	19.6	片状	—	F_{III}^1-1、F_V^4	地表为第四系全新统灵武组（Qh_1l），推断该区为薄层的第四系沉积层下的变质岩基底的局部隆升
2	局部凸起	灵武东山凸起	71.1	长条状	NNE4°～NNE36°	F_{III}^1-1、F_V^7、F_V^5、F_{IV}^1	地表中部大面积出露白垩系宜君组（K_1y），北部见北东向条带状展布的古近系上部风积层（E_3q）与新近系彰恩堡组（N_1z），东边界为马鞍山断裂 F_V^2 北段与黄河后缘次级断裂 F_V^4 相交区域，局部小面积的奥陶系天景山组（$O_{1-2}t$）出露地表，推断为奥陶系展布形态
3	局部凸起	临河西凸起	31.0	长条状	NNE40°	F_{III}^1-1、F_V^7、F_{III}^1-2、F_V^{11}	地表为黄河Ⅰ级阶地及河漫滩第四系全新统上部冲积层（Qh_2^l），推断为中深部受断裂控制的奥陶系顶面微幅度隆起构造
4	局部凸起	横山堡凸起	91.5	倒三角状	NNE4°	F_{IV}^1、F_V^8、F_V^{11}	地表靠近马鞍山断裂一侧区域出露大面积的古近系清水营组（E_3q）及局部的新近系彰恩堡组（N_1z），南北部则覆盖第四系全新统上部风积层（Qh_2^e），任1井揭示，石炭系二叠系下石盒子组（P_2x）、山西组（C_2y）与奥陶系克里摩里组（O_2k）、寒武系阿木切尔组（$\epsilon_{2-3}a$），反映出石炭系二叠系大原组（P_1s）、奥陶系顶面隆升较高
5	局部凸起	宁东凸起	39.8	条带状	NNE12°	F_V^9、F_V^{10}、F_V^{11}	地表大面积覆盖第四系上更新统水洞沟组（Qp_3sd），南部覆盖马兰组（Qp_3m），凸起向南延伸可见零星出露的新近系彰恩堡组（N_1z）及南北向展布的长条状中生界白垩系宜君组（K_1y），推断该凸起为中生界白垩系官君组隆升
6	局部凸起	黑梁凸起	109.4	条带状	N358°	F_{IV}^3、F_V^{11}、F_V^{12}、F_V^{16}	地表大面积出露新近系上更新统马兰组（Qp_3m），局部地势低洼处沉积第四系上更新统彰恩堡组（N_1z）。宁东西凸起同属干谷起带，为中生界白垩系隆升，推断其东南部的北向右行走滑清肩断裂作用，被分割为南、北两部分

236

续附表 4

序号	构造类型	构造名称	构造面积/km²	构造性状	构造走向	构造边界	构造性质
7	局部凸起	临河北凸起	21.1	三角状	—	F_V^1、F_V^{12}、F_V^{13}	地表覆盖层均为黄河北岸阶地及河漫滩第四系全新统上部冲积层（Qh_2^l）、南岸覆盖第四系全新统上部风积层（Qh_2^e）。天山海世界4口地热钻孔揭露的地层自深至浅依次是古生界奥陶系土坡组（O_2）、石炭系上坡组（C_2）、石盒子组（C_2P_1）、下二叠系太原组（P_{1t}）、上二叠系孙家沟组（P_3sj）、古近系渐新统新陶营组和第四系。推断该凸起为奥陶系顶面隆起
8	局部凸起	通贵东凸起	29.9	条带状	NNE38°	F_{III}^1-2、F_V^{11}、F_V^{12}、F_V^{16}	地表覆盖层均为黄河西岸阶地及河漫滩第四系全新统上部冲积层（Qh_2^l）。推断凸起为中深部受断裂控制的奥陶系顶面微幅度隆起构造
9	局部凸起	黑梁北凸起	14.6	四边形形状	NNE41°	F_{III}^1-2、F_V^{12}、F_{IV}^3、F_V^{16}	地表东侧出露新近系彰恩堡组（N_1z）、西侧覆盖黄河东岸河漫滩第四系全新统上部冲积层（Qh_2^l）。推断为奥陶系顶面局部隆升
10	局部凸起	月牙湖东凸起	30.6	三角状	NNE42°	F_{III}^1-2、F_{IV}^3、F_V^4	地表大面积出露新近系上更新统马兰组（Qp_3m）。仅在中北端局部覆盖第四系。推断为奥陶系顶面局部隆升。该凸起深部归于黑梁凸起范围
11	局部凸起	月牙湖凸起	82.4	条带状	NE45°	F_{III}^1-3、F_V^{22}、F_V^{18}	地层地界大致与凸起边界一致。第四系全新统下部风积层（Qh_2^e）覆盖了大部分区域，东北侧局部裙带状出露古近系清水营组（E_3q）。与南部临河地区浅至深对比，推断月牙湖凸起为奥陶系隆升。该局部凸起由浅至深，分布范围随着地层变化发生明显变化，分布范围控凸两条断裂的产状变化进一步向西北扩展
12	局部凸起	陶乐东凸起	114.5	带状	NNE39°	F_V^{22}、F_V^{23}、F_V^{24}	地表基本被第四系全新统下部风积层（Qh_1^e）覆盖。其西侧相邻的陶乐北凹陷中钻孔 ZK1902 揭示，第四系下伏古近系清水营组（E_3q）、白垩系宜君组（K_1y）、石炭系二叠系太原组（C_2P_1）、羊虎沟组（C_2y）及奥陶系天景山组（$O_{1-2}t$）。反映出评价区北部区域地层发育完整。陶乐东凸起在深部与陶乐北凹陷回陷融合，构成了陶乐北断阶

续附表 4

序号	构造类型	构造名称	构造面积/km²	构造性状	构造走向	构造边界	构造性质
13	局部凸起	陶乐北凸起	32.8	带状	NNE32°	$F_{III}^{1}-4$, F_{V}^{26}, F_{V}^{27}, F_{V}^{28}	对应地表地层覆盖与出露特征可知,该局部凸起大面积覆盖第四系全新统灵武组(Qh₂l),局部凸起大面积成岩部的河心滩冲积层(Qh₂l²)。根据已有的MT剖面资料分析,该区域地层发育齐全,基本与东侧钻孔ZK301揭示的一致。陶乐北凸起深部与礼和凸起合归一处,范围涵盖了渠口东断阶与陶乐北断阶,形成了分布面积广泛的礼和凸起
14	局部凸起	巴普陶亥凸起	65.7	带状	N357°	F_{V}^{30}, F_{V}^{31}	地表大面积出露古近系清水营组(E₃q)、东北侧局部见有第四系上更新统洪积层(Qp₃³)覆盖。西侧礼和东回陷内部的钻孔ZK301揭示,二叠系孙家沟组(E₃q)下伏白垩系宜君组(K₁y)、下石盒子组(P₂s)、二叠系下盒子组(P₂-₃s)、山西组(P₁x)、山西组(C₂y)与石炭系二叠系太原组(C₂P₁t)、羊虎沟组(C₂y),推断下部仍有奥陶系天景山组(O₁-₂t)发育
15	局部凸起	礼和凸起	104.7	片状	N4°	$F_{III}^{1}-5$, F_{V}^{28}, F_{V}^{31}, F_{V}^{32}, F_{V}^{33}	地表覆盖单一,为大面积第四系全新统灵武组(Qh₂l)覆盖层。反映凸起的局部重力异常值幅对比分析,该凸起区是奥陶系顶面隆起的体现,与陶乐北凸起一致
16	局部凸起	礼和北凸起	47.3	片状	N4°	$F_{III}^{1}-5$, F_{V}^{33}, F_{V}^{34}	于深部礼和北凸起、礼和北凸起与陶乐北凸起共同,陶乐北断阶与礼和北凸起构成了区域性大面积隆升的礼和凸起
17	局部断阶	黄草坡断阶	257.2	片状	NNE15°	F_{IV}^{2}, F_{V}^{3}, F_{V}^{4}	地表中北部大面积出露白垩系宜君组(K₁y),南端局部覆盖第四系全新统上部风积层(Qh₃²),断阶在深部与背部的多个局部凸起与局部回陷合并,构成了灵武东山隆起区
18	局部断阶	临河东断阶	44.8	长条状	NNE38°	$F_{III}^{1}-1$, F_{IV}^{2}, F_{V}^{5}, F_{V}^{6}	地表出露情况较复杂。北部东侧靠近F_{V}^{5}断裂带状出露古近系清水营组(E₃q)、西侧靠近F_{V}^{6}断裂区域出露上更新统洪积层(N₂z)。南部则覆盖第四系上灵武组(Qh₃³)。向深部演化,临河东断阶与灵武东山隆起区凸起合并后,整体归并于灵武东山隆起区

续附表 4

序号	构造类型	构造名称	构造面积/km²	构造性状	构造走向	构造边界	构造性质
19	局部断阶	黑梁西断阶	28.6	片状	N2°	F_V^{11}、F_V^{13}、F_V^{14}、F_V^{15}	第四系全新下部风积层（Qh_1^f）与上部风积层（Qh_2^f）均有分布。断阶处人通贵东扇形片状凸起区
20	局部断阶	陶乐北断阶	10.4	条状	NNE38°	$F_Ⅲ^1-4$、F_V^{25}、F_V^{26}、F_V^{28}	地表呈现平原地貌特征，覆盖第四系全新统灵武组（Qh_1l）。两处局部断阶在中深部归于北部的礼和凸起
21	局部断阶	渠口东断阶	16.5	三角状	NNE35°	$F_Ⅲ^1-4$、$F_Ⅲ^1-5$、F_V^{27}	地表呈现平原地貌特征，覆盖第四系全新统灵武组（Qh_1l）。两处局部断阶在中深部归于北部的礼和凸起
22	局部断阶	月牙湖西断阶	54.2	带状	NNE28°	F_V^{17}、F_V^{18}、F_V^{19}	地表平原地貌，黄河斜穿而过，形成黄河西岸地及河漫滩的第四系全新统上部冲积层（Qh_2^{al}）覆盖区。在深部月牙湖西断阶归并人月牙湖西凸起，构成月牙湖隆起区
23	局部断阶	陶乐西断阶	45.7	带状	NEE53°	F_V^{20}、F_V^{21}、$F_Ⅲ^1-4$	地表平原地貌，黄河斜穿而过，形成黄河西岸地及河漫滩的第四系全新统上部冲积层（Qh_2^{al}）覆盖区。该断阶在向深部分布并向西进一步扩展
24	局部回陷	白土岗北回陷	140.4	片状	NNE29°	$F_Ⅳ^1$、$F_Ⅳ^2$、F_V^3	地表北部局部出露古近系清水营组（E_3q），其余区域大面积覆盖第四系全新统上部风积层（Qh_2^f）
25	局部回陷	临河回陷	50.5	长条状	NE41°	$F_Ⅲ^1-1$、F_V^6、F_V^7、F_V^{11}	地表全域覆盖第四系全新下部洪积层（Qh_1^{pl}）
26	局部回陷	黑梁西回陷	74.6	不规则片状	N356°	F_V^{11}、F_V^{12}、F_V^{13}、F_V^{14}、F_V^{15}、F_V^{16}	地表中部出露古近系清水营组（E_3q），西北部覆盖黄河漫滩的第四系全新统上部冲积层（Qh_2^{al}）、东部覆盖第四系全新统上部风积层（Qh_2^f）
27	局部回陷	宁东回陷	46.2	片带状	N5°	$F_Ⅳ^3$、F_V^{10}、F_V^{11}	地表北部覆盖第四系上更新统水洞沟组（Qp_3sd），南部覆盖第四系上更新统马兰组（Qp_3m）、鸭子荡附近钻孔揭示，第四系下伏三叠系二马营组（T_2e）、二叠系上石盒子组（$P_{2-3}s$）、下石盒子组（$P_{2}x$）、石炭系二叠系太原组（C_2P_1t）、石炭系羊虎沟组（C_2y）、奥陶系克里摩里组（O_2k）

续附表 4

序号	构造类型	构造名称	构造面积/km²	构造性状	构造走向	构造边界	构造性质
28	局部回陷	横山堡回陷	78.7	带状	NNE11°	F_{IV}^2、F_V^8、F_{IV}^{11}	地表北部覆盖第四系上更新统水洞沟组（Qp_3sd）、南部覆盖第四系上更新统马兰组（Qp_3m）
29	局部回陷	月牙湖南回陷	87.0	带状	NE47°	F_{III}^1-2、F_{III}^1-3、F_V^{22}	地表中部覆盖第四系全新统风积层（Qh_1^1、Qh_2^{ξ}）、北部出露古近系清水营组（E_3q）、新近系彰恩堡组（N_1z）、南部主要为黄河漫滩的第四系全新统上部冲积层（Qh_2^{ℓ}）覆盖区
30	局部回陷	月牙湖北回陷	26.5	长三角状	NNE37°	F_{IV}^4、F_V^{22}、F_V^{23}	地表完全覆盖第四系全新统下部风积层（Qh_1^{ϵ}）
31	局部回陷	陶乐东回陷	128.9	片状	NE41°	F_{III}^1-4、F_V^{24}、F_V^{25}、F_V^{29}	地表完全覆盖第四系全新统下部风积层（Qh_1^{ϵ}）
32	局部回陷	礼和东回陷	64.1	片状	NNW350°	F_V^{24}、F_V^{29}、F_V^{30}、F_V^{31}	地表东北部出露古近系清水营组（E_3q）、东南部覆盖第四系全新统下部风积层（Qh_1^{ϵ}）。钻孔 ZK301 揭示，古近系清水营组（E_3q）下伏白垩系宜君组（K_1y）、二叠系孙家沟组（P_3sj）、上石盒子组（$P_{2-3}s$）、下石盒子组（P_2x）、山西组（P_1s）与石炭系二叠系太原组（C_2P_1t）、羊虎沟组（C_2y）
33	局部回陷	巴音陶亥西回陷	115.1	片状	N358°	F_V^{30}、F_V^{31}、F_V^{32}、F_V^{34}、F_{IV}^5	宁夏回族自治区境内地表大面积覆盖第四系全新统灵武组沉积层（Qh_1l）

附表 5　宁夏东部地热资源远景区预测表

类型	名称	面积/km²	形态	地质描述
I类远景区	I₁	247	NNE向三角状	新生界覆盖区，储热层顶面埋深相对较浅，三眼井矿区位于手矿侧，分布一处局部高磁异常
	I₂	24	窄长条状	第四系覆盖区，奥陶系埋深较北部深
	I₃	14	窄长条状	第四系覆盖区
	I₄	45	NEE向豌豆状	浅表被新生界所覆盖，奥陶系顶面埋藏最浅位于月牙湖乡西南3.5km附近
	I₅	5	圆形	基底埋深与北段相当
	I₆	17.5	NNE向似椭圆状	出露古近系，红一井田位于其内，具备寻找地热资源的有利条件
	I₇	87	近SN向倒三角状	第四系覆盖区，热储层顶面埋深应小于700m，是银川盆地东缘寻找"隆起断裂型"地热资源的有利区（带）
	I₈	4	圆形	第四系覆盖区
	I₉	192	NNW—近SN向长条状	白垩系覆盖区，处于白芨滩自然保护区内
	I₁₀	109	NNE向"燕尾"状	北段被三叠系、侏罗系、白垩系覆盖，南段为第四系覆盖，奥陶系顶面埋深约2000m
	I₁₁	121	右旋"C形"	白垩系及第四系覆盖
	I₁₂	72	似椭圆状	第四系及三叠系覆盖区，为该段热储层顶面隆升程度最高区域
	I₁₃	5	NNW向长条状	第四系及三叠系覆盖区，盖层较厚，可达3000m以上
	I₁₄	92	近SN向片状	除出露一小簇古近系外，整体为第四系覆盖区，热储层埋藏最浅为1850m，热储层埋藏较西侧仅热资源的潜力，韦五煤矿区位于远景区南侧
	I₁₅	132	近SN向"燕尾"状	新生界及第四系覆盖区，东侧出露元古界、古生界一奥陶系、石炭系一二叠系，基底隆升幅度下降
	I₁₆	188	NNW向长条状	第四系覆盖区，基底出露高度古生界一奥陶系、石炭系一二叠系，基底隆起程度较高，分布的太阳山温泉点进一步证实了此有利区的可靠性
	I₁₇	98	SN向椭圆形	第四系覆盖区，基底隆升程度较高

续附表 5

类型	名称	面积/km²	形态	地质描述
I类远景区	I₁₈	32	两处孤立的圆形	新生界覆盖区，盖层厚度不大
	I₁₉	76	NNW向椭圆形	第四系覆盖区，双井村温泉点位于其内，揭示了此区具有地热勘探的潜力
	I₂₀	148	串珠状	除个别区域零星出露侏罗系、白垩系外，大多为新生界覆盖区，基底隆升程度较高，石炭系—二叠系隔热储层厚度不大
	I₂₁	37	SN向"山"字形	新生界覆盖区，热储层埋藏较浅
	I₂₂	26	圆形	除东侧出露树枝状点奥陶系外，其余为新生界覆盖区，基底埋藏相对较深
	I₂₃	167	近SN向长条状	除南端出露两处点奥陶系及元古界外，其余为第四系所覆盖第四系覆盖厚度较小
	I₂₄	119	近SN向长条状	内部除零星分布点奥陶系外，剩余区域被第四系所覆盖
	I₂₅	264	近SN向长条状	白垩系覆盖区，基底隆升程度较高，位于六盘山自然保护区内
	I₂₆	28	近EW向椭圆形	白垩系覆盖区，位于六盘山自然保护区内
	I₂₇	8	月牙状	白垩系覆盖区
II类远景区	II₁	50	近SN向不规则片状	第四系覆盖区，其附近的红石湾井田揭示此区域地温梯度整体偏低
	II₂	65	椭圆形	白垩系覆盖区，基底隆升程度较高
	II₃	109	NNW向窄长条状	地表除零星出露两处三叠系外，其余为第四系覆盖区，基底顶面较平缓
	II₄	18	不完整圆形	第四系覆盖区，基底隆升相对较浅，石炭系—二叠系隔热保温盖层
	II₅	11	圆形	周缘出露奥陶系，推测其上覆缺乏优质保温盖层
	II₆	18	不规则圆形	第四系覆盖区，基底埋藏相对较深
	II₇	56	NNW—近SN向串珠状	除南端出露奥陶系外，其余为新生界覆盖区，虽基底隆升程度相对较高，但裂隙热，且保温盖层条件一般
	II₈	54	不规则长条状	第四系所覆盖，西侧周缘出露古界及奥陶系，推测上覆盖层厚度相对较薄

续附表 5

类型	名称	面积/km²	形态	地质描述
Ⅲ类远景区	Ⅲ₁	57	近 SN 向"花生状"	新生界覆盖区,基底较平缓
	Ⅲ₂	11	豆状	新生界覆盖区
	Ⅲ₃	136	NNE 向长条状	第四系覆盖区,热储层顶面埋藏相对较深
	Ⅲ₄	18	椭圆状	新生界覆盖区
	Ⅲ₅	26	圆形	第四系覆盖区
	Ⅲ₆	6	圆形	第四系覆盖区,基底较平缓
	Ⅲ₇	20	NNE 向椭圆形	第四系覆盖区,地热地质条件优于Ⅲ₆区
	Ⅲ₈	14	不规则椭圆形	除中部出露白垩系外,其余为第四系覆盖区
	Ⅲ₉	190	近 SN 向片状	除东侧出露树枝状白垩系外,其余为新生界覆盖区,推测基底顶面埋藏较深
	Ⅲ₁₀	21	不规则圆形	除北段出露树枝状白垩系一定范围的三叠系及古近系外,其余为白垩系覆盖区,基底隆升程度不高
	Ⅲ₁₁	15	不规则反"月牙"形	出露新生界及白垩系,其周缘大范围元古界及寒武系出露,推测此处保温盖层条件不理想